陕西省房屋建筑与装饰工程基价表

（2025）

批准部门：陕西省住房和城乡建设厅
主编单位：陕西省建设工程造价服务中心
软件支持：广联达西安科技有限公司
实施日期：2 0 2 5 年 7 月 1 日

中国计划出版社
北 京

图书在版编目（CIP）数据
陕西省房屋建筑与装饰工程基价表. 2025 / 陕西省建设工程造价服务中心主编. -- 北京 : 中国计划出版社, 2025. 6（2025. 10重印）. -- ISBN 978-7-5182-1857-8
Ⅰ. TU723.3
中国国家版本馆 CIP 数据核字第 2025U088Z8 号

陕西省房屋建筑与装饰工程基价表（2025）
SHAANXI SHENG FANGWU JIANZHU YU ZHUANGSHI GONGCHENG JIJIABIAO（2025）
陕西省建设工程造价服务中心　主编

责任编辑：刘　原　　封面设计：韩可斌

中国计划出版社出版发行
网址：www.jhpress.com
地址：北京市西城区木樨地北里甲 11 号国宏大厦 C 座 4 层
邮政编码：100038　电话：（010）63906433（发行部）
北京厚诚则铭印刷科技有限公司印刷

880mm × 1230mm　1/16　17.75 印张　570 千字
2025 年 6 月第 1 版　2025 年 10 月第 2 次印刷

定价：71.00 元

本书编委会

总　　编： 李卫军

副 总 编： 张　丹　陈永兵　崔建明　杜产阳

本书编写人员名单

主　　编： 史媛媛　王　萍　贺渤伦

编写人员： 王江锋　刘　英　毛　婷　张秋英　魏　芳　薛　沛　徐　军

软件操作： 任全龙　郭继庆　路燚桓

陕西省住房和城乡建设厅关于印发2025陕西省建设工程费用规则等计价依据的通知

陕建管发〔2025〕10号

各设区市住房和城乡建设局，杨凌示范区住房和城乡建设局，各相关企业：

为贯彻落实《住房和城乡建设部办公厅关于印发工程造价改革工作方案的通知》（建办标〔2020〕38号）及《陕西省住房和城乡建设厅关于印发〈陕西省建设工程造价改革工作实施方案〉的通知》（陕建发〔2020〕1109号）精神，依据《陕西省建设工程造价管理办法》，我厅组织修编了《陕西省建设工程费用规则》及6个专业配套基价表、《陕西省房屋建筑与装饰工程消耗量定额》等6个专业消耗量定额、施工机械台班费用定额、仪器仪表台班费用定额（详见附件），现予以印发，自2025年7月1日起实施，并提出以下意见，请一并贯彻执行：

一、2025年7月1日起新开工的建设工程执行新的计价依据；2025年7月1日前的在建工程（包括已招投标或已签订合同的工程）仍按原约定的计价依据执行。

二、原2004《陕西省建筑装饰工程消耗量定额》《陕西省安装工程消耗量定额》《陕西省市政工程消耗量定额》《陕西省园林绿化工程消耗量定额》、2009《陕西省建设工程工程量清单计价规则》、2009《陕西省建设工程工程量清单计价费率》、《陕西省建设工程消耗量定额（2004）补充定额》、2009《陕西省建筑装饰市政园林绿化工程价目表》《陕西省安装工程价目表》于2025年7月1日起停止使用。

三、上述计价依据的日常管理及技术内容解释由陕西省建设工程造价服务中心具体负责。

附件：2025陕西省建设工程计价依据汇总表

陕西省住房和城乡建设厅

2025年3月17日

附　　件

2025 陕西省建设工程计价依据汇总表

序　　号	名　　称
1	陕西省建设工程费用规则（2025）
2	陕西省房屋建筑与装饰工程基价表（2025）
3	陕西省通用安装工程基价表（2025）
4	陕西省市政工程基价表（2025）
5	陕西省园林绿化工程基价表（2025）
6	陕西省城市地下综合管廊工程基价表（2025）
7	陕西省绿色建筑工程基价表（2025）
8	陕西省房屋建筑与装饰工程消耗量定额（2025）
9	陕西省通用安装工程消耗量定额（2025）
10	陕西省市政工程消耗量定额（2025）
11	陕西省园林绿化工程消耗量定额（2025）
12	陕西省城市地下综合管廊工程消耗量定额（2025）
13	陕西省绿色建筑工程消耗量定额（2025）
14	陕西省建设工程施工机械台班费用定额（2025）
15	陕西省建设工程施工仪器仪表台班费用定额（2025）

使用说明

为配合陕西省工程建设标准《建设工程工程量清单计价标准》DB 61/T 5126—2025 实施，规范建设工程计价活动，编制了《陕西省房屋建筑与装饰工程基价表（2025）》（以下简称基价表）。

一、基价表是以《陕西省房屋建筑与装饰工程消耗量定额（2025）》为基础编制，是《陕西省房屋建筑与装饰工程消耗量定额（2025）》的价格表现形式。基价表中只反映价格，不反映消耗量，需与消耗量定额配套使用。

二、基价表适用于陕西省行政区域内工业与民用建筑的新建、扩建、改建房屋建筑与装饰工程计价。

三、基价表与《陕西省房屋建筑与装饰工程消耗量定额（2025）》和《陕西省建设工程费用规则（2025）》等计价文件配套使用。

四、基价表是编制最高投标限价、施工图预算的依据；也可作为施工企业编制投标报价和企业定额的参考依据。

五、基价表是按正常的施工条件、大多数建筑企业的施工机械装备程度、合理施工工期、施工工艺、劳动组织为基础，并充分考虑我省目前建筑市场实际情况编制，反映了我省建筑企业的社会平均水平。

编制最高投标限价和施工图预算时，除《陕西省房屋建筑与装饰工程消耗量定额（2025）》和本基价表中规定允许调整、换算的项目外，均不得因具体的施工条件、方法不同而进行换算。

六、基价表表现形式：

基价表包含基价、人工费、材料费、施工机具使用费、企业管理费、利润；材料费中未包含未计价材料费；计量单位执行《陕西省房屋建筑与装饰工程消耗量定额（2025）》规定，费用组成以“元”计价。基价表编号、项目名称与《陕西省房屋建筑与装饰工程消耗量定额（2025）》是对应一致的。人工费中的人工工日消耗量、材料费的材料规格及消耗量（包括未计价材料）、施工机具使用费中的施工机具台班消耗量与《陕西省房屋建筑与装饰工程消耗量定额（2025）》是对应一致的。

七、人工费：

人工费综合工种人工工日消耗量按照《陕西省房屋建筑与装饰工程消耗量定额（2025）》计算，一类工日单价 155 元/工日，二类工日单价 190 元/工日，三类工日单价 215 元/工日。人工工日单价含个人缴纳的社会保障保险费用，未包含用人单位缴纳的建筑工人社保费用。

八、材料费：

1. 基价表所采用的建筑装饰材料、安装材料、半成品、成品等材料均为符合国家相关质量标准和相应设计要求的合格产品。

2. 材料费包括：材料原价（或供应价格）、材料运杂费、运输损耗费、采购及保管费等费用。

3. 材料基期价格是按 2024 年 11 月份市场价综合取定的，单价详见附录：材料价格明细表。

4. 未计价材料数量应按《陕西省房屋建筑与装饰工程消耗量定额（2025）》中带括号“（×××）”的数量计算，以设计图纸要求的类型、规格、型号和陕西省工程建设标准《建设工程工程量清单计价标准》DB 61/T 5126—2025 规定确定单价，计入材料费。

5. 基价表中的混凝土、砌筑砂浆、抹灰砂浆、装配式构件、金属构件等单价，均为到施工现场价格。

6. 基价表中的混凝土、砌筑砂浆、抹灰砂浆和各种胶泥等，均按消耗量定额取定的强度等级考虑，使用时可按不同强度等级混凝土和砂浆配合比单价进行换算。

7. 基价表中木材种类和规格是按照消耗量定额规定计取的，如施工图设计种类和规格与基价表不符时，可按《陕西省房屋建筑与装饰工程消耗量定额（2025）》换算系数调整。

8. 基价表中材料费包含其他零星材料费用。

9. 本基价表中的材料（包括计价材料和未计价材料）单价，是建安工程费用计价的基本价格，在计算工程造价时，对所有材料的单价（包括计价材料和未计价材料）均实行市场化运作，可参照市场的价格执行。

九、施工机械使用费：

基价表中施工机具使用费台班单价是按《陕西省建设工程施工机械台班费用定额（2025）》《陕西省建设工程施工仪器仪表台班费用定额（2025）》计算的，机上人工执行综合三类工日单价。

十、企业管理费：

基价表中企业管理费是按照《陕西省建设工程费用规则（2025）》的费率计取，计费基础为人工费与施工机具使用费之和。

十一、利润：

基价表中利润是按照《陕西省建设工程费用规则（2025）》的费率计取，计费基础为人工费与施工机具使用费之和。

十二、《陕西省房屋建筑与装饰工程消耗量定额（2025）》的说明、工程量计算规则、工作内容均适用于本基价表。

十三、本基价表包括以下内容：

第一章　土石方工程；第二章　地基处理与边坡支护工程；第三章　桩基工程；第四章　砌筑工程；第五章　混凝土及钢筋混凝土工程；第六章　金属结构工程；第七章　木结构工程；第八章　门窗工程；第九章　屋面及防水工程；第十章　保温、隔热、防腐工程；第十一章　楼地面装饰工程；第十二章　墙、柱面装饰与隔断、幕墙工程；第十三章　天棚工程；第十四章　油漆、涂料、裱糊工程；第十五章　其他工程；第十六章　拆除工程；第十七章　措施项目；第十八章　总体工程。

十四、本基价表中注有“×××以内”或“×××以下”者，除有注明外，均包括“×××”本身；“×××以外”或“×××以上”者，除有注明外，均不包括“×××”本身。

十五、本说明未尽事宜，详见消耗量定额各章说明。如本基价表说明与消耗量定额各章节说明不符时，应以本基价表说明为准。

十六、本基价表由陕西省建设工程造价服务中心负责解释和日常管理工作。

目　录

第一章　土石方工程

第二章　地基处理与边坡支护工程

第三章　桩基工程

第四章　砌筑工程

第五章　混凝土及钢筋混凝土工程

第六章　金属结构工程

第七章　木结构工程

第八章　门窗工程

第九章　屋面及防水工程

第十章　保温、隔热、防腐工程

第十一章　楼地面装饰工程

第十二章　墙、柱面装饰与隔断、幕墙工程

第十三章　天棚工程

第十四章　油漆、涂料、裱糊工程

第十五章　其他工程

第十六章　拆除工程

第十七章　措施项目

第十八章　总体工程

附　录

第一章

土石方工程

一、土方工程

1. 人工土方

编号	项目名称	单位	基价	人工费	材料费	施工机具使用费	管理费	利润
1-1	人工挖一般土方（基深） 一、二类土 ≤2m	10m³	366.73	271.87	0.00	0.00	58.97	35.89
1-2	人工挖一般土方（基深） 一、二类土 ≤4m	10m³	643.77	477.25	0.00	0.00	103.52	63.00
1-3	人工挖一般土方（基深） 三类土 ≤2m	10m³	648.15	480.50	0.00	0.00	104.22	63.43
1-4	人工挖一般土方（基深） 三类土 ≤4m	10m³	1080.74	801.20	0.00	0.00	173.78	105.76
1-5	人工挖一般土方（基深） 四类土 ≤2m	10m³	940.44	697.19	0.00	0.00	151.22	92.03
1-6	人工挖一般土方（基深） 四类土 ≤4m	10m³	1349.20	1000.22	0.00	0.00	216.95	132.03
1-7	人工挖沟槽土方（槽深） 一、二类土 ≤2m	10m³	399.56	296.21	0.00	0.00	64.25	39.10
1-8	人工挖沟槽土方（槽深） 一、二类土 ≤4m	10m³	694.98	515.22	0.00	0.00	111.75	68.01
1-9	人工挖沟槽土方（槽深） 三类土 ≤2m	10m³	990.20	734.08	0.00	0.00	159.22	96.90
1-10	人工挖沟槽土方（槽深） 三类土 ≤4m	10m³	1300.47	964.10	0.00	0.00	209.11	127.26
1-11	人工挖沟槽土方（槽深） 四类土 ≤2m	10m³	1476.32	1094.46	0.00	0.00	237.39	144.47
1-12	人工挖沟槽土方（槽深） 四类土 ≤4m	10m³	1843.67	1366.79	0.00	0.00	296.46	180.42
1-13	人工挖基坑土方（坑深） 一、二类土 ≤2m	10m³	478.59	354.80	0.00	0.00	76.96	46.83
1-14	人工挖基坑土方（坑深） 一、二类土 ≤4m	10m³	732.20	542.81	0.00	0.00	117.74	71.65
1-15	人工挖基坑土方（坑深） 三类土 ≤2m	10m³	1075.51	797.32	0.00	0.00	172.94	105.25
1-16	人工挖基坑土方（坑深） 三类土 ≤4m	10m³	1464.81	1085.93	0.00	0.00	235.54	143.34
1-17	人工挖基坑土方（坑深） 四类土 ≤2m	10m³	1605.94	1190.56	0.00	0.00	258.23	157.15
1-18	人工挖基坑土方（坑深） 四类土 ≤4m	10m³	1973.71	1463.20	0.00	0.00	317.37	193.14
1-19	人工挖冻土基深≤2m 人工开挖	10m³	2167.12	1606.58	0.00	0.00	348.47	212.07
1-20	人工挖冻土基深≤2m 爆破后人工开挖	10m³	1148.81	812.05	53.44	0.00	176.13	107.19

续前

编号	项目名称	单位	基价	人工费	材料费	施工机具使用费	管理费	利润
1-21	人工装汽车土方	$10m^3$	253.82	188.17	0.00	0.00	40.81	24.84
1-22	人工运土 运距≤20m	$10m^3$	266.79	197.78	0.00	0.00	42.90	26.11
1-23	人工运土 ≤100m 每增运 20m	$10m^3$	51.01	37.82	0.00	0.00	8.20	4.99
1-24	双（单）轮车运土 运距≤50m	$10m^3$	240.03	177.94	0.00	0.00	38.60	23.49
1-25	双（单）轮车运土 ≤500m 每增运 50m	$10m^3$	51.01	37.82	0.00	0.00	8.20	4.99
1-26	人工挖淤泥、流砂	$10m^3$	1183.39	877.30	0.00	0.00	190.29	115.80
1-27	人工运淤泥、流砂 运距≤20m	$10m^3$	506.81	375.72	0.00	0.00	81.49	49.60
1-28	人工运淤泥、流砂 ≤100m 每增运 20m	$10m^3$	96.81	71.77	0.00	0.00	15.57	9.47
1-29	双（单）轮车运淤泥、流砂 运距≤50m	$10m^3$	398.72	295.59	0.00	0.00	64.11	39.02
1-30	双（单）轮车运淤泥、流砂 ≤500m 每增运 50m	$10m^3$	96.59	71.61	0.00	0.00	15.53	9.45

2. 机 械 土 方

编号	项目名称	单位	基价	人工费	材料费	施工机具使用费	管理费	利润
1-31	推土机推运一般土方 运距≤20m 一、二类土	$10m^3$	33.65	3.10	0.00	21.85	5.41	3.29
1-32	推土机推运一般土方 运距≤20m 三类土	$10m^3$	38.86	3.10	0.00	25.71	6.25	3.80
1-33	推土机推运一般土方 运距≤20m 四类土	$10m^3$	45.79	3.10	0.00	30.85	7.36	4.48
1-34	推土机推运一般土方 ≤100m 每增运 20m 一、二类土	$10m^3$	15.61	0.00	0.00	11.57	2.51	1.53
1-35	推土机推运一般土方 ≤100m 每增运 20m 三类土	$10m^3$	17.35	0.00	0.00	12.86	2.79	1.70
1-36	推土机推运一般土方 ≤100m 每增运 20m 四类土	$10m^3$	20.82	0.00	0.00	15.43	3.35	2.04
1-37	装载机装运一般土方 运距≤20m	$10m^3$	40.59	3.10	0.00	26.99	6.53	3.97
1-38	装载机装运一般土方 ≤150m 每增运 20m	$10m^3$	9.10	0.00	0.00	6.75	1.46	0.89
1-39	挖掘机挖一般土方 一、二类土	$10m^3$	53.61	13.64	0.00	26.10	8.62	5.25
1-40	挖掘机挖一般土方 三类土	$10m^3$	68.80	20.15	0.00	30.86	11.06	6.73
1-41	挖掘机挖一般土方 四类土	$10m^3$	83.76	28.06	0.00	34.03	13.47	8.20
1-42	挖掘机挖装一般土方 一、二类土	$10m^3$	76.05	13.64	0.00	42.74	12.23	7.44
1-43	挖掘机挖装一般土方 三类土	$10m^3$	95.95	20.15	0.00	50.98	15.43	9.39
1-44	挖掘机挖装一般土方 四类土	$10m^3$	117.72	28.06	0.00	59.21	18.93	11.52
1-45	挖掘机挖槽坑土方 一、二类土	$10m^3$	66.56	20.93	0.00	28.42	10.70	6.51
1-46	挖掘机挖槽坑土方 三类土	$10m^3$	88.54	32.86	0.00	32.78	14.24	8.66

续前

编号	项目名称	单位	基价	人工费	材料费	施工机具使用费	管理费	利润
1-47	挖掘机挖槽坑土方 四类土	$10m^3$	113.02	46.66	0.00	37.13	18.17	11.06
1-48	挖掘机挖装槽坑土方 一、二类土	$10m^3$	113.86	20.93	0.00	63.48	18.31	11.14
1-49	挖掘机挖装槽坑土方 三类土	$10m^3$	138.95	32.86	0.00	70.15	22.34	13.60
1-50	挖掘机挖装槽坑土方 四类土	$10m^3$	166.56	46.66	0.00	76.82	26.78	16.30
1-51	小型挖掘机挖槽坑土方 一、二类土	$10m^3$	97.66	28.99	0.00	43.41	15.70	9.56
1-52	小型挖掘机挖槽坑土方 三类土	$10m^3$	109.01	28.99	0.00	51.82	17.53	10.67
1-53	小型挖掘机挖槽坑土方 四类土	$10m^3$	120.36	28.99	0.00	60.24	19.35	11.78
1-54	小型挖掘机挖装槽坑土方 一、二类土	$10m^3$	169.82	28.99	0.00	96.90	27.31	16.62
1-55	小型挖掘机挖装槽坑土方 三类土	$10m^3$	188.31	28.99	0.00	110.61	30.28	18.43
1-56	小型挖掘机挖装槽坑土方 四类土	$10m^3$	215.82	28.99	0.00	131.01	34.70	21.12
1-57	挖掘机挖内支撑土方 一、二类土	$10m^3$	325.26	30.54	0.00	210.59	52.30	31.83
1-58	挖掘机挖内支撑土方 三类土	$10m^3$	396.47	38.29	0.00	255.63	63.75	38.80
1-59	挖掘机挖内支撑土方 四类土	$10m^3$	479.05	42.63	0.00	312.51	77.03	46.88
1-60	机械垂直提土	$10m^3$	127.63	42.78	0.00	51.84	20.52	12.49
1-61	装载机装车 土方	$10m^3$	31.55	6.20	0.00	17.19	5.07	3.09
1-62	挖掘机装车 土方	$10m^3$	59.58	6.20	0.00	37.97	9.58	5.83
1-63	机动翻斗车运土方 运距≤100m	$10m^3$	281.18	0.00	0.00	208.45	45.21	27.52
1-64	机动翻斗车运土方 ≤500m 每增运100m	$10m^3$	30.80	0.00	0.00	22.84	4.95	3.01
1-65	自卸汽车运土方 运距≤1km	$10m^3$	104.63	4.03	0.00	73.54	16.82	10.24
1-66	自卸汽车运土方 每增运 1km	$10m^3$	23.94	0.00	0.00	17.75	3.85	2.34
1-67	挖掘机挖淤泥流砂	$10m^3$	119.91	17.83	0.00	71.07	19.28	11.73
1-68	泥浆罐车运淤泥流砂 运距≤1km	$10m^3$	1585.98	414.78	0.00	760.98	255.02	155.20
1-69	泥浆罐车运淤泥流砂 每增运 1km	$10m^3$	138.87	0.00	0.00	102.95	22.33	13.59

二、石 方 工 程

1. 人 工 石 方

编号	项目名称	单位	基价	人工费	材料费	施工机具使用费	管理费	利润
1-70	人工凿一般石方 极软岩	$10m^3$	1016.55	753.61	0.00	0.00	163.46	99.48
1-71	人工凿一般石方 软岩	$10m^3$	1272.67	943.49	0.00	0.00	204.64	124.54
1-72	人工凿一般石方 较软岩	$10m^3$	1608.24	1192.26	0.00	0.00	258.60	157.38
1-73	人工凿一般石方 较硬岩	$10m^3$	3676.67	2725.68	0.00	0.00	591.20	359.79
1-74	人工凿一般石方 坚硬岩	$10m^3$	6199.63	4596.06	0.00	0.00	996.89	606.68

续前

编号	项目名称	单位	基价	人工费	材料费	施工机具使用费	管理费	利润
1-75	人工凿沟槽石方 极软岩	$10m^3$	1171.68	868.62	0.00	0.00	188.40	114.66
1-76	人工凿沟槽石方 软岩	$10m^3$	1856.85	1376.56	0.00	0.00	298.58	181.71
1-77	人工凿沟槽石方 较软岩	$10m^3$	2495.37	1849.93	0.00	0.00	401.25	244.19
1-78	人工凿沟槽石方 较硬岩	$10m^3$	6829.17	5062.77	0.00	0.00	1098.11	668.29
1-79	人工凿沟槽石方 坚硬岩	$10m^3$	11251.20	8341.02	0.00	0.00	1809.17	1101.01
1-80	人工凿基坑石方 极软岩	$10m^3$	1203.88	892.49	0.00	0.00	193.58	117.81
1-81	人工凿基坑石方 软岩	$10m^3$	1914.54	1419.34	0.00	0.00	307.85	187.35
1-82	人工凿基坑石方 较软岩	$10m^3$	4550.82	3373.73	0.00	0.00	731.76	445.33
1-83	人工凿基坑石方 较硬岩	$10m^3$	9438.27	6997.01	0.00	0.00	1517.65	923.61
1-84	人工凿基坑石方 坚硬岩	$10m^3$	14367.94	10651.60	0.00	0.00	2310.33	1406.01
1-85	人工清理爆破基底 一般石方 极软岩	$100m^2$	1808.12	1340.44	0.00	0.00	290.74	176.94
1-86	人工清理爆破基底 一般石方 软岩	$100m^2$	2247.61	1666.25	0.00	0.00	361.41	219.95
1-87	人工清理爆破基底 一般石方 较软岩	$100m^2$	2796.23	2072.97	0.00	0.00	449.63	273.63
1-88	人工清理爆破基底 一般石方 较硬岩	$100m^2$	6334.28	4695.88	0.00	0.00	1018.54	619.86
1-89	人工清理爆破基底 一般石方 坚硬岩	$100m^2$	10882.80	8067.91	0.00	0.00	1749.93	1064.96
1-90	人工清理爆破基底 槽坑石方 极软岩	$100m^2$	1994.62	1478.70	0.00	0.00	320.73	195.19
1-91	人工清理爆破基底 槽坑石方 软岩	$100m^2$	2983.78	2212.01	0.00	0.00	479.78	291.99
1-92	人工清理爆破基底 槽坑石方 较软岩	$100m^2$	5484.99	4066.27	0.00	0.00	881.97	536.75
1-93	人工清理爆破基底 槽坑石方 较硬岩	$100m^2$	12373.95	9173.37	0.00	0.00	1989.70	1210.88
1-94	人工清理爆破基底 槽坑石方 坚硬岩	$100m^2$	24743.10	18343.17	0.00	0.00	3978.63	2421.30
1-95	人工修整爆破边坡 极软岩	$100m^2$	1502.45	1113.83	0.00	0.00	241.59	147.03
1-96	人工修整爆破边坡 软岩	$100m^2$	1944.02	1441.19	0.00	0.00	312.59	190.24
1-97	人工修整爆破边坡 较软岩	$100m^2$	3094.59	2294.16	0.00	0.00	497.60	302.83
1-98	人工修整爆破边坡 较硬岩	$100m^2$	7000.61	5189.87	0.00	0.00	1125.68	685.06
1-99	人工修整爆破边坡 坚硬岩	$100m^2$	13456.36	9975.80	0.00	0.00	2163.75	1316.81
1-100	人工挖石渣 一般石方	$10m^3$	397.25	294.50	0.00	0.00	63.88	38.87
1-101	人工挖石渣 槽坑	$10m^3$	584.17	433.07	0.00	0.00	93.93	57.17
1-102	人工装机动车 石渣	$10m^3$	339.55	251.72	0.00	0.00	54.60	33.23
1-103	人工运石渣 运距≤20m	$10m^3$	552.39	409.51	0.00	0.00	88.82	54.06
1-104	人工运石渣 ≤200m 每增运 20m	$10m^3$	108.94	80.76	0.00	0.00	17.52	10.66
1-105	人力车运石渣 运距≤50m	$10m^3$	397.47	294.66	0.00	0.00	63.91	38.90
1-106	人力车运石渣 ≤500m 每增运 50m	$10m^3$	65.23	48.36	0.00	0.00	10.49	6.38

2. 机 械 石 方

编号	项目名称	单位	基价	人工费	材料费	施工机具使用费	管理费	利润
1-107	切割平基（一般）石方 软质岩	$10m^3$	1429.25	1036.33	18.31	9.66	226.88	138.07
1-108	切割平基（一般）石方 较硬岩	$10m^3$	3085.46	2258.35	22.86	12.09	492.46	299.70
1-109	切割平基（一般）石方 坚硬岩	$10m^3$	4927.07	3617.86	27.68	14.28	787.81	479.44
1-110	切割坑（槽）石方 软质岩	$10m^3$	2181.01	1584.10	25.28	14.04	346.64	210.95
1-111	切割坑（槽）石方 较硬岩	$10m^3$	4494.26	3290.65	31.82	17.56	717.55	436.68
1-112	切割坑（槽）石方 坚硬岩	$10m^3$	7437.44	5460.96	40.34	22.84	1189.44	723.86
1-113	液压锤破碎石方 极软岩	$10m^3$	498.77	23.25	0.00	346.51	80.20	48.81
1-114	液压锤破碎石方 软岩	$10m^3$	638.24	29.76	0.00	443.39	102.63	62.46
1-115	液压锤破碎石方 较软岩	$10m^3$	970.75	45.26	0.00	674.40	156.09	95.00
1-116	液压锤破碎石方 较硬岩	$10m^3$	1378.44	64.33	0.00	957.57	221.65	134.89
1-117	液压锤破碎石方 坚硬岩	$10m^3$	1963.05	91.61	0.00	1363.69	315.65	192.10
1-118	静力破碎石方	$10m^3$	3912.42	1623.01	516.70	894.39	546.02	332.30
1-119	推土机推运石渣 运距≤20m	$10m^3$	103.74	6.20	0.00	70.71	16.68	10.15
1-120	推土机推运石渣 ≤100m 每增运20m	$10m^3$	65.90	0.00	0.00	48.85	10.60	6.45
1-121	挖掘机挖石渣	$10m^3$	70.40	6.20	0.00	45.99	11.32	6.89
1-122	挖掘机挖装石渣	$10m^3$	145.11	6.20	0.00	101.38	23.33	14.20
1-123	装载机装车 石渣	$10m^3$	47.79	6.20	0.00	29.23	7.68	4.68
1-124	挖掘机装车 石渣	$10m^3$	126.82	6.20	0.00	87.82	20.39	12.41
1-125	机动翻斗车运石渣 运距≤100m	$10m^3$	736.18	0.00	0.00	545.76	118.38	72.04
1-126	机动翻斗车运石渣 ≤500m 每增运100m	$10m^3$	63.07	0.00	0.00	46.76	10.14	6.17
1-127	自卸汽车运石渣 运距≤1km	$10m^3$	197.00	4.03	0.00	142.01	31.68	19.28
1-128	自卸汽车运石渣 每增运1km	$10m^3$	44.47	0.00	0.00	32.97	7.15	4.35

三、回填及其他

编号	项目名称	单位	基价	人工费	材料费	施工机具使用费	管理费	利润
1-129	人工平整场地	$100m^2$	660.90	489.96	0.00	0.00	106.27	64.67
1-130	机械平整场地	$100m^2$	107.57	14.88	0.00	64.86	17.30	10.53
1-131	基底钎探	$100m^2$	933.52	553.35	127.56	44.14	129.60	78.87
1-132	筛土	$10m^3$	657.15	487.17	0.00	0.00	105.67	64.31
1-133	松填土	$10m^3$	93.67	69.44	0.00	0.00	15.06	9.17
1-134	打夯机原土夯实	$100m^2$	182.40	121.83	0.00	13.39	29.33	17.85
1-135	打夯机填土夯实 地坪	$10m^3$	162.69	101.06	0.00	19.55	26.16	15.92
1-136	打夯机填土夯实 槽坑	$10m^3$	212.63	132.06	0.00	25.57	34.19	20.81
1-137	机械碾压 原土 一遍	$100m^2$	33.46	14.88	0.00	9.93	5.38	3.27
1-138	机械碾压 原土 每增加一遍	$100m^2$	20.61	0.00	0.00	15.28	3.31	2.02
1-139	机械碾压 填土	$10m^3$	101.03	3.10	0.84	71.18	16.11	9.80

四、补 充 项 目

1. 普　　探

编号	项目名称	单位	基价	人工费	材料费	施工机具使用费	管理费	利润
1-140	普探 洛阳铲填灰土	$100m^2$	1249.32	837.00	120.29	0.00	181.55	110.48
1-141	普探 洛阳铲填砂	$100m^2$	1165.67	728.50	183.00	0.00	158.01	96.16

2. 地下室室内地面回填

编号	项目名称	单位	基价	人工费	材料费	施工机具使用费	管理费	利润
1-142	地下室室内地面回填	$10m^3$	264.73	176.70	0.00	19.55	42.57	25.91

3. 水　坠　砂

编号	项目名称	单位	基价	人工费	材料费	施工机具使用费	管理费	利润
1-143	水坠砂	$10m^3$	264.23	66.19	60.30	84.99	32.79	19.96

第二章

地基处理与边坡支护工程

一、地 基 处 理

1. 换 填 地 基

编号	项目名称	单位	基价	人工费	材料费	施工机具使用费	管理费	利润
2-1	夯填灰土	$10m^3$	2386.77	991.42	1032.83	12.32	217.71	132.49
2-2	人工填砂石 机械振动	$10m^3$	3075.98	418.38	2502.59	6.70	92.20	56.11
2-3	人工填砂石 机械碾压	$10m^3$	3147.36	361.00	2648.25	9.01	80.26	48.84
2-4	推土机填砂石 机械碾压	$10m^3$	2693.26	8.93	2648.25	24.44	7.24	4.40
2-5	推土机填砂石 挤淤碾压	$10m^3$	2760.11	15.39	2645.71	69.42	18.40	11.19
2-6	填铺 砂	$10m^3$	3182.28	556.13	2426.09	4.47	121.59	74.00
2-7	填铺 石屑	$10m^3$	2035.90	556.13	1279.71	4.47	121.59	74.00
2-8	填铺 碎石	$10m^3$	3091.13	802.37	1999.53	6.88	175.53	106.82
2-9	填筑毛石混凝土	$10m^3$	4060.34	451.63	3451.13	0.00	97.96	59.62

2. 加 筋 地 基

编号	项目名称	单位	基价	人工费	材料费	施工机具使用费	管理费	利润
2-10	铺土工织物	$100m^2$	1057.53	571.90	286.09	0.00	124.05	75.49
2-11	铺土工格栅	$100m^2$	1789.19	785.27	729.93	0.00	170.33	103.66
2-12	铺塑料排水板	$100m^2$	3608.47	556.32	2858.05	0.00	120.67	73.43

3. 强 夯 地 基

（1）点　夯

编号	项目名称	单位	基价	人工费	材料费	施工机具使用费	管理费	利润
2-13	夯击能 1000kN·m 7 夯点 4 击	$100m^2$	959.79	221.54	0.00	490.00	154.33	93.92
2-14	夯击能 1000kN·m 7 夯点 每增减1击	$100m^2$	176.31	40.66	0.00	90.05	28.35	17.25
2-15	夯击能 1000kN·m 4 夯点 4 击	$100m^2$	549.35	126.73	0.00	280.53	88.33	53.76
2-16	夯击能 1000kN·m 4 夯点 每增减1击	$100m^2$	101.51	23.18	0.00	52.08	16.32	9.93
2-17	夯击能 2000kN·m 7 夯点 4 击	$100m^2$	1402.27	295.83	0.00	743.74	225.48	137.22
2-18	夯击能 2000kN·m 7 夯点 每增减1击	$100m^2$	255.91	53.96	0.00	135.76	41.15	25.04
2-19	夯击能 2000kN·m 4 夯点 4 击	$100m^2$	800.82	169.10	0.00	424.58	128.77	78.37
2-20	夯击能 2000kN·m 4 夯点 每增减1击	$100m^2$	146.71	30.78	0.00	77.98	23.59	14.36

续前

编号	项目名称	单位	基价	人工费	材料费	施工机具使用费	管理费	利润
2-21	夯击能 3000kN·m 7 夯点 4 击	$100m^2$	1801.40	349.60	0.00	985.86	289.66	176.28
2-22	夯击能 3000kN·m 7 夯点 每增减1击	$100m^2$	337.55	62.51	0.00	187.73	54.28	33.03
2-23	夯击能 3000kN·m 4 夯点 4 击	$100m^2$	1027.33	199.88	0.00	561.73	165.19	100.53
2-24	夯击能 3000kN·m 4 夯点 每增减1击	$100m^2$	195.71	38.19	0.00	106.90	31.47	19.15
2-25	夯击能 4000kN·m 7 夯点 4 击	$100m^2$	3623.06	666.90	0.00	2019.04	582.58	354.54
2-26	夯击能 4000kN·m 7 夯点 每增减1击	$100m^2$	760.16	140.22	0.00	423.32	122.23	74.39
2-27	夯击能 4000kN·m 4 夯点 4 击	$100m^2$	2071.99	381.14	0.00	1154.92	333.17	202.76
2-28	夯击能 4000kN·m 4 夯点 每增减1击	$100m^2$	434.93	80.18	0.00	242.25	69.94	42.56
2-29	夯击能 5000kN·m 7 夯点 4 击	$100m^2$	4133.95	722.57	0.00	2342.11	664.73	404.54
2-30	夯击能 5000kN·m 7 夯点 每增减1击	$100m^2$	868.52	151.81	0.00	492.06	139.66	84.99
2-31	夯击能 5000kN·m 4 夯点 4 击	$100m^2$	2360.55	412.87	0.00	1337.11	379.57	231.00
2-32	夯击能 5000kN·m 4 夯点 每增减1击	$100m^2$	496.83	86.64	0.00	281.68	79.89	48.62
2-33	夯击能 6000kN·m 7 夯点 4 击	$100m^2$	4548.39	794.96	0.00	2576.97	731.37	445.09
2-34	夯击能 6000kN·m 7 夯点 每增减1击	$100m^2$	957.30	167.20	0.00	542.49	153.93	93.68
2-35	夯击能 6000kN·m 4 夯点 4 击	$100m^2$	2602.04	454.29	0.00	1474.72	418.40	254.63
2-36	夯击能 6000kN·m 4 夯点 每增减1击	$100m^2$	548.73	95.57	0.00	311.23	88.23	53.70
2-37	夯击能 8000kN·m 4 夯点 4 击	$100m^2$	3495.94	530.86	0.00	2060.84	562.14	342.10
2-38	夯击能 8000kN·m 4 夯点 每增减1击	$100m^2$	689.24	104.69	0.00	406.27	110.83	67.45
2-39	夯击能 10000kN·m 4 夯点 4 击	$100m^2$	4564.06	637.45	0.00	2746.09	733.89	446.63
2-40	夯击能 10000kN·m 4 夯点 每增减1 击	$100m^2$	853.17	119.13	0.00	513.36	137.19	83.49

（2）满　　夯

编号	项目名称	单位	基价	人工费	材料费	施工机具使用费	管理费	利润
2-41	夯击能 800kN·m 1 遍 2 击	$100m^2$	1081.35	276.64	0.00	525.01	173.88	105.82
2-42	夯击能 800kN·m 每增加 1 击	$100m^2$	541.41	138.32	0.00	263.05	87.06	52.98
2-43	夯击能 1000kN·m 1 遍 2 击	$100m^2$	1403.39	348.08	0.00	692.32	225.66	137.33
2-44	夯击能 1000kN·m 每增加 1 击	$100m^2$	702.47	174.04	0.00	346.73	112.96	68.74
2-45	夯击能 1500kN·m 1 遍 2 击	$100m^2$	1872.09	483.93	0.00	903.93	301.03	183.20
2-46	夯击能 1500kN·m 每增加 1 击	$100m^2$	936.16	242.06	0.00	451.96	150.53	91.61
2-47	夯击能 2000kN·m 1 遍 2 击	$100m^2$	3247.50	811.68	0.00	1595.84	522.19	317.79
2-48	夯击能 2000kN·m 每增加 1 击	$100m^2$	1624.73	405.84	0.00	798.65	261.25	158.99

4. 填料桩复合地基

编号	项目名称	单位	基价	人工费	材料费	施工机具使用费	管理费	利润
2-49	振冲碎石桩	$10m^3$	4966.01	718.01	2400.06	1184.24	412.60	251.10
2-50	钻孔压浆碎石桩	$10m^3$	8921.25	2098.93	4839.87	926.78	656.28	399.39
2-51	沉管碎石桩（桩长）≤10m	$10m^3$	8008.59	2081.83	2547.86	1966.46	878.07	534.37
2-52	沉管碎石桩（桩长）≤15m	$10m^3$	6702.88	1554.58	2547.86	1525.72	668.12	406.60
2-53	沉管碎石桩（桩长）＞15m	$10m^3$	6486.91	1474.78	2547.86	1445.41	633.39	385.47
2-54	砂石桩（桩长）≤10m	$10m^3$	8747.81	2125.15	3228.64	1966.46	887.47	540.09
2-55	砂石桩（桩长）≤15m	$10m^3$	7440.56	1596.76	3228.64	1525.72	677.27	412.17
2-56	砂石桩（桩长）＞15m	$10m^3$	7222.53	1515.44	3228.64	1445.41	642.21	390.83
2-57	水泥粉煤灰碎石桩（桩径≤500mm）	$10m^3$	9505.47	1274.14	4822.17	2197.80	753.06	458.30
2-58	打桩机成孔灰土挤密桩 桩长≤6m	$10m^3$	5185.94	1812.79	1206.99	1136.98	639.81	389.37
2-59	打桩机成孔灰土挤密桩 桩长＞6m	$10m^3$	3953.39	1189.02	1206.99	847.01	441.61	268.76

5. 搅拌桩复合地基

编号	项目名称	单位	基价	人工费	材料费	施工机具使用费	管理费	利润
2-60	深层水泥搅拌桩 粉喷桩（水泥掺量13%）	$10m^3$	2545.69	625.67	1128.53	424.93	227.88	138.68
2-61	深层水泥搅拌桩 浆喷桩（水泥掺量13%）	$10m^3$	2503.22	448.97	1146.55	556.79	218.15	132.76
2-62	深层水泥搅拌桩 水泥掺量每增加1%	$10m^3$	87.67	0.00	87.67	0.00	0.00	0.00
2-63	三轴水泥搅拌桩 二搅二喷	$10m^3$	2278.23	328.51	1277.29	413.53	160.95	97.95
2-64	插拔型钢搅拌桩	10t	14751.71	875.52	10187.21	2508.35	733.96	446.67

6. 注浆桩复合地基

编号	项目名称	单位	基价	人工费	材料费	施工机具使用费	管理费	利润
2-65	预钻孔道高压旋喷（摆喷）水泥桩成孔	100m	6377.38	1592.01	107.63	3056.04	1008.16	613.54
2-66	预钻孔道高压旋喷（摆喷）水泥桩单重管	$10m^3$	4870.23	1054.31	2837.88	452.36	326.80	198.88
2-67	预钻孔道高压旋喷（摆喷）水泥桩双重管	$10m^3$	5384.41	1184.27	2785.44	742.46	417.91	254.33
2-68	预钻孔道高压旋喷（摆喷）水泥桩三重管	$10m^3$	6151.44	1219.23	3136.00	1016.25	484.88	295.08
2-69	分层注浆 钻孔	100m	5905.32	2280.00	1434.23	1034.62	718.94	437.53
2-70	分层注浆 注浆	$10m^3$	2073.54	488.87	1244.26	125.91	133.35	81.15
2-71	压密注浆 钻孔	100m	6091.08	2280.00	1366.67	1222.42	759.67	462.32
2-72	压密注浆 注浆	$10m^3$	1235.64	458.09	464.86	113.32	123.94	75.43

7. 凿　桩　头

编号	项目名称	单位	基价	人工费	材料费	施工机具使用费	管理费	利润
2-73	凿水泥桩桩头	$10m^3$	2143.83	1450.34	0.00	138.98	344.72	209.79
2-74	凿素混凝土桩头	$10m^3$	2709.11	1798.00	0.00	210.38	435.62	265.11

二、基坑与边坡支护

1. 地下连续墙

编号	项目名称	单位	基价	人工费	材料费	施工机具使用费	管理费	利润
2-75	现浇导墙混凝土	$10m^3$	4234.55	487.35	3577.16	0.00	105.71	64.33
2-76	现浇导墙混凝土模板	$10m^2$	834.95	427.31	258.56	0.00	92.68	56.40
2-77	地下连续墙成槽 ≤25m	$10m^3$	3510.58	892.05	291.24	1494.59	517.66	315.04
2-78	地下连续墙成槽 ≤35m	$10m^3$	3811.19	1008.90	291.24	1600.60	566.00	344.45
2-79	地下连续墙成槽 ≤45m	$10m^3$	5348.42	1681.12	291.24	2068.00	813.18	494.88
2-80	地下连续墙成槽 ≤55m	$10m^3$	7075.16	1887.65	291.24	3141.57	1090.84	663.86
2-81	锁口管吊拔 ≤25m	10 段	52275.13	23411.80	2581.38	13428.40	7990.64	4862.91
2-82	锁口管吊拔 ≤35m	10 段	70850.52	30204.30	4874.92	18706.37	10608.72	6456.21
2-83	锁口管吊拔 ≤45m	10 段	82576.21	37295.10	6583.69	19041.56	12219.42	7436.44
2-84	锁口管吊拔 ≤55m	10 段	110672.32	44733.60	6912.79	32187.99	16684.29	10153.65
2-85	地下连续墙 清底置换	10 段	35710.55	13713.63	0.00	12760.20	5742.17	3494.55
2-86	地下连续墙 浇筑混凝土	$10m^3$	5664.43	383.61	5146.97	0.00	83.21	50.64
2-87	凿地下连续墙超灌混凝土	$10m^3$	4300.83	2924.22	0.00	264.18	691.56	420.87

2. 圆　木　桩

编号	项目名称	单位	基价	人工费	材料费	施工机具使用费	管理费	利润
2-88	打桩	$10m^3$	37001.86	10207.18	23233.39	0.00	2213.94	1347.35
2-89	送桩	100m	5599.19	4150.93	0.00	0.00	900.34	547.92
2-90	接桩头	10 个	811.68	601.73	0.00	0.00	130.52	79.43

3. 钢　板　桩

编号	项目名称	单位	基价	人工费	材料费	施工机具使用费	管理费	利润
2-91	打、拔钢板桩（桩长）≤6m	10t	18010.35	4560.00	552.09	8382.59	2807.25	1708.42
2-92	打、拔钢板桩（桩长）≤10m	10t	12846.43	3306.00	552.09	5808.35	1976.90	1203.09
2-93	打、拔钢板桩（桩长）≤15m	10t	9416.38	2185.00	552.09	4386.49	1425.36	867.44
2-94	打、拔钢板桩（桩长）＞15m	10t	8300.79	2033.00	552.09	3711.46	1245.97	758.27
2-95	安拆导向夹具	100m	1742.65	533.52	388.92	470.06	217.68	132.47

4. 土钉与锚喷联合支护

编号	项目名称	单位	基价	人工费	材料费	施工机具使用费	管理费	利润
2-96	土钉支护（钻孔、注浆） 钢筋	100m	8576.37	2891.80	670.39	2969.26	1271.26	773.66
2-97	土钉支护（钻孔、注浆） 钢管	100m	6590.63	1419.68	670.39	2969.26	951.96	579.34
2-98	土层锚杆机械钻孔（孔径）≤100mm	100m	4764.98	1835.02	0.00	1697.47	766.20	466.29
2-99	土层锚杆机械钻孔（孔径）≤150mm	100m	5546.18	2114.32	0.00	1997.31	891.81	542.74
2-100	土层锚杆机械钻孔（孔径）≤200mm	100m	6259.98	2393.62	0.00	2247.18	1006.59	612.59
2-101	锚杆机入岩增加	100m	14598.84	4961.85	161.45	5741.23	2321.50	1412.81
2-102	土层套管机械钻孔（孔径）≤100mm	100m	5570.47	2018.37	0.00	2111.27	895.72	545.11
2-103	土层套管机械钻孔（孔径）≤150mm	100m	6383.79	2325.79	0.00	2406.80	1026.50	624.70
2-104	土层套管机械钻孔（孔径）≤200mm	100m	7188.02	2633.02	0.00	2695.78	1155.82	703.40
2-105	土层锚杆锚孔注浆（孔径）≤100mm	100m	2000.34	444.03	1104.16	220.35	144.10	87.70
2-106	土层锚杆锚孔注浆（孔径）≤150mm	100m	2404.60	554.42	1359.51	220.35	168.05	102.27
2-107	土层锚杆锚孔注浆（孔径）≤200mm	100m	3657.63	719.15	2305.43	283.30	217.43	132.32
2-108	土层套管锚孔注浆（孔径）≤100mm	100m	3880.17	488.49	2617.37	447.68	203.06	123.57
2-109	土层套管锚孔注浆（孔径）≤150mm	100m	4654.61	609.90	3228.04	447.68	229.39	139.60
2-110	土层套管锚孔注浆（孔径）≤200mm	100m	7368.19	791.16	5524.58	575.59	296.45	180.41
2-111	钢筋锚杆（土钉） 制作、安装	10t	53377.52	7750.67	33941.36	6658.23	3125.29	1901.97
2-112	钢管锚杆（土钉） 制作、安装	10t	53540.08	6689.33	35690.02	6543.72	2870.25	1746.76
2-113	锚杆锚头 制作、安装、张拉、锁定	10套	5696.77	2052.95	1926.07	742.44	606.32	368.99
2-114	锚索 制作、安装及张拉	t	18604.19	7750.67	7158.22	734.74	1840.49	1120.07
2-115	锚索 锚墩、承压板制作、安装	10套	9629.87	6689.33	606.63	0.00	1450.92	882.99
2-116	喷射混凝土护坡 初喷厚 50mm	$100m^2$	5336.85	1878.34	2088.59	529.74	522.31	317.87
2-117	喷射混凝土护坡 每增减 10mm	$100m^2$	1018.55	342.19	417.67	103.27	96.62	58.80

5. 挡　土　板

编号	项目名称	单位	基价	人工费	材料费	施工机具使用费	管理费	利润
2-118	木挡土板 疏板 木撑	$100m^2$	4078.05	2108.81	1233.48	0.00	457.40	278.36
2-119	木挡土板 疏板 钢撑	$100m^2$	3013.35	1612.91	837.70	0.00	349.84	212.90
2-120	木挡土板 密板 木撑	$100m^2$	5194.04	2716.24	1530.11	0.00	589.15	358.54
2-121	木挡土板 密板 钢撑	$100m^2$	3872.59	2069.67	1080.81	0.00	448.91	273.20
2-122	钢挡土板 疏板 木撑	$100m^2$	3755.72	2136.74	873.47	0.00	463.46	282.05
2-123	钢挡土板 疏板 钢撑	$100m^2$	2726.39	1625.45	533.82	0.00	352.56	214.56
2-124	钢挡土板 密板 木撑	$100m^2$	4587.66	2716.24	923.73	0.00	589.15	358.54
2-125	钢挡土板 密板 钢撑	$100m^2$	3386.37	2094.75	560.76	0.00	454.35	276.51

6. 混凝土腰梁、冠梁

编号	项目名称	单位	基价	人工费	材料费	施工机具使用费	管理费	利润
2-126	混凝土冠梁	$10m^3$	4328.31	464.36	3701.93	0.00	100.72	61.30
2-127	混凝土冠梁模板	$100m^2$	6943.42	3218.79	2600.30	0.96	698.36	425.01
2-128	混凝土腰梁	$10m^3$	4397.76	515.85	3701.93	0.00	111.89	68.09
2-129	混凝土腰梁模板	$100m^2$	7277.62	3466.55	2600.30	0.96	752.10	457.71

7. 钢　支　撑

编号	项目名称	单位	基价	人工费	材料费	施工机具使用费	管理费	利润
2-130	钢支撑（基坑深度）≤15m 安装	10t	10547.12	2667.41	3242.73	2747.66	1174.53	714.79
2-131	钢支撑（基坑深度）≤15m 拆除	10t	7669.97	3644.96	47.39	2006.00	1225.69	745.93
2-132	钢支撑（基坑深度）＞15m 安装	10t	10563.38	2526.24	2541.25	3420.92	1289.94	785.03
2-133	钢支撑（基坑深度）＞15m 拆除	10t	7802.24	3072.30	47.39	2676.72	1246.96	758.87

8. 钢　腰　梁

编号	项目名称	单位	基价	人工费	材料费	施工机具使用费	管理费	利润
2-134	钢腰梁	10t	42987.03	3723.05	36167.49	1332.58	1096.57	667.34

三、补 充 项 目

1. 机械铺填机械碾压灰土

编号	项目名称	单位	基价	人工费	材料费	施工机具使用费	管理费	利润
2-135	机械铺填机械碾压 3：7 灰土	$10m^3$	1349.00	163.21	1032.83	71.18	50.84	30.94

2. 静压灰土挤密桩

编号	项目名称	单位	基价	人工费	材料费	施工机具使用费	管理费	利润
2-136	静压机成孔灰土挤密桩	$10m^3$	2447.02	100.89	1039.59	942.50	226.31	137.73

3. 中心压灌式 CFG 桩

编号	项目名称	单位	基价	人工费	材料费	施工机具使用费	管理费	利润
2-137	中心压灌式 CFG 桩 10m 以内	$10m^3$	7386.89	1259.89	4346.04	994.43	488.96	297.57
2-138	中心压灌式 CFG 桩 15m 以内	$10m^3$	6852.11	997.69	4346.04	860.17	402.97	245.24
2-139	中心压灌式 CFG 桩 20m 以内	$10m^3$	6391.31	817.19	4346.04	699.06	328.87	200.15

4. 旋喷锚索机械钻孔注浆

编号	项目名称	单位	基价	人工费	材料费	施工机具使用费	管理费	利润
2-140	旋喷锚索机械钻孔注浆（锚固段孔径）≤ 300mm	100m	19461.64	4111.60	5675.04	6109.03	2216.85	1349.12
2-141	旋喷锚索机械钻孔注浆（锚固段孔径）≤ 400mm	100m	24034.55	4563.80	9204.48	6430.40	2384.64	1451.23
2-142	旋喷锚索机械钻孔注浆（锚固段孔径）≤ 500mm	100m	32147.81	5065.78	15773.21	7073.44	2633.00	1602.38

5. 长螺旋钻机成孔灰土挤密桩（DDC 桩）

编号	项目名称	单位	基价	人工费	材料费	施工机具使用费	管理费	利润
2-143	长螺旋钻机成孔（孔径 400） 3：7 灰土 DDC 桩长 12m 以内	$10m^3$	2607.76	720.10	1038.80	443.04	252.29	153.53
2-144	长螺旋钻机成孔（孔径 400） 3：7 灰土 DDC 桩长 18m 以内	$10m^3$	2173.52	560.50	1038.80	280.72	182.46	111.04

第三章

桩 基 工 程

一、预　制　桩

1. 预制钢筋混凝土方桩

编号	项目名称	单位	基价	人工费	材料费	施工机具使用费	管理费	利润
3-1	打预制钢筋混凝土方桩（桩长）≤ 12m	$10m^3$	26457.31	902.12	23355.08	1397.70	498.83	303.58
3-2	打预制钢筋混凝土方桩（桩长）≤ 25m	$10m^3$	26750.15	747.84	23355.08	1769.08	545.92	332.23
3-3	打预制钢筋混凝土方桩（桩长）≤ 45m	$10m^3$	26256.75	641.06	23355.08	1510.08	466.58	283.95
3-4	打预制钢筋混凝土方桩（桩长）＞ 45m	$10m^3$	25997.83	557.84	23355.08	1401.35	424.95	258.61
3-5	压预制钢筋混凝土方桩（桩长）≤ 12m	$10m^3$	25557.05	605.34	23355.08	1027.08	354.07	215.48
3-6	压预制钢筋混凝土方桩（桩长）≤ 25m	$10m^3$	26002.59	474.81	23355.08	1487.91	425.71	259.08
3-7	压预制钢筋混凝土方桩（桩长）≤ 45m	$10m^3$	25681.84	379.81	23355.08	1345.12	374.14	227.69
3-8	压预制钢筋混凝土方桩（桩长）＞ 45m	$10m^3$	25509.35	332.31	23355.08	1264.75	346.40	210.81

2. 预应力钢筋混凝土管桩

编号	项目名称	单位	基价	人工费	材料费	施工机具使用费	管理费	利润
3-9	打预应力钢筋混凝土管桩（桩径）≤ 400mm	100m	29629.93	854.62	26594.31	1395.82	488.12	297.06
3-10	打预应力钢筋混凝土管桩（桩径）≤ 500mm	100m	31019.00	941.26	26594.31	2338.96	711.48	432.99
3-11	打预应力钢筋混凝土管桩（桩径）≤ 600mm	100m	31345.85	966.91	26594.31	2555.62	764.04	464.97
3-12	打预应力钢筋混凝土管桩（桩径）＞ 600mm	100m	31551.95	1008.33	26594.31	2666.99	797.18	485.14
3-13	压预应力钢筋混凝土管桩（桩径）≤ 400mm	100m	31305.47	683.62	26594.31	2808.98	757.54	461.02
3-14	压预应力钢筋混凝土管桩（桩径）≤ 500mm	100m	31782.46	752.97	26594.31	3093.24	834.24	507.70
3-15	压预应力钢筋混凝土管桩（桩径）≤ 600mm	100m	31928.66	773.49	26594.31	3181.10	857.75	522.01
3-16	压预应力钢筋混凝土管桩（桩径）＞ 600mm	100m	33082.83	939.17	26594.31	3871.06	1043.34	634.95

3. 预制钢筋混凝土板桩

编号	项目名称	单位	基价	人工费	材料费	施工机具使用费	管理费	利润
3-17	打预制钢筋混凝土板桩（单桩体积）≤ $1m^3$	$10m^3$	33565.16	1289.53	27307.59	3349.49	1006.20	612.35
3-18	打预制钢筋混凝土板桩（单桩体积）≤ $1.5m^3$	$10m^3$	32497.01	1069.32	27307.59	2777.83	834.45	507.82
3-19	打预制钢筋混凝土板桩（单桩体积）≤ $2.5m^3$	$10m^3$	31379.23	816.24	27307.59	2202.25	654.71	398.44
3-20	打预制钢筋混凝土板桩（单桩体积）＞ $2.5m^3$	$10m^3$	30883.58	716.87	27307.59	1934.17	575.01	349.94

4. 钢　管　桩

编号	项目名称	单位	基价	人工费	材料费	施工机具使用费	管理费	利润
3-21	打钢管桩（桩径）≤ 450mm 桩长 ≤ 30m	10t	74273.35	2063.02	65978.25	4086.51	1333.83	811.74
3-22	打钢管桩（桩径）≤ 450mm 桩长＞30m	10t	72125.68	1528.93	65978.25	3028.44	988.49	601.57
3-23	打钢管桩（桩径）≤ 650mm 桩长 ≤ 30m	10t	73472.47	1462.43	65978.25	4093.37	1205.05	733.37
3-24	打钢管桩（桩径）≤ 650mm 桩长＞30m	10t	71854.35	1146.65	65978.25	3209.57	944.86	575.02
3-25	打钢管桩（桩径）≤ 1000mm 桩长 ≤ 30m	10t	71784.45	1068.37	65978.25	3236.03	933.62	568.18
3-26	打钢管桩（桩径）≤ 1000mm 桩长＞30m	10t	70300.65	795.34	65978.25	2409.05	695.03	422.98
3-27	钢管桩内切割（桩径）≤ 450mm	10 根	2746.68	761.33	341.68	1021.60	386.72	235.35
3-28	钢管桩内切割（桩径）≤ 650mm	10 根	3018.53	843.79	349.20	1135.11	429.22	261.21
3-29	钢管桩内切割（桩径）≤ 1000mm	10 根	3352.99	926.44	419.05	1248.62	471.77	287.11
3-30	钢管桩精割盖帽（桩径）≤ 450mm	10 个	3351.47	912.00	727.20	1033.49	421.98	256.80
3-31	钢管桩精割盖帽（桩径）≤ 650mm	10 个	4573.41	1254.00	998.41	1396.31	574.85	349.84
3-32	钢管桩精割盖帽（桩径）≤ 1000mm	10 个	6569.27	1834.64	1402.49	1995.72	830.81	505.61
3-33	钢管内取土、填芯 管内钻孔取土	$10m^3$	2464.17	1110.74	0.00	716.06	396.23	241.14
3-34	钢管内取土、填芯 管内填混凝土	$10m^3$	4795.39	757.53	3770.86	2.00	164.74	100.26
3-35	钢管内取土、填芯 管内填黄砂	$10m^3$	2110.01	199.69	1837.95	2.00	43.75	26.62
3-36	钢管内取土、填芯 管内填碎石	$10m^3$	2523.46	331.36	2073.79	2.00	72.31	44.00

5. 接桩、截（凿）桩头

编号	项目名称	单位	基价	人工费	材料费	施工机具使用费	管理费	利润
3-37	预制钢筋混凝土桩接桩 包角钢	10 个	3269.47	1174.39	367.99	976.61	466.55	283.93
3-38	预制钢筋混凝土桩接桩 包钢板	10 个	4934.10	913.71	2540.80	860.55	384.84	234.20
3-39	预制钢筋混凝土桩接桩 法兰连接	10 个	4729.92	890.91	1053.83	1834.34	591.11	359.73
3-40	钢管桩电焊接桩（桩径）≤450mm	10 个	2474.57	776.91	235.74	882.83	360.00	219.09
3-41	钢管桩电焊接桩（桩径）≤650mm	10 个	3583.69	830.87	354.98	1562.72	519.17	315.95
3-42	钢管桩电焊接桩（桩径）≤1000mm	10 个	4911.67	906.49	542.75	2332.39	702.51	427.53
3-43	预制钢筋混凝土桩截桩 方桩	10 根	1107.71	505.02	290.40	100.89	131.42	79.98
3-44	预制钢筋混凝土桩截桩 管桩	10 根	841.14	410.21	196.02	68.05	103.73	63.13
3-45	凿桩头 预制钢筋混凝土桩	$10m^3$	2607.07	1613.67	0.00	319.07	419.21	255.12
3-46	凿桩头 灌注钢筋混凝土桩	$10m^3$	2112.48	1338.17	0.00	227.91	339.68	206.72

二、灌　注　桩

1. 回旋钻机成孔

编号	项目名称	单位	基价	人工费	材料费	施工机具使用费	管理费	利润
3-47	回旋钻机钻桩孔（桩径）≤800mm	$10m^3$	4712.24	1194.53	277.92	2092.83	713.03	433.93
3-48	回旋钻机钻桩孔（桩径）≤1000mm	$10m^3$	3917.86	1053.74	265.75	1653.73	587.25	357.39
3-49	回旋钻机钻桩孔（桩径）≤1200mm	$10m^3$	3105.21	912.95	259.41	1196.77	457.60	278.48
3-50	回旋钻机钻桩孔（桩径）≤1500mm	$10m^3$	2486.10	725.23	226.31	950.05	363.37	221.14
3-51	回旋钻机钻桩孔（桩径）≤800mm 入岩增加	$10m^3$	25097.25	9046.28	19.76	9544.79	4032.40	2454.02
3-52	回旋钻机钻桩孔（桩径）≤1000mm 入岩增加	$10m^3$	22334.64	7780.31	16.51	8765.12	3588.70	2184.00
3-53	回旋钻机钻桩孔（桩径）≤1200mm 入岩增加	$10m^3$	19511.20	6514.15	13.30	7940.51	3135.22	1908.02
3-54	回旋钻机钻桩孔（桩径）≤1500mm 入岩增加	$10m^3$	15359.48	5429.06	10.54	5949.80	2468.07	1502.01

2. 旋挖钻机成孔

编号	项目名称	单位	基价	人工费	材料费	施工机具使用费	管理费	利润
3-55	旋挖钻机钻桩孔（桩径）≤800mm	$10m^3$	4393.48	938.03	85.48	2255.68	692.72	421.57
3-56	旋挖钻机钻桩孔（桩径）≤1000mm	$10m^3$	3559.61	638.40	77.74	1942.86	559.88	340.73
3-57	旋挖钻机钻桩孔（桩径）≤1200mm	$10m^3$	3453.90	632.70	74.33	1872.72	543.43	330.72

续前

编号	项目名称	单位	基价	人工费	材料费	施工机具使用费	管理费	利润
3-58	旋挖钻机钻桩孔(桩径)≤1500mm	$10m^3$	2846.37	471.20	69.61	1587.33	446.50	271.73
3-59	旋挖钻机钻桩孔（桩径）≤800mm 入岩增加	$10m^3$	15860.86	1292.38	64.22	10418.38	2540.06	1545.82
3-60	旋挖钻机钻桩孔(桩径)≤1000mm 入岩增加	$10m^3$	9696.58	1273.00	56.76	5873.43	1550.06	943.33
3-61	旋挖钻机钻桩孔(桩径)≤1200mm 入岩增加	$10m^3$	6476.89	1254.00	49.30	3511.06	1033.54	628.99
3-62	旋挖钻机钻桩孔(桩径)≤1500mm 入岩增加	$10m^3$	5424.35	938.60	32.55	3058.58	866.99	527.63

3. 冲击成孔机成孔

编号	项目名称	单位	基价	人工费	材料费	施工机具使用费	管理费	利润
3-63	冲击钻机成孔（桩径） ≤1000mm	$10m^3$	5161.33	1662.50	357.11	1899.08	772.51	470.13
3-64	冲击钻机成孔（桩径） ≤1500mm	$10m^3$	4260.38	1347.10	347.13	1553.97	629.24	382.94
3-65	冲击钻机成孔（桩径） ≤1000mm 入岩增加	$10m^3$	22235.52	8002.04	45.63	8448.32	3568.08	2171.45
3-66	冲击钻机成孔（桩径） ≤1500mm 入岩增加	$10m^3$	19905.80	7145.52	20.30	7596.49	3197.54	1945.95

4. 冲孔桩机成孔

编号	项目名称	单位	基价	人工费	材料费	施工机具使用费	管理费	利润
3-67	冲孔桩机带冲抓锤成孔（桩长）≤15m	$10m^3$	10901.57	3155.52	715.19	4396.10	1637.95	996.81
3-68	冲孔桩机带冲抓锤成孔（桩长）≤30m	$10m^3$	13232.29	3878.66	715.19	5400.83	2012.72	1224.89
3-69	冲孔桩机带冲抓锤成孔（桩长）>30m	$10m^3$	15255.24	4506.61	715.19	6272.58	2338.01	1422.85
3-70	冲孔桩机带冲击锤成孔（桩长）≤15m	$10m^3$	11764.39	3366.80	694.29	4839.96	1780.05	1083.29
3-71	冲孔桩机带冲击锤成孔（桩长）≤30m	$10m^3$	14297.73	4138.58	694.29	5946.26	2187.40	1331.20
3-72	冲孔桩机带冲击锤成孔（桩长）>30m	$10m^3$	16496.59	4808.52	694.29	6906.44	2540.97	1546.37
3-73	冲孔桩机带冲击锤成孔（桩长）≤15m 入岩	$10m^3$	43318.94	12962.56	703.17	18630.42	6852.52	4170.27
3-74	冲孔桩机带冲击锤成孔（桩长）≤30m 入岩	$10m^3$	53072.57	15933.59	703.17	22890.19	8420.88	5124.74
3-75	冲孔桩机带冲击锤成孔（桩长）>30m 入岩	$10m^3$	61538.17	18512.84	703.17	26586.87	9782.13	5953.16

5. 扩 孔 成 孔

编号	项目名称	单位	基价	人工费	材料费	施工机具使用费	管理费	利润
3-76	挤扩支盘钻孔（桩径） ≤800mm	$10m^3$	3139.19	395.20	29.03	1910.50	500.11	304.35
3-77	挤扩支盘钻孔（桩径） >800mm	$10m^3$	2566.93	324.14	18.98	1564.77	409.70	249.34

6. 沉 管 成 孔

编号	项目名称	单位	基价	人工费	材料费	施工机具使用费	管理费	利润
3-78	沉管桩成孔(桩长）振动式 ≤12m	$10m^3$	2975.80	1068.37	89.57	1071.32	464.10	282.44
3-79	沉管桩成孔(桩长）振动式 ≤25m	$10m^3$	2326.39	830.87	91.33	826.08	359.39	218.72
3-80	沉管桩成孔(桩长）振动式 >25m	$10m^3$	2107.78	744.61	93.53	748.64	323.89	197.11
3-81	沉管桩成孔 锤击式	$10m^3$	2623.02	982.11	93.53	893.11	406.74	247.53
3-82	沉管桩成孔 夯扩式	$10m^3$	4758.27	1812.98	93.53	1645.20	750.08	456.48

7. 螺旋钻机成孔

编号	项目名称	单位	基价	人工费	材料费	施工机具使用费	管理费	利润
3-83	螺旋钻机钻桩孔（桩径） ≤400	$10m^3$	2486.96	1006.62	28.78	815.74	395.27	240.55
3-84	螺旋钻机钻桩孔（桩径） ≤600	$10m^3$	2104.56	862.22	27.12	677.88	334.05	203.29
3-85	螺旋钻机钻桩孔（桩径） ≤800	$10m^3$	1821.12	672.22	27.12	657.75	288.47	175.56

8. 灌注混凝土

编号	项目名称	单位	基价	人工费	材料费	施工机具使用费	管理费	利润
3-86	回旋钻孔	$10m^3$	5806.04	221.73	5253.92	187.58	88.78	54.03
3-87	旋挖钻孔	$10m^3$	6110.30	285.00	5472.84	187.58	102.50	62.38
3-88	冲击钻孔	$10m^3$	6323.79	443.27	5472.84	187.58	136.83	83.27
3-89	冲孔钻孔	$10m^3$	6528.60	432.82	5691.75	187.58	134.56	81.89
3-90	沉管成孔	$10m^3$	5166.59	410.21	4360.23	187.58	129.66	78.91
3-91	螺旋钻孔	$10m^3$	5173.44	274.74	4549.81	187.58	100.28	61.03

9. 钻孔压浆桩

编号	项目名称	单位	基价	人工费	材料费	施工机具使用费	管理费	利润
3-92	钻孔压浆桩(主杆直径）≤300mm	100m	66110.84	25110.97	12848.80	14374.57	8564.41	5212.09
3-93	钻孔压浆桩(主杆直径）≤400mm	100m	77785.31	28132.54	17695.52	16414.71	9662.30	5880.24
3-94	钻孔压浆桩(主杆直径）≤600mm	100m	89215.53	30197.84	22908.11	18958.82	10662.08	6488.68

10. 灌注桩埋管、后压浆

编号	项目名称	单位	基价	人工费	材料费	施工机具使用费	管理费	利润
3-95	声测管埋设	100m	2773.21	188.67	2518.72	0.00	40.92	24.90
3-96	注浆管埋设	100m	1390.45	380.38	833.80	32.29	89.51	54.47
3-97	桩底（侧）后压浆	10t	14231.05	5150.90	4692.90	1920.16	1533.71	933.38

第四章

砌筑工程

一、砖 砌 体

1. 砖 基 础

编号	项目名称	单位	基价	人工费	材料费	施工机具使用费	管理费	利润
4-1	实心砖基础 240×115×53	10m³	6062.34	1681.88	3685.24	80.37	382.23	232.62
4-2	实心砖基础 190×90×53	10m³	8730.12	2038.13	5867.51	84.05	460.30	280.13

2. 砖 墙

编号	项目名称	单位	基价	人工费	材料费	施工机具使用费	管理费	利润
4-3	实心砖实砌墙 240×115×53 1/4砖	10m³	9189.91	4160.62	3523.45	40.18	911.15	554.51
4-4	实心砖实砌墙 240×115×53 1/2砖	10m³	7484.02	2785.78	3637.75	65.63	618.47	376.39
4-5	实心砖实砌墙 240×115×53 3/4砖	10m³	7381.73	2680.71	3668.60	72.00	597.06	363.36
4-6	实心砖实砌墙 240×115×53 1砖	10m³	6534.15	2033.00	3687.50	77.35	457.73	278.57
4-7	实心砖实砌墙 240×115×53 1砖半及以上	10m³	6271.83	1820.01	3707.97	80.70	412.26	250.89
4-8	实心砖实砌墙 190×90×53 1/2砖	10m³	10746.78	3445.84	6002.93	70.99	762.80	464.22
4-9	实心砖实砌墙 190×90×53 1砖	10m³	9422.30	2498.12	5936.50	86.06	560.51	341.11
4-10	多孔砖实砌墙 240×115×90 1/2砖	10m³	7707.90	1761.11	5264.58	50.23	392.88	239.10
4-11	多孔砖实砌墙 240×115×90 1砖	10m³	7562.59	1643.50	5260.30	63.29	370.20	225.30
4-12	多孔砖实砌墙 240×115×90 1砖半及以上	10m³	7431.65	1533.68	5270.26	68.65	347.55	211.51
4-13	多孔砖实砌墙 190×190×90 1砖	10m³	5333.68	1491.88	3246.29	55.59	335.65	204.27
4-14	空心砖实砌墙(卧砌) 240×240×115 1/2砖	10m³	5171.20	1727.86	2800.29	29.80	381.24	232.01
4-15	空心砖实砌墙(卧砌) 240×240×115 1砖	10m³	4874.12	1414.93	2905.44	44.54	316.56	192.65
4-16	空心砖实砌墙(卧砌) 240×240×115 1砖半及以上	10m³	4693.33	1238.99	2954.30	50.23	279.63	170.18
4-17	实心砖空斗墙 240×115×53 一眠一斗	10m³	5559.14	2033.38	2753.52	46.55	451.14	274.55
4-18	实心砖空斗墙 240×115×53 一眠三斗	10m³	5437.49	2036.04	2630.99	44.54	451.28	274.64
4-19	实心砖空斗墙 240×115×53 一眠五斗	10m³	5401.51	2036.04	2595.92	43.87	451.13	274.55

续前

编号	项目名称	单位	基价	人工费	材料费	施工机具使用费	管理费	利润
4-20	实心砖空斗墙 240×115×53 全空斗	$10m^3$	5347.29	2038.89	2538.75	43.20	451.61	274.84
4-21	实心砖空花墙 240×115×53	$10m^3$	6154.56	2663.42	2507.67	40.18	586.41	356.88
4-22	实心砖砖碹 240×115×53	$10m^3$	9766.81	3928.44	4364.29	76.69	868.71	528.68

3. 砖　　柱

编号	项目名称	单位	基价	人工费	材料费	施工机具使用费	管理费	利润
4-23	实心砖方柱 240×115×53	$10m^3$	7279.85	2582.10	3700.19	71.66	575.60	350.30
4-24	实心砖异形柱 240×115×53	$10m^3$	9230.71	3233.99	4746.87	90.08	720.99	438.78
4-25	多孔砖方柱 240×115×90	$10m^3$	8444.31	2264.61	5306.91	61.28	504.49	307.02

4. 零 星 砌 砖

编号	项目名称	单位	基价	人工费	材料费	施工机具使用费	管理费	利润
4-26	实心砖零星砌砖 240×115×53	$10m^3$	8166.94	3251.85	3683.86	71.66	720.87	438.70
4-27	多孔砖零星砌砖 240×115×90	$10m^3$	8839.23	2583.05	5277.72	57.26	572.68	348.52

5. 砖散水、地坪

编号	项目名称	单位	基价	人工费	材料费	施工机具使用费	管理费	利润
4-28	砖散水、地坪（平铺）240×115×53	$100m^2$	3598.32	1045.95	2155.82	23.44	231.95	141.16

6. 砖　地　沟

编号	项目名称	单位	基价	人工费	材料费	施工机具使用费	管理费	利润
4-29	实心砖地沟 240×115×53	$10m^3$	6220.57	1599.61	3949.48	84.05	365.19	222.24

7. 贴 砌 砖 墙

编号	项目名称	单位	基价	人工费	材料费	施工机具使用费	管理费	利润
4-30	实心砖贴砌砖墙 240×115×53 1/4 砖	$10m^3$	10471.78	4359.36	4451.87	103.47	967.99	589.09
4-31	实心砖贴砌砖墙 240×115×53 1/2 砖	$10m^3$	8177.37	2948.23	4072.66	94.77	660.03	401.68

二、砌 块 砌 体

1. 砌 块 墙

编号	项目名称	单位	基价	人工费	材料费	施工机具使用费	管理费	利润
4-32	轻集料混凝土小型空心砌块墙（盲孔） 240 厚	$10m^3$	5310.09	1517.72	3214.05	36.17	337.04	205.11
4-33	轻集料混凝土小型空心砌块墙（盲孔） 190 厚	$10m^3$	5291.14	1626.78	3047.08	36.84	360.84	219.60
4-34	轻集料混凝土小型空心砌块墙（盲孔） 120 厚	$10m^3$	5482.82	1647.11	3214.95	34.16	364.67	221.93
4-35	烧结空心砌块墙（卧砌） 240 厚	$10m^3$	4835.17	1531.59	2729.01	29.80	338.67	206.10
4-36	烧结空心砌块墙（卧砌） 190 厚	$10m^3$	4979.21	1638.37	2729.01	29.80	361.83	220.20
4-37	烧结空心砌块墙（卧砌） 115 厚	$10m^3$	5034.82	1679.60	2729.01	29.80	370.77	225.64
4-38	蒸压加气混凝土砌块墙 ≤ 150 厚 砂浆	$10m^3$	5232.56	1685.68	2926.67	23.78	370.78	225.65
4-39	蒸压加气混凝土砌块墙 ≤ 150 厚 粘接剂	$10m^3$	6125.84	1468.32	4137.09	6.03	319.79	194.61
4-40	蒸压加气混凝土砌块墙 ≤ 200 厚 砂浆	$10m^3$	4813.78	1375.22	2926.67	23.78	303.44	184.67
4-41	蒸压加气混凝土砌块墙 ≤ 200 厚 粘接剂	$10m^3$	5748.84	1188.83	4137.09	6.03	259.17	157.72
4-42	蒸压加气混凝土砌块墙 ≤ 300 厚 砂浆	$10m^3$	4667.18	1266.54	2926.67	23.78	279.87	170.32
4-43	蒸压加气混凝土砌块墙 ≤ 300 厚 粘结剂	$10m^3$	5602.24	1080.15	4137.09	6.03	235.59	143.38

2. 轻质砌块 L 形专用连接件

编号	项目名称	单位	基价	人工费	材料费	施工机具使用费	管理费	利润
4-44	加气混凝土砌块 L 型专用连接件	10 个	146.13	55.48	71.30	0.00	12.03	7.32

3. 柔性材料嵌缝

编号	项目名称	单位	基价	人工费	材料费	施工机具使用费	管理费	利润
4-45	聚氨酯（PU）发泡剂嵌缝	100m	2046.55	638.40	1185.41	0.00	138.47	84.27

三、石 砌 体

1. 石 基 础

编号	项目名称	单位	基价	人工费	材料费	施工机具使用费	管理费	利润
4-46	料石基础 毛料石 浆砌	10m³	6050.92	1485.99	3866.24	133.61	351.29	213.79
4-47	料石基础 粗料石 浆砌	10m³	4352.26	1460.34	2318.71	47.22	326.99	199.00

2. 石 勒 脚

编号	项目名称	单位	基价	人工费	材料费	施工机具使用费	管理费	利润
4-48	料石勒脚 粗料石 浆砌	10m³	7702.86	3994.75	2259.68	40.52	875.25	532.66
4-49	料石勒脚 细料石 浆砌	10m³	7769.72	3073.06	3592.40	23.78	671.70	408.78

3. 石 墙

编号	项目名称	单位	基价	人工费	材料费	施工机具使用费	管理费	利润
4-50	料石墙 毛料石 浆砌	10m³	7571.23	2613.07	3866.24	133.61	595.75	362.56
4-51	料石墙 粗料石 浆砌	10m³	9799.15	5548.38	2260.74	40.18	1212.16	737.69
4-52	料石墙 细料石 浆砌	10m³	8218.44	3401.95	3597.47	23.78	743.04	452.20
4-53	方整石墙	10m³	10192.79	2555.88	6680.56	47.89	564.76	343.70

4. 石 挡 土 墙

编号	项目名称	单位	基价	人工费	材料费	施工机具使用费	管理费	利润
4-54	料石挡土墙 毛料石 浆砌	10m³	6331.81	1694.23	3866.24	133.61	396.46	241.27
4-55	料石挡土墙 粗料石 浆砌	10m³	5139.47	2093.61	2260.74	40.52	462.89	281.71
4-56	料石挡土墙 细料石 浆砌	10m³	6498.21	2126.67	3597.47	23.78	466.43	283.86

5. 石 柱

编号	项目名称	单位	基价	人工费	材料费	施工机具使用费	管理费	利润
4-57	方整石柱 浆砌	10m³	12516.50	4272.72	6690.69	46.21	936.78	570.10

6. 石 护 坡

编号	项目名称	单位	基价	人工费	材料费	施工机具使用费	管理费	利润
4-58	毛料石护坡 干砌	$10m^3$	4670.45	1375.60	2814.90	0.00	298.37	181.58
4-59	毛料石护坡 浆砌	$10m^3$	6819.00	1838.25	4141.54	146.67	430.53	262.01

7. 石 台 阶

编号	项目名称	单位	基价	人工费	材料费	施工机具使用费	管理费	利润
4-60	方整石台阶 浆砌	$10m^3$	15149.30	6261.64	6625.74	57.26	1370.57	834.09

8. 石 坡 道

编号	项目名称	单位	基价	人工费	材料费	施工机具使用费	管理费	利润
4-61	石板坡道 浆砌	$100m^2$	21227.53	5130.38	13990.97	234.41	1163.62	708.15

9. 石砌体勾缝

编号	项目名称	单位	基价	人工费	材料费	施工机具使用费	管理费	利润
4-62	毛石面勾缝 凸缝	$100m^2$	3303.57	2087.53	448.41	29.13	459.10	279.40
4-63	料石面勾缝 平缝	$100m^2$	1156.54	736.25	152.12	8.37	161.51	98.29
4-64	料石面勾缝 凹缝	$100m^2$	1941.30	1318.03	152.12	8.37	287.70	175.08
4-65	料石面勾缝 凸缝	$100m^2$	2211.56	1409.80	285.93	17.75	309.64	188.44

四、轻 质 墙 板

编号	项目名称	单位	基价	人工费	材料费	施工机具使用费	管理费	利润
4-66	轻质墙板（玻纤水泥珍珠岩板）60厚	$100m^2$	12369.98	3011.31	8308.03	0.00	653.15	397.49
4-67	轻质墙板（玻纤水泥珍珠岩板）85厚	$100m^2$	13674.16	3217.84	9333.62	0.00	697.95	424.75
4-68	轻质墙板（玻纤水泥珍珠岩板）95厚	$100m^2$	14637.51	3300.30	10185.73	0.00	715.84	435.64
4-69	钢丝网夹心矿棉墙板	$100m^2$	13020.94	2747.97	9314.21	0.00	596.03	362.73

五、补 充 项 目

1. 混凝土实心砖检查井

编号	项目名称	单位	基价	人工费	材料费	施工机具使用费	管理费	利润
4-70	混凝土实心砖检查井 240×115×53 内径周长：m以内 1.0	座	1632.77	490.20	944.25	20.23	110.71	67.38
4-71	混凝土实心砖检查井 240×115×53 内径周长：m以内 1.5	座	2530.63	950.38	1206.97	30.91	212.84	129.53
4-72	混凝土实心砖检查井 240×115×53 内径周长：m以内 2.0	座	3008.63	1160.14	1389.45	40.23	260.36	158.45
4-73	混凝土实心砖检查井 240×115×53 内径周长：m以内 2.6	座	3513.95	1370.47	1597.58	50.22	308.15	187.53
4-74	混凝土实心砖检查井（每增减 0.2m 深）240×115×53 内径周长：m以内 1.0	座	174.63	90.44	51.73	0.67	19.76	12.03
4-75	混凝土实心砖检查井（每增减 0.2m 深）240×115×53 内径周长：m以内 1.5	座	342.19	180.50	96.46	1.67	39.51	24.05
4-76	混凝土实心砖检查井（每增减 0.2m 深）240×115×53 内径周长：m以内 2.0	座	397.26	198.55	126.73	2.01	43.50	26.47
4-77	混凝土实心砖检查井（每增减 0.2m 深）240×115×53 内径周长：m以内 2.6	座	506.57	252.89	162.29	2.34	55.36	33.69

2. 板 材 隔 墙

编号	项目名称	单位	基价	人工费	材料费	施工机具使用费	管理费	利润
4-78	GRC 轻质隔墙板安装 60 厚	$100m^2$	14829.33	2183.48	11875.45	6.36	474.98	289.06
4-79	GRC 轻质隔墙板安装 90 厚	$100m^2$	16349.20	2531.37	12924.70	7.37	550.65	335.11
4-80	GRC 轻质隔墙板安装 120 厚	$100m^2$	18498.69	2885.91	14594.14	8.71	627.84	382.09
4-81	轻质条板隔墙 板厚（mm）≤100	$100m^2$	11206.25	2120.40	8322.38	17.54	463.72	282.21
4-82	轻质条板隔墙 板厚（mm）≤120	$100m^2$	12306.89	2544.86	8846.90	20.18	556.36	338.59
4-83	轻质条板隔墙 板厚（mm）≤150	$100m^2$	13136.13	2799.27	9328.88	23.21	612.20	372.57
4-84	轻质条板隔墙 板厚（mm）≤200	$100m^2$	14563.17	3079.14	10373.70	26.70	673.66	409.97

3. 蒸压加气混凝土高精砌块墙

编号	项目名称	单位	基价	人工费	材料费	施工机具使用费	管理费	利润
4-85	蒸压加气混凝土高精砌块墙 ≤150厚	$10m^3$	6228.87	1544.70	4137.09	6.03	336.35	204.70
4-86	蒸压加气混凝土高精砌块墙 ≤200厚	$10m^3$	5832.13	1250.58	4137.09	6.03	272.56	165.87
4-87	蒸压加气混凝土高精砌块墙 ≤300厚	$10m^3$	5750.51	1135.82	4137.09	60.28	259.43	157.89

4. 多孔砖异形柱

编号	项目名称	单位	基价	人工费	材料费	施工机具使用费	管理费	利润
4-88	多孔砖异形柱 240×115×90	$10m^3$	10760.19	2836.32	6830.39	77.02	631.90	384.56

5. 井 箅 安 装

编号	项目名称	单位	基价	人工费	材料费	施工机具使用费	管理费	利润
4-89	单平箅（680×380）井深（m）1	座	1000.67	337.82	542.27	2.01	73.71	44.86
4-90	单平箅（680×380）井深（m）增减 0.25	座	185.33	83.22	72.17	0.67	18.20	11.07
4-91	双平箅（1450×380）井深（m）1	座	1662.29	536.37	934.26	3.35	117.07	71.24
4-92	双平箅（1450×380）井深（m）增减 0.25	座	279.49	125.78	108.48	1.00	27.50	16.73

第五章

混凝土及钢筋混凝土工程

一、混　凝　土

1. 现浇混凝土

（1）基　　础

编号	项目名称	单位	基价	人工费	材料费	施工机具使用费	管理费	利润
5-1	垫层	$10m^3$	4324.54	534.66	3603.33	0.00	115.97	70.58
5-2	条形基础 毛石混凝土	$10m^3$	4273.09	536.56	3549.32	0.00	116.38	70.83
5-3	条形基础 混凝土	$10m^3$	4307.64	519.27	3607.20	0.00	112.63	68.54
5-4	独立基础 毛石混凝土	$10m^3$	4264.98	526.30	3555.06	0.00	114.15	69.47
5-5	独立基础 混凝土	$10m^3$	4188.73	425.79	3614.39	0.00	92.35	56.20
5-6	杯形基础	$10m^3$	4201.97	435.29	3614.81	0.00	94.41	57.46
5-7	筏形基础 有梁式	$10m^3$	4250.43	456.19	3633.95	0.83	99.13	60.33
5-8	筏形基础 无梁式	$10m^3$	4155.55	385.51	3634.58	0.71	83.77	50.98
5-9	桩承台	$10m^3$	4281.26	494.38	3614.39	0.00	107.23	65.26
5-10	设备基础 块体 $\leqslant 5m^3$	$10m^3$	4421.73	594.89	3619.28	0.00	129.03	78.53
5-11	设备基础 块体 $\leqslant 20m^3$	$10m^3$	4311.95	520.98	3609.20	0.00	113.00	68.77
5-12	二次灌浆 混凝土	$10m^3$	7223.02	2325.03	4086.79	0.00	504.30	306.90
5-13	二次灌浆 灌浆料	$10m^3$	26126.22	2781.22	22374.63	0.00	603.25	367.12

（2）柱

编号	项目名称	单位	基价	人工费	材料费	施工机具使用费	管理费	利润
5-14	矩形柱	$10m^3$	5075.80	1067.99	3635.19	0.00	231.65	140.97
5-15	构造柱	$10m^3$	6110.61	1834.83	3635.61	0.00	397.97	242.20
5-16	异形柱	$10m^3$	5226.58	1175.53	3640.91	0.00	254.97	155.17
5-17	圆形柱	$10m^3$	5222.84	1177.24	3634.86	0.00	255.34	155.40
5-18	斜柱	$10m^3$	5404.47	1307.39	3640.93	0.00	283.57	172.58
5-19	钢管柱	$10m^3$	5703.51	1575.86	3577.84	0.00	341.80	208.01
5-20	型钢混凝土柱	$10m^3$	5621.48	1472.50	3635.22	0.00	319.39	194.37

（3）梁

编号	项目名称	单位	基价	人工费	材料费	施工机具使用费	管理费	利润
5-21	基础连系梁	$10m^3$	4260.06	442.32	3663.41	0.00	95.94	58.39
5-22	矩形梁	$10m^3$	4277.58	458.66	3658.90	0.00	99.48	60.54
5-23	异形梁	$10m^3$	4333.76	489.25	3673.81	0.00	106.12	64.58
5-24	悬臂（悬挑）梁	$10m^3$	4372.87	501.03	3697.03	0.00	108.67	66.14
5-25	圈梁	$10m^3$	5504.82	1343.49	3692.59	0.00	291.40	177.34
5-26	过梁	$10m^3$	5895.03	1545.27	3810.61	0.00	335.17	203.98
5-27	弧形、拱形梁	$10m^3$	4753.22	776.53	3705.76	0.00	168.43	102.50
5-28	斜梁	$10m^3$	4365.90	489.25	3705.95	0.00	106.12	64.58
5-29	型钢混凝土梁	$10m^3$	4663.01	734.35	3672.45	0.00	159.28	96.93

（4）墙

编号	项目名称	单位	基价	人工费	材料费	施工机具使用费	管理费	利润
5-30	直形墙 毛石混凝土	$10m^3$	4711.94	851.20	3563.75	0.00	184.63	112.36
5-31	直形墙 混凝土	$10m^3$	4477.07	628.90	3628.75	0.00	136.41	83.01
5-32	弧形混凝土墙	$10m^3$	4487.08	628.90	3638.76	0.00	136.41	83.01
5-33	挡土墙（重力式） 毛石混凝土	$10m^3$	4334.19	600.40	3524.31	0.00	130.23	79.25
5-34	挡土墙（重力式） 混凝土	$10m^3$	4322.62	549.29	3581.68	0.00	119.14	72.51
5-35	挡土墙（薄壁式） 混凝土	$10m^3$	4684.79	809.40	3592.99	0.00	175.56	106.84
5-36	电梯井壁直形墙	$10m^3$	4460.86	651.32	3582.30	0.00	141.27	85.97
5-37	爬模混凝土墙	$10m^3$	4695.71	822.32	3586.48	0.00	178.36	108.55
5-38	叠合板混凝土复合墙	$10m^3$	4567.63	730.93	3581.68	0.00	158.54	96.48
5-39	大模内置保温板墙	$10m^3$	4516.12	692.74	3581.68	0.00	150.26	91.44

（5）板

编号	项目名称	单位	基价	人工费	材料费	施工机具使用费	管理费	利润
5-40	有梁板	$10m^3$	4325.03	460.94	3699.76	2.60	100.54	61.19
5-41	无梁板	$10m^3$	4332.20	459.99	3708.21	2.60	100.34	61.06
5-42	平板	$10m^3$	4479.18	534.09	3754.28	3.31	116.56	70.94
5-43	拱板	$10m^3$	5105.29	1086.23	3635.30	3.54	236.37	143.85
5-44	薄壳板	$10m^3$	5012.03	976.03	3689.41	4.49	212.67	129.43
5-45	复合空心板	$10m^3$	4745.53	781.85	3685.49	4.01	170.45	103.73
5-46	斜板、坡屋面板	$10m^3$	4575.80	581.59	3785.24	4.49	127.12	77.36
5-47	栏板	$10m^3$	6019.79	1784.29	3612.96	0.00	387.01	235.53
5-48	飘窗板	$10m^3$	6251.78	1835.40	3776.01	0.00	398.10	242.27
5-49	挂板	$10m^3$	6367.48	2035.09	3622.35	0.00	441.41	268.63
5-50	挑檐、天沟	$10m^3$	6205.48	1797.78	3780.45	0.00	389.94	237.31

续前

编号	项目名称	单位	基价	人工费	材料费	施工机具使用费	管理费	利润
5-51	雨篷板	$10m^3$	6058.72	1668.96	3807.46	0.00	362.00	220.30
5-52	悬挑板	$10m^3$	6004.77	1612.34	3829.88	0.00	349.72	212.83
5-53	阳台板	$10m^3$	6054.78	1689.29	3776.09	0.00	366.41	222.99
5-54	预制板间补现浇板缝	$10m^3$	6648.10	2132.75	3771.24	0.00	462.59	281.52

（6）楼　梯

编号	项目名称	单位	基价	人工费	材料费	施工机具使用费	管理费	利润
5-55	楼梯 直形	$10m^3$	5832.03	1586.50	3692.00	0.00	344.11	209.42
5-56	楼梯 弧形	$10m^3$	8050.82	3193.33	3743.34	0.00	692.63	421.52
5-57	楼梯 螺旋形	$10m^3$	7871.73	3093.01	3699.57	0.00	670.87	408.28

（7）其　他

编号	项目名称	单位	基价	人工费	材料费	施工机具使用费	管理费	利润
5-58	散水	$10m^2$ 水平投影面积	477.43	146.68	278.30	0.94	32.02	19.49
5-59	台阶	$10m^2$ 水平投影面积	757.81	218.31	463.33	0.00	47.35	28.82
5-60	场馆看台	$10m^3$	6094.75	1709.24	3789.16	0.00	370.73	225.62
5-61	地沟	$10m^3$	4814.31	869.25	3641.78	0.00	188.54	114.74
5-62	扶手、压顶	$10m^3$	6227.99	1801.77	3797.59	0.00	390.80	237.83
5-63	小型构件	$10m^3$	6448.73	1955.10	3811.50	0.00	424.06	258.07

（8）后　浇　带

编号	项目名称	单位	基价	人工费	材料费	施工机具使用费	管理费	利润
5-64	梁	$10m^3$	4688.85	762.66	3660.10	0.00	165.42	100.67
5-65	板	$10m^3$	4749.43	762.66	3720.68	0.00	165.42	100.67
5-66	墙	$10m^3$	4791.56	884.83	3598.01	0.00	191.92	116.80
5-67	筏板基础	$10m^3$	4553.17	681.34	3634.11	0.00	147.78	89.94

2. 预制混凝土

（1）梁

编号	项目名称	单位	基价	人工费	材料费	施工机具使用费	管理费	利润
5-68	过梁	$10m^3$	4714.73	728.08	3732.62	0.00	157.92	96.11

（2）板

编号	项目名称	单位	基价	人工费	材料费	施工机具使用费	管理费	利润
5-69	架空隔热板	$10m^3$	5773.95	1252.86	4083.96	0.00	271.75	165.38
5-70	地沟盖板	$10m^3$	5443.93	1106.37	3951.55	0.00	239.97	146.04

（3）其 他 构 件

编号	项目名称	单位	基价	人工费	材料费	施工机具使用费	管理费	利润
5-71	漏空花格	$10m^3$	7260.16	1616.52	5079.64	0.00	350.62	213.38
5-72	小型构件	$10m^3$	8953.90	1608.73	6783.89	0.00	348.93	212.35

3. 其　　他

编号	项目名称	单位	基价	人工费	材料费	施工机具使用费	管理费	利润
5-73	现场搅拌混凝土调整费	$10m^3$	1217.70	783.75	17.38	106.10	193.01	117.46
5-74	空心楼板筒芯安装 筒芯直径≤200mm	$10m^3$	12867.06	2784.64	9110.86	0.00	603.99	367.57
5-75	空心楼板筒芯安装 筒芯直径>200mm	$10m^3$	10612.79	1355.84	8783.90	0.00	294.08	178.97
5-76	空心楼板箱体安装 箱体高度≤200mm	$10m^3$	10557.04	1322.40	8773.25	0.00	286.83	174.56
5-77	空心楼板箱体安装 箱体高度>200mm	$10m^3$	9575.03	646.00	8703.64	0.00	140.12	85.27
5-78	现浇混凝土泵送 建筑物檐高≤50m	$10m^3$	222.88	26.22	2.68	137.02	35.41	21.55
5-79	现浇混凝土泵送 建筑物檐高≤100m	$10m^3$	191.02	55.10	11.71	77.83	28.83	17.55
5-80	现浇混凝土泵送 建筑物檐高≤200m	$10m^3$	249.84	65.55	16.06	107.76	37.59	22.88

二、钢 筋

1. 现浇构件圆钢筋

编号	项目名称	单位	基价	人工费	材料费	施工机具使用费	管理费	利润
5-81	钢筋 HPB300 直径（mm） ≤10	t	5533.26	1477.25	3506.81	25.05	325.85	198.30
5-82	钢筋 HPB300 直径（mm） ≤18	t	4959.73	998.07	3534.42	58.57	229.19	139.48
5-83	钢筋 HPB300 直径（mm） ≤25	t	4469.37	663.67	3512.37	45.80	153.88	93.65
5-84	钢筋 HPB300 直径（mm） ≤32	t	4236.15	557.84	3461.03	16.79	124.64	75.85

2. 现浇构件带肋钢筋

编号	项目名称	单位	基价	人工费	材料费	施工机具使用费	管理费	利润
5-85	带肋钢筋 HRB400 以内 直径（mm）≤10	t	5049.90	1228.16	3358.94	25.43	271.90	165.47
5-86	带肋钢筋 HRB400 以内 直径（mm）≤18	t	4935.80	1057.92	3422.59	63.89	243.32	148.08
5-87	带肋钢筋 HRB400 以内 直径（mm）≤25	t	4449.93	726.75	3399.44	52.02	168.92	102.80
5-88	带肋钢筋 HRB400 以内 直径（mm）≤40	t	4149.12	594.13	3338.03	7.17	130.42	79.37
5-89	带肋钢筋 HRB400 以上 直径（mm）≤10	t	5448.53	1286.68	3634.34	58.26	291.72	177.53
5-90	带肋钢筋 HRB400 以上 直径（mm）≤18	t	5299.80	1107.32	3712.59	69.35	255.22	155.32
5-91	带肋钢筋 HRB400 以上 直径（mm）≤25	t	4787.49	759.62	3689.14	54.64	176.61	107.48
5-92	带肋钢筋 HRB400 以上 直径（mm）≤40	t	4461.76	620.35	3614.78	7.56	136.19	82.88
5-93	桁架楼承板铺设分布钢筋 HPB300 直径（mm） ≤10	t	5749.83	1637.80	3506.81	25.05	360.67	219.50
5-94	桁架楼承板铺设分布钢筋 HPB300 直径（mm） >10	t	5367.73	1300.55	3534.42	58.57	294.79	179.40
5-95	桁架楼承板铺设分布带肋钢筋 HRB400 以内 直径（mm） ≤10	t	5559.67	1606.07	3358.94	25.43	353.87	215.36
5-96	桁架楼承板铺设分布带肋钢筋 HRB400 以内 直径（mm） >10	t	5480.76	1457.68	3422.59	68.13	330.95	201.41

3. 预制构件圆钢筋

编号	项目名称	单位	基价	人工费	材料费	施工机具使用费	管理费	利润
5-97	冷拔低碳钢丝 ≤5 绑扎	t	10577.56	4457.78	4492.97	53.00	978.39	595.42
5-98	冷拔低碳钢丝 ≤5 点焊	t	8202.07	2456.70	4417.24	349.17	608.59	370.37
5-99	圆钢 HPB300 ≤10 绑扎	t	5769.85	1649.20	3512.16	24.53	363.03	220.93
5-100	圆钢 HPB300 ≤10 点焊	t	5317.05	1166.41	3462.50	208.45	298.21	181.48
5-101	圆钢 HPB300 ≤18 绑扎	t	5028.46	1052.79	3533.71	55.34	240.35	146.27
5-102	圆钢 HPB300 ≤18 点焊	t	4701.82	714.02	3519.45	162.53	190.12	115.70

4. 预制构件带肋钢筋

编号	项目名称	单位	基价	人工费	材料费	施工机具使用费	管理费	利润
5-103	带肋钢筋 HRB400 以内 直径（mm）≤10	t	5077.11	1250.20	3358.94	23.55	276.28	168.14
5-104	带肋钢筋 HRB400 以内 直径（mm）≤18	t	4991.98	1102.38	3420.43	62.68	252.70	153.79
5-105	带肋钢筋 HRB400 以内 直径（mm）≤25	t	4495.00	759.05	3401.08	51.92	175.90	107.05
5-106	带肋钢筋 HRB400 以内 直径（mm）≤40	t	4185.53	619.97	3340.50	6.49	135.88	82.69
5-107	带肋钢筋 HRB400 以上 直径（mm）≤10	t	5434.63	1309.86	3634.34	24.78	289.48	176.17
5-108	带肋钢筋 HRB400 以上 直径（mm）≤18	t	5359.01	1154.06	3710.43	68.10	265.09	161.33
5-109	带肋钢筋 HRB400 以上 直径（mm）≤25	t	4833.41	793.44	3690.80	53.63	183.73	111.81
5-110	带肋钢筋 HRB400 以上 直径（mm）≤40	t	4499.87	647.52	3617.25	6.81	141.92	86.37

5. 箍筋及其他

编号	项目名称	单位	基价	人工费	材料费	施工机具使用费	管理费	利润
5-111	箍筋 圆钢 HPB300 直径（mm）≤5	t	10569.27	5143.68	3559.47	53.00	1127.16	685.96
5-112	箍筋 圆钢 HPB300 直径（mm）≤10	t	7081.89	2588.94	3515.59	54.92	573.45	348.99
5-113	箍筋 圆钢 HPB300 直径（mm）>10	t	5334.42	1340.83	3490.24	26.34	296.54	180.47
5-114	箍筋 带肋钢筋 HRB400 以内 直径（mm）≤10	t	6767.98	2443.40	3393.19	58.48	542.66	330.25
5-115	箍筋 带肋钢筋 HRB400 以内 直径（mm）>10	t	5298.96	1404.48	3367.24	27.59	310.62	189.03
5-116	箍筋 带肋钢筋 HRB400 以外 直径（mm）≤10	t	7137.73	2511.42	3668.59	60.41	557.83	339.48
5-117	箍筋 带肋钢筋 HRB400 以外 直径（mm）>10	t	5628.49	1442.67	3643.99	28.53	319.10	194.20
5-118	混凝土灌注桩钢筋笼 圆钢 HPB300	t	6228.88	1588.21	3558.74	391.29	429.35	261.29
5-119	混凝土灌注桩钢筋笼 带肋钢筋 HRB400	t	5156.65	788.88	3573.77	384.58	254.52	154.90
5-120	地下连续墙钢筋网片	t	6601.29	1588.21	3451.11	747.16	506.54	308.27
5-121	砌体内加固钢筋	t	4559.82	770.45	3437.40	61.65	180.48	109.84
5-122	地下连续墙钢筋笼安放深度（m）≤15	10t	4938.51	2826.44	323.46	594.90	742.09	451.62
5-123	地下连续墙钢筋笼安放深度（m）≤25	10t	5442.68	2855.51	346.46	922.55	819.46	498.70
5-124	地下连续墙钢筋笼安放深度（m）≤35	10t	5979.93	2958.30	353.36	1212.93	904.74	550.60
5-125	地下连续墙钢筋笼安放深度（m）≤45	10t	6375.58	3060.90	360.26	1398.53	967.25	588.64

6. 先张法预应力钢筋

编号	项目名称	单位	基价	人工费	材料费	施工机具使用费	管理费	利润
5-126	先张法预应力钢筋 ≤5	t	7542.22	2238.77	4414.79	79.74	502.88	306.04
5-127	先张法预应力钢筋 ≤12	t	5925.65	1158.81	3926.84	323.00	321.40	195.60
5-128	先张法预应力钢筋 ≤16	t	5476.19	1016.69	3736.50	273.02	279.74	170.24
5-129	先张法预应力钢筋 ≤20	t	5112.45	881.03	3601.90	238.81	242.89	147.82
5-130	先张法预应力钢筋 ≤40	t	4712.58	645.43	3544.92	220.21	187.76	114.26

7. 后张法预应力钢筋

编号	项目名称	单位	基价	人工费	材料费	施工机具使用费	管理费	利润
5-131	后张法预应力钢筋 ≤16	t	11801.93	2576.40	6458.06	1385.25	859.28	522.94
5-132	后张法预应力钢筋 ≤20	t	9188.42	1863.90	5387.08	954.20	611.25	371.99
5-133	后张法预应力钢筋 ≤25	t	7607.97	1491.50	4687.05	673.91	469.68	285.83
5-134	后张法预应力钢筋 ≤32	t	6621.95	1202.70	4290.51	525.70	374.89	228.15
5-135	后张法预应力钢筋 ≤40	t	5795.18	991.04	3958.70	370.43	295.30	179.71

8. 后张法预应力钢丝束（钢绞线）

编号	项目名称	单位	基价	人工费	材料费	施工机具使用费	管理费	利润
5-136	钢丝束 有粘结	t	8766.36	2639.10	5206.48	0.00	572.42	348.36
5-137	钢丝束 无粘结	t	8178.15	2329.40	5036.02	0.00	505.25	307.48
5-138	钢绞线 有粘结	t	8422.36	2384.50	5205.91	0.00	517.20	314.75
5-139	钢绞线 无粘结	t	7875.22	2104.82	5036.02	0.00	456.54	277.84
5-140	钢绞线 缓粘结	t	7536.85	1901.90	4971.38	0.00	412.52	251.05
5-141	预应力钢丝束（钢绞线）张拉	10 根	353.09	170.62	0.00	91.14	56.78	34.55
5-142	锚具安装 单锚	10 套	845.32	81.89	714.55	15.05	21.03	12.80
5-143	锚具安装 群锚	10 套	778.44	144.78	311.29	201.54	75.12	45.71
5-144	预埋管孔道铺设灌浆	10m	274.33	171.19	41.73	1.25	37.40	22.76

9. 钢筋焊接、机械连接、植筋

编号	项目名称	单位	基价	人工费	材料费	施工机具使用费	管理费	利润
5-145	电渣压力焊接 ≤18	10 个	53.48	25.27	6.24	9.75	7.60	4.62
5-146	电渣压力焊接 ≤32	10 个	67.60	29.83	12.01	11.38	8.94	5.44
5-147	钢筋气压焊接头 ≤25	10 个	121.38	41.99	53.02	8.69	10.99	6.69
5-148	钢筋气压焊接头 ≤40	10 个	126.98	43.51	55.64	9.38	11.47	6.98
5-149	直螺纹钢筋接头（钢筋直径 mm）≤16	10 个	138.49	51.49	63.92	3.79	11.99	7.30
5-150	直螺纹钢筋接头（钢筋直径 mm）≤20	10 个	144.08	55.10	63.92	4.33	12.89	7.84
5-151	直螺纹钢筋接头（钢筋直径 mm）≤25	10 个	151.22	59.85	63.92	4.87	14.04	8.54
5-152	直螺纹钢筋接头（钢筋直径 mm）≤32	10 个	157.70	63.84	63.92	5.68	15.08	9.18
5-153	直螺纹钢筋接头（钢筋直径 mm）≤40	10 个	166.60	69.35	63.92	6.77	16.51	10.05
5-154	螺纹钢筋冷挤压接头 ≤25	10 个	107.24	37.24	51.51	4.08	8.96	5.45
5-155	螺纹钢筋冷挤压接头 ≤40	10 个	117.14	43.32	51.51	5.34	10.55	6.42
5-156	植筋钢筋直径（mm） ≤10	10 个	43.33	25.46	8.99	0.00	5.52	3.36
5-157	植筋钢筋直径（mm） ≤14	10 个	106.11	65.93	17.18	0.00	14.30	8.70
5-158	植筋钢筋直径（mm） ≤18	10 个	212.23	134.14	31.29	0.00	29.09	17.71

续前

编号	项目名称	单位	基价	人工费	材料费	施工机具使用费	管理费	利润
5-159	植筋钢筋直径（mm）≤25	10个	491.02	319.20	60.46	0.00	69.23	42.13
5-160	植筋钢筋直径（mm）≤40	10个	1167.77	753.92	150.80	0.00	163.53	99.52
5-161	箍筋与型钢焊接	10个	70.63	29.07	6.22	18.68	10.36	6.30
5-162	主筋与型钢焊接 ≤32	10个	381.97	160.74	32.31	98.48	56.22	34.22
5-163	直螺纹套筒与型钢焊接 ≤32	10个	425.51	196.84	31.74	95.08	63.32	38.53
5-164	型钢柱（梁）钻孔 ≤40	10个	211.48	155.80	1.32	0.00	33.79	20.57

10. 铁件、螺栓

编号	项目名称	单位	基价	人工费	材料费	施工机具使用费	管理费	利润
5-165	铁件制作、安装	t	10944.22	3792.40	5282.20	405.11	910.44	554.07
5-166	预埋螺栓安装	t	13323.73	2785.59	8766.62	592.80	732.77	445.95

三、模　　板

1. 现浇混凝土复合模板

（1）基　　础

编号	项目名称	单位	基价	人工费	材料费	施工机具使用费	管理费	利润
5-167	基础垫层 复合模板	$100m^2$	3868.06	1090.03	2396.42	0.96	236.64	144.01
5-168	条形基础 毛石混凝土 复合模板	$100m^2$	6549.52	3160.27	2285.58	0.78	685.63	417.26
5-169	条形基础 无筋混凝土 复合模板	$100m^2$	7051.00	3332.98	2554.16	0.73	723.08	440.05
5-170	条形基础 钢筋混凝土（有肋式）复合模板	$100m^2$	7359.96	3195.04	3048.88	0.96	693.21	421.87
5-171	独立基础 毛石混凝土 复合模板	$100m^2$	8240.46	3716.21	3225.73	1.43	806.36	490.73
5-172	独立基础 钢筋混凝土 复合模板	$100m^2$	7988.82	3327.66	3497.89	1.67	722.13	439.47
5-173	杯形基础 复合模板	$100m^2$	7964.18	4055.36	2488.43	4.06	880.49	535.84
5-174	筏形基础 无梁式 复合模板	$100m^2$	6137.81	2813.52	2340.05	1.93	610.67	371.64
5-175	筏形基础 有梁式 复合模板	$100m^2$	6372.07	3011.69	2308.96	0.47	653.34	397.61
5-176	集水坑 复合模板	$100m^2$	13817.24	7366.87	3879.43	0.47	1597.98	972.49
5-177	设备基础（块体 ≤ $5m^3$）复合模板	$100m^2$	9782.56	5638.63	2175.31	0.96	1223.23	744.43
5-178	设备基础（块体 ≤ $20m^3$）复合模板	$100m^2$	8567.34	4553.54	2423.78	0.96	987.87	601.19
5-179	设备基础螺栓套 深度（m）≤0.5 复合模板木支撑	10个	505.74	265.81	146.88	0.23	57.70	35.12

续前

编号	项目名称	单位	基价	人工费	材料费	施工机具使用费	管理费	利润
5-180	设备基础螺栓套 深度（m）≤1 复合模板木支撑	10 个	764.41	265.81	404.88	0.73	57.81	35.18
5-181	设备基础螺栓套 深度（m）1＜孔深≤1.5 复合模板木支撑	10 个	1071.42	418.38	504.81	1.67	91.11	55.45

（2）柱

编号	项目名称	单位	基价	人工费	材料费	施工机具使用费	管理费	利润
5-182	矩形柱 复合模板	$100m^2$	7503.57	3562.88	2695.67	1.43	773.10	470.49
5-183	构造柱 复合模板	$100m^2$	9838.23	5394.67	2559.43	1.43	1170.41	712.29
5-184	异形柱 复合模板	$100m^2$	13193.25	7553.83	3001.96	1.43	1638.74	997.29
5-185	圆形柱 定型复合模板	$100m^2$	12997.39	8062.84	2119.50	1.43	1749.14	1064.48
5-186	柱支撑每增加 1m	$100m^2$	716.90	507.49	32.35	0.00	110.07	66.99

（3）梁

编号	项目名称	单位	基价	人工费	材料费	施工机具使用费	管理费	利润
5-187	基础连系梁 复合模板	$100m^2$	6564.27	2969.13	2557.92	0.96	644.21	392.05
5-188	矩形梁 复合模板	$100m^2$	8622.44	4307.87	2810.25	0.96	934.59	568.77
5-189	异形梁 复合模板	$100m^2$	13040.51	7174.78	3333.67	21.33	1560.84	949.89
5-190	圈梁 直形 复合模板	$100m^2$	8091.98	4009.57	2683.16	0.23	869.73	529.29
5-191	圈梁 弧形 复合模板	$100m^2$	14937.14	8356.39	3615.72	36.68	1820.46	1107.89
5-192	过梁 复合模板	$100m^2$	10749.16	5894.18	2792.35	4.56	1279.44	778.63
5-193	拱形梁 复合模板	$100m^2$	15346.18	9259.27	2844.72	8.62	2010.21	1223.36
5-194	弧形梁 复合模板	$100m^2$	16505.10	9368.90	3829.90	27.80	2038.14	1240.36
5-195	斜梁 复合模板	$100m^2$	10152.76	5222.91	3106.28	0.96	1133.06	689.55
5-196	悬挑梁 复合模板	$100m^2$	9123.01	4774.13	2683.18	0.00	1035.51	630.19
5-197	梁支撑每增加 1m	$100m^2$	825.12	529.53	110.83	0.00	114.86	69.90

（4）墙

编号	项目名称	单位	基价	人工费	材料费	施工机具使用费	管理费	利润
5-198	直形墙 复合模板	$100m^2$	10182.77	4917.58	3549.14	0.23	1066.67	649.15
5-199	弧形墙 复合模板	$100m^2$	13083.63	6213.95	4675.78	19.17	1351.96	822.77
5-200	挡土墙 复合模板	$100m^2$	8003.42	3053.49	3883.58	0.73	662.46	403.16
5-201	电梯井壁 复合模板	$100m^2$	10143.17	4933.16	3487.85	0.73	1070.16	651.27
5-202	叠合板现浇混凝土复合墙	$100m^2$	3088.80	1542.42	1007.92	0.23	334.60	203.63
5-203	混凝土墙爬模	$100m^2$	9188.29	2852.47	2360.72	2209.11	1097.86	668.13
5-204	墙支撑每增加 1m	$100m^2$	735.03	507.49	50.48	0.00	110.07	66.99
5-205	墙面对拉螺栓堵眼增加费	$100m^2$	1239.59	782.99	183.42	0.00	169.83	103.35

（5）板

编号	项目名称	单位	基价	人工费	材料费	施工机具使用费	管理费	利润
5-206	有梁板 复合模板	$100m^2$	8739.47	4702.88	2394.46	0.96	1020.26	620.91
5-207	无梁板 复合模板	$100m^2$	7550.65	3851.87	2346.78	5.99	836.77	509.24
5-208	平板 复合模板	$100m^2$	7966.70	4340.17	2109.33	2.16	941.85	573.19
5-209	斜板、坡屋面板 复合模板	$100m^2$	7736.69	3647.62	2813.50	2.16	791.64	481.77
5-210	拱板 复合模板	$100m^2$	7023.58	3144.88	2778.54	2.16	682.59	415.41
5-211	薄壳板 复合模板	$100m^2$	8672.15	3495.24	3954.50	2.16	758.59	461.66
5-212	栏板 复合模板	$100m^2$	8577.32	4653.67	2294.51	4.06	1010.26	614.82
5-213	挂板 复合模板	$100m^2$	9497.79	5327.98	2305.40	4.06	1156.52	703.83
5-214	雨篷板 直形 复合模板	$100m^2$水平投影面积	15445.58	7668.40	5098.77	2.16	1663.74	1012.51
5-215	雨篷板 圆弧形 复合模板	$100m^2$水平投影面积	16561.83	8419.85	5201.38	2.16	1826.73	1111.71
5-216	悬挑板 直形 复合模板	$100m^2$水平投影面积	11617.80	5399.80	4331.09	2.16	1171.69	713.06
5-217	悬挑板 圆弧形 复合模板	$100m^2$水平投影面积	12334.75	5924.58	4340.17	2.16	1285.51	782.33
5-218	阳台板 直形 复合模板	$100m^2$水平投影面积	17818.61	8293.88	6628.08	2.16	1799.41	1095.08
5-219	阳台板 圆弧形 复合模板	$100m^2$水平投影面积	18929.53	9108.03	6640.79	2.16	1976.00	1202.55
5-220	挑檐、天沟 复合模板	$100m^2$	10461.44	5464.21	3070.10	15.32	1188.51	723.30
5-221	板支撑每增加 1m	$100m^2$	816.18	540.55	87.03	0.00	117.25	71.35

（6）楼　梯

编号	项目名称	单位	基价	人工费	材料费	施工机具使用费	管理费	利润
5-222	楼梯 直形 复合模板	$100m^2$水平投影面积	19829.71	10899.73	5125.31	1.30	2364.43	1438.94
5-223	楼梯 弧形 复合模板	$100m^2$水平投影面积	21675.20	11974.94	5520.10	1.56	2597.70	1580.90
5-224	楼梯 螺旋形 复合模板	$100m^2$水平投影面积	25181.13	14301.11	5888.26	1.56	3102.25	1887.95

（7）其　他

编号	项目名称	单位	基价	人工费	材料费	施工机具使用费	管理费	利润
5-225	地沟 复合模板	$100m^2$	9075.39	2816.37	5276.08	0.23	610.92	371.79
5-226	小型构件 复合模板	$100m^2$	10921.14	5469.34	3511.85	23.50	1191.40	725.05
5-227	台阶 复合模板	$100m^2$	8178.53	2346.31	5007.13	4.79	509.95	310.35
5-228	场馆看台板 复合模板	$100m^2$	24358.79	12561.66	7407.91	4.79	2725.66	1658.77
5-229	扶手压顶 复合模板	$100m^2$	7181.74	4140.48	1596.34	0.23	898.12	546.57
5-230	装饰线条增加费 三道以内或展开宽度 100mm 以内	100m	1184.61	324.33	734.18	9.59	72.43	44.08
5-231	装饰线条增加费 三道以外或展开宽度 100mm 以外	100m	1611.05	547.39	853.28	14.38	121.85	74.15

（8）后　浇　带

编号	项目名称	单位	基价	人工费	材料费	施工机具使用费	管理费	利润
5-232	混凝土后浇带支撑增加费 梁	$100m^2$	9251.64	3534.76	4482.30	0.96	766.90	466.72
5-233	混凝土后浇带支撑增加费 板	$100m^2$	9184.81	3544.83	4401.90	0.96	769.08	468.04
5-234	混凝土后浇带支撑增加费 墙	$100m^2$	7253.52	2348.02	4085.96	0.23	509.34	309.97
5-235	混凝土后浇带支撑增加费 每增加一个月	$100m^2$	283.25	0.00	283.25	0.00	0.00	0.00
5-236	快收口钢板网	$100m^2$	8069.41	1542.23	5988.30	0.59	334.64	203.65

2. 现浇混凝土铝合金模板

（1）铝合金模板 柱

编号	项目名称	单位	基价	人工费	材料费	施工机具使用费	管理费	利润
5-237	矩形柱	$100m^2$	7387.35	4244.03	1252.27	304.18	986.51	600.36
5-238	异形柱	$100m^2$	9176.26	5457.75	1404.00	304.18	1249.76	760.57
5-239	柱支撑每增加 1m	$100m^2$	1146.53	550.62	286.57	86.91	138.28	84.15

（2）铝合金模板 梁

编号	项目名称	单位	基价	人工费	材料费	施工机具使用费	管理费	利润
5-240	矩形梁	$100m^2$	6286.08	3585.68	1147.90	223.48	826.21	502.81
5-241	异形梁	$100m^2$	7597.90	4435.74	1279.59	248.31	1015.97	618.29
5-242	梁支撑每增加 1m	$100m^2$	873.50	574.56	73.36	18.62	128.66	78.30

（3）铝合金模板 墙

编号	项目名称	单位	基价	人工费	材料费	施工机具使用费	管理费	利润
5-243	直形墙	$100m^2$	6466.41	3584.73	1220.66	304.18	843.50	513.34
5-244	墙支撑每增加 1m	$100m^2$	1054.18	550.62	194.22	86.91	138.28	84.15

（4）铝合金模板 板

编号	项目名称	单位	基价	人工费	材料费	施工机具使用费	管理费	利润
5-245	板	$100m^2$	5384.32	3069.64	967.36	204.85	710.24	432.23
5-246	板支撑每增加 1m	$100m^2$	843.33	586.53	35.41	12.42	129.91	79.06

（5）铝合金模板 楼梯、扶手

编号	项目名称	单位	基价	人工费	材料费	施工机具使用费	管理费	利润
5-247	整体楼梯	$10m^2$	2647.98	1505.37	508.53	80.70	344.02	209.36

3. 现浇混凝土组合钢模板

（1）基　　础

编号	项目名称	单位	基价	人工费	材料费	施工机具使用费	管理费	利润
5-248	条形基础 毛石混凝土 组合钢模板	$100m^2$	6336.59	3417.53	1725.70	0.73	741.42	451.21
5-249	条形基础 无筋混凝土 组合钢模板	$100m^2$	6641.34	3480.04	1946.13	0.73	754.98	459.46
5-250	条形基础 钢筋混凝土 （有肋式）组合钢模板	$100m^2$	7148.19	3483.84	2447.55	0.96	755.85	459.99
5-251	独立基础 毛石混凝土 组合钢模板	$100m^2$	7151.78	3439.95	2509.70	1.43	746.44	454.26
5-252	独立基础 钢筋混凝土 组合钢模板	$100m^2$	7598.89	3647.81	2676.11	1.67	791.57	481.73
5-253	杯形基础 组合钢模板	$100m^2$	7772.50	4066.57	2281.63	4.06	882.92	537.32
5-254	筏形基础 无梁式 组合钢模板	$100m^2$	5811.01	3047.03	1698.27	1.93	661.32	402.46
5-255	筏形基础 有梁式 组合钢模板	$100m^2$	5670.40	2919.92	1731.09	0.47	633.43	385.49
5-256	设备基础（块体 ≤ $5m^3$） 组合钢模板	$100m^2$	8734.25	5219.30	1692.65	0.96	1132.27	689.07
5-257	设备基础（块体 ≤ $20m^3$） 组合钢模板	$100m^2$	7513.29	4229.21	1807.22	0.96	917.52	558.38

（2）柱

编号	项目名称	单位	基价	人工费	材料费	施工机具使用费	管理费	利润
5-258	矩形柱 组合钢模板	$100m^2$	7592.58	4198.43	1927.39	1.43	910.95	554.38
5-259	构造柱 组合钢模板	$100m^2$	9838.70	5863.59	1927.38	1.43	1272.12	774.18
5-260	异形柱 组合钢模板	$100m^2$	11401.93	7419.88	1391.33	1.43	1609.68	979.61

（3）梁

编号	项目名称	单位	基价	人工费	材料费	施工机具使用费	管理费	利润
5-261	基础连系梁 组合钢模板	$100m^2$	6206.22	3203.97	1883.09	0.96	695.15	423.05
5-262	矩形梁 组合钢模板	$100m^2$	6561.38	3646.29	1641.60	0.96	791.09	481.44
5-263	圈梁 直形 组合钢模板	$100m^2$	6820.44	4149.22	1223.24	0.23	900.02	547.73
5-264	过梁 组合钢模板	$100m^2$	11098.23	7079.02	1543.19	4.56	1536.43	935.03

（4）墙

编号	项目名称	单位	基价	人工费	材料费	施工机具使用费	管理费	利润
5-265	直形墙 组合钢模板	$100m^2$	5959.45	3511.58	1222.37	0.23	761.71	463.56
5-266	弧形墙 组合钢模板	$100m^2$	7233.24	4478.49	1191.90	0.23	971.43	591.19
5-267	电梯井壁 组合钢模板	$100m^2$	8767.53	5451.48	1413.05	0.73	1182.58	719.69
5-268	直形墙大钢模板	$100m^2$	2598.03	1231.96	935.93	0.23	267.26	162.65
5-269	大模内置保温板墙	$100m^2$	2950.15	1439.63	1007.92	0.23	312.31	190.06

（5）板

编号	项目名称	单位	基价	人工费	材料费	施工机具使用费	管理费	利润
5-270	有梁板 组合钢模板	$100m^2$	6137.24	3168.06	1862.55	0.96	687.36	418.31
5-271	无梁板 组合钢模板	$100m^2$	4967.65	2298.05	1859.73	5.99	499.75	304.13
5-272	平板 组合钢模板	$100m^2$	5158.21	2664.75	1560.82	2.16	578.45	352.03
5-273	斜板、坡屋面板 组合钢模板	$100m^2$	5418.35	2857.60	1560.82	2.16	620.28	377.49

4. 现场预制混凝土模板

编号	项目名称	单位	基价	人工费	材料费	施工机具使用费	管理费	利润
5-274	过梁 复合模板	$100m^2$	9178.87	5741.80	1430.14	2.68	1245.98	758.27
5-275	地沟盖板 复合模板	$100m^2$	9450.06	5803.74	1618.41	2.21	1259.31	766.39
5-276	隔板 复合模板	$100m^2$	12176.87	7409.43	2178.67	2.68	1607.69	978.40
5-277	架空隔热板 复合模板	$100m^2$	11256.56	6983.07	1834.20	2.15	1515.09	922.05
5-278	漏空花格 复合模板	$100m^2$	10728.48	5962.77	2609.50	56.20	1305.51	794.50
5-279	小型构件 复合模板	$100m^2$	13374.91	8571.09	1773.66	29.44	1865.45	1135.27

四、现场预制混凝土构件安装及接头灌缝

1. 现场预制混凝土构件安装

编号	项目名称	单位	基价	人工费	材料费	施工机具使用费	管理费	利润
5-280	过梁 （≤1km）	$10m^3$	2753.59	1748.95	394.43	0.00	379.35	230.86
5-281	架空隔热板、隔板、地沟盖板 （≤1km）	$10m^3$	2545.48	1594.67	394.43	0.00	345.88	210.50
5-282	小型构件 （≤1km）	$10m^3$	2961.70	1903.23	394.43	0.00	412.81	251.23
5-283	漏空花格 （≤1km）	$10m^3$	2129.52	1286.30	394.43	0.00	279.00	169.79

2. 现场预制混凝土构件接头灌缝

编号	项目名称	单位	基价	人工费	材料费	施工机具使用费	管理费	利润
5-284	过梁	$10m^3$	645.13	258.02	297.09	0.00	55.96	34.06
5-285	小型构件	$10m^3$	1065.14	334.78	605.18	6.21	73.96	45.01

五、装配式预制混凝土构件安装

1. 板

编号	项目名称	单位	基价	人工费	材料费	施工机具使用费	管理费	利润
5-286	叠合板	10m^3	35928.26	3879.80	30627.37	49.99	852.37	518.73

2. 楼　　梯

编号	项目名称	单位	基价	人工费	材料费	施工机具使用费	管理费	利润
5-287	直行梯段 简支	10m^3	36026.55	2952.60	32031.59	9.04	642.38	390.94
5-288	直行梯段 固支	10m^3	36535.29	3207.20	32188.27	15.44	698.99	425.39

3. 阳台板及其他

编号	项目名称	单位	基价	人工费	材料费	施工机具使用费	管理费	利润
5-289	叠合板式阳台	10m^3	40614.26	4123.00	34985.32	49.99	905.12	550.83
5-290	凸（飘）窗	10m^3	39138.64	3480.80	34395.54	35.47	762.68	464.15
5-291	空调板	10m^3	38970.22	4535.30	32778.39	54.98	995.63	605.92

4. 套 筒 注 浆

编号	项目名称	单位	基价	人工费	材料费	施工机具使用费	管理费	利润
5-292	套筒注浆 钢筋直径（mm） $\leqslant\phi18$	10 个	65.15	41.80	8.76	0.00	9.07	5.52
5-293	套筒注浆 钢筋直径（mm） $>\phi18$	10 个	76.29	45.60	14.78	0.00	9.89	6.02

5. 嵌缝、打胶

编号	项目名称	单位	基价	人工费	材料费	施工机具使用费	管理费	利润
5-294	嵌缝、打胶	100m	2804.56	1251.53	1116.37	0.00	271.46	165.20

六、装配式后浇混凝土浇捣

1. 后浇混凝土浇捣

编号	项目名称	单位	基价	人工费	材料费	施工机具使用费	管理费	利润
5-295	梁、柱接头	$10m^3$	10894.00	5266.80	3789.61	0.00	1142.37	695.22
5-296	叠合梁、板	$10m^3$	6862.78	1191.30	5255.84	0.00	258.39	157.25
5-297	叠合剪力墙	$10m^3$	6205.63	1791.13	3789.57	0.00	388.50	236.43
5-298	连接墙、柱	$10m^3$	7012.20	2392.67	3784.73	0.00	518.97	315.83

2. 后浇混凝土模板

编号	项目名称	单位	基价	人工费	材料费	施工机具使用费	管理费	利润
5-299	梁、柱接头	$100m^2$	20192.34	7970.50	9437.42	2.60	1729.37	1052.45
5-300	连接墙、柱	$100m^2$	9212.57	3990.57	3828.29	1.04	865.78	526.89
5-301	板带	$100m^2$	12028.44	4794.84	5558.69	1.48	1040.32	633.11

七、补 充 项 目

1. 混　凝　土

编号	项目名称	单位	基价	人工费	材料费	施工机具使用费	管理费	利润
5-302	柱面对拉螺栓堵眼增加费	$100m^2$	500.45	235.03	183.42	0.00	50.98	31.02
5-303	梁面对拉螺栓堵眼增加费	$100m^2$	553.25	274.17	183.42	0.00	59.47	36.19

2. 钢　　筋

编号	项目名称	单位	基价	人工费	材料费	施工机具使用费	管理费	利润
5-304	后插筋灌注桩钢筋笼 带肋钢筋 HRB400	t	6270.95	788.88	3573.77	1210.66	433.70	263.94
5-305	电渣压力焊接 ≥12	10个	47.85	23.56	3.57	9.27	7.12	4.33

3. 高 大 模 板

编号	项目名称	单位	基价	人工费	材料费	施工机具使用费	管理费	利润
5-306	梁、板 复合模板 支模高度 8m	$100m^2$	15943.43	9451.93	3192.43	0.96	2050.33	1247.78
5-307	梁、板 复合模板 支模高度 16m	$100m^2$	24226.07	14876.43	4157.95	0.96	3226.91	1963.82
5-308	梁、板 复合模板 支模高度 24m	$100m^2$	33033.86	20774.41	5009.96	0.96	4506.18	2742.35
5-309	梁、板 复合模板 支模高度 8m，每增加 1m	$100m^2$	876.80	577.60	97.68	0.00	125.28	76.24
5-310	梁、板 复合模板 支模高度 16m，每增加 1m	$100m^2$	1069.86	715.73	104.41	0.00	155.24	94.48
5-311	梁、板 复合模板 支模高度 24m，每增加 1m	$100m^2$	1581.01	1070.46	137.07	0.00	232.18	141.30

第六章

金属结构工程

一、预制钢构件安装

1. 钢　网　架

（1）钢　网　架

编号	项目名称	单位	基价	人工费	材料费	施工机具使用费	管理费	利润
6-1	焊接空心球网架	t	9265.31	1238.04	6945.98	481.39	372.94	226.96
6-2	螺栓球节点网架	t	9059.41	1169.64	6940.27	401.38	340.75	207.37
6-3	焊接不锈钢空心球网架	t	23002.81	1238.04	20691.72	475.27	371.62	226.16

（2）钢　支　座

编号	项目名称	单位	基价	人工费	材料费	施工机具使用费	管理费	利润
6-4	固定支座	套	2736.28	380.00	2056.49	123.96	109.31	66.52
6-5	单向滑移支座	套	2833.62	456.00	2064.04	114.52	123.75	75.31
6-6	双向滑移支座	套	3000.50	532.00	2137.11	108.07	138.83	84.49

2. 厂（库）房钢结构

（1）钢屋架（钢托架）

编号	项目名称	单位	基价	人工费	材料费	施工机具使用费	管理费	利润
6-7	钢屋架（钢托架） 质量（t） ≤1.5	t	7931.90	513.38	6678.94	415.50	201.47	122.61
6-8	钢屋架（钢托架） 质量（t） ≤3	t	7812.31	524.21	6657.53	331.88	185.69	113.00
6-9	钢屋架（钢托架） 质量（t） ≤8	t	7681.18	475.57	6653.32	286.43	165.28	100.58
6-10	钢屋架（钢托架） 质量（t） ≤15	t	7859.41	494.76	6667.00	389.22	191.74	116.69
6-11	钢屋架（钢托架） 质量（t） ≤25	t	8213.19	522.12	6687.99	608.58	245.25	149.25

（2）钢　桁　架

编号	项目名称	单位	基价	人工费	材料费	施工机具使用费	管理费	利润
6-12	钢桁架 质量（t） ≤1.5	t	8427.52	743.28	6765.04	489.19	267.32	162.69
6-13	钢桁架 质量（t） ≤3	t	8077.72	611.23	6744.64	377.04	214.36	130.45
6-14	钢桁架 质量（t） ≤8	t	8039.87	562.40	6720.92	415.40	212.08	129.07
6-15	钢桁架 质量（t） ≤15	t	8166.26	582.35	6726.30	485.16	231.54	140.91
6-16	钢桁架 质量（t） ≤25	t	8778.17	745.56	6758.63	751.61	324.74	197.63
6-17	钢桁架 质量（t） ≤40	t	9190.71	918.65	6758.63	884.36	391.07	238.00

（3）钢　柱

编号	项目名称	单位	基价	人工费	材料费	施工机具使用费	管理费	利润
6-18	钢柱 质量（t） ≤3	t	7818.68	589.95	6700.83	238.76	179.75	109.39
6-19	钢柱 质量（t） ≤8	t	7598.41	478.80	6680.82	201.45	147.55	89.79
6-20	钢柱 质量（t） ≤15	t	7749.77	439.47	6632.41	388.88	179.67	109.34
6-21	钢柱 质量（t） ≤25	t	7994.12	516.42	6642.87	485.32	217.28	132.23

（4）钢　梁

编号	项目名称	单位	基价	人工费	材料费	施工机具使用费	管理费	利润
6-22	钢梁 质量（t） ≤1.5	t	7803.47	408.69	6737.42	381.62	171.42	104.32
6-23	钢梁 质量（t） ≤3	t	7536.78	358.91	6705.09	257.66	133.73	81.39
6-24	钢梁 质量（t） ≤8	t	7502.70	275.88	6679.78	334.19	132.32	80.53
6-25	钢梁 质量（t） ≤15	t	7675.76	314.26	6701.80	407.78	156.61	95.31

（5）钢 吊 车 梁

编号	项目名称	单位	基价	人工费	材料费	施工机具使用费	管理费	利润
6-26	钢吊车梁 质量（t） ≤3	t	7627.21	319.77	6702.69	365.62	148.66	90.47
6-27	钢吊车梁 质量（t） ≤8	t	7397.29	234.08	6676.32	300.41	115.93	70.55
6-28	钢吊车梁 质量（t） ≤15	t	7371.35	164.16	6684.23	345.23	110.49	67.24
6-29	钢吊车梁 质量（t） ≤25	t	7750.19	253.08	6712.03	516.56	166.93	101.59

（6）钢平台、钢楼梯

编号	项目名称	单位	基价	人工费	材料费	施工机具使用费	管理费	利润
6-30	钢平台（钢走道）	t	7622.63	1025.81	5751.15	361.60	300.93	183.14
6-31	钢楼梯 踏步式	t	7524.60	1014.22	5762.88	291.82	283.28	172.40
6-32	钢楼梯 爬式	t	8522.51	1718.74	5807.41	294.09	436.58	265.69

（7）其他钢构件

编号	项目名称	单位	基价	人工费	材料费	施工机具使用费	管理费	利润
6-33	钢支撑等其他构件	t	5987.68	483.74	4893.36	327.53	175.96	107.09
6-34	钢墙架（挡风架）	t	7446.58	964.82	5738.65	301.35	274.63	167.13
6-35	零星钢构件	t	6269.23	1257.80	4063.09	377.71	354.74	215.89

（8）现场拼装平台摊销

编号	项目名称	单位	基价	人工费	材料费	施工机具使用费	管理费	利润
6-36	现场拼装平台摊销	t	704.48	270.18	236.71	76.60	75.22	45.77

3. 高层钢结构

（1）钢　　柱

编号	项目名称	单位	基价	人工费	材料费	施工机具使用费	管理费	利润
6-37	钢柱 质量（t）≤3	t	7827.94	688.37	6758.83	104.21	171.91	104.62
6-38	钢柱 质量（t）≤5	t	7704.61	619.59	6732.39	101.16	156.33	95.14
6-39	钢柱 质量（t）≤10	t	7606.44	557.65	6722.40	97.73	142.15	86.51
6-40	钢柱 质量（t）≤15	t	7608.90	537.13	6745.01	103.31	138.91	84.54

（2）钢　　梁

编号	项目名称	单位	基价	人工费	材料费	施工机具使用费	管理费	利润
6-41	钢梁 质量（t）≤0.5	t	7556.52	499.51	6738.12	107.20	131.60	80.09
6-42	钢梁 质量（t）≤1.5	t	7484.95	454.10	6731.31	104.61	121.18	73.75
6-43	钢梁 质量（t）≤3	t	7393.66	398.81	6721.55	99.46	108.07	65.77
6-44	钢梁 质量（t）≤5	t	7301.58	337.06	6714.50	98.17	94.40	57.45

（3）钢　支　撑

编号	项目名称	单位	基价	人工费	材料费	施工机具使用费	管理费	利润
6-45	钢支撑 质量（t）≤1.5	t	5824.05	550.62	4928.06	113.62	144.07	87.68
6-46	钢支撑 质量（t）≤3	t	5785.46	550.62	4898.15	107.18	142.68	86.83
6-47	钢支撑 质量（t）≤5	t	5677.26	495.52	4871.80	101.60	129.52	78.82
6-48	钢支撑 质量（t）≤8	t	5674.45	470.82	4889.57	111.04	126.21	76.81

（4）踏步式钢楼梯

编号	项目名称	单位	基价	人工费	材料费	施工机具使用费	管理费	利润
6-49	踏步式钢楼梯	t	7324.07	1014.22	5793.75	120.28	246.07	149.75

4. 钢结构安装配件

编号	项目名称	单位	基价	人工费	材料费	施工机具使用费	管理费	利润
6-50	高强螺栓	100 套	494.46	66.50	393.72	8.18	16.20	9.86
6-51	花篮螺栓	100 套	475.08	66.50	374.34	8.18	16.20	9.86
6-52	剪力栓钉	100 套	326.73	95.00	159.00	29.35	26.97	16.41

二、围护体系安装

1. 钢 楼 层 板

编号	项目名称	单位	基价	人工费	材料费	施工机具使用费	管理费	利润
6-53	自承式楼承板	$100m^2$	17505.68	3770.36	11701.72	532.38	933.26	567.96
6-54	压型钢板楼板	$100m^2$	14304.92	3149.63	9401.63	485.40	788.44	479.82

2. 墙 面 板

编号	项目名称	单位	基价	人工费	材料费	施工机具使用费	管理费	利润
6-55	墙面板 彩钢夹芯板	$100m^2$	14518.74	3961.50	9001.54	128.65	887.15	539.90
6-56	墙面板 采光板	$100m^2$	11883.85	3549.20	6922.79	128.65	797.73	485.48
6-57	墙面板 压型钢板	$100m^2$	11456.78	3549.20	6495.72	128.65	797.73	485.48
6-58	墙面玻纤保温棉	$100m^2$	3483.10	525.35	2600.92	128.65	141.85	86.33
6-59	预制轻钢龙骨隔墙板 板厚（mm 以内） 80	$100m^2$	10477.40	2822.83	6615.91	39.86	620.92	377.88
6-60	预制轻钢龙骨隔墙板 板厚（mm 以内） 100	$100m^2$	11815.96	3387.51	7184.72	45.84	744.69	453.20
6-61	预制轻钢龙骨隔墙板 板厚（mm 以内） 150	$100m^2$	13486.41	3726.28	8388.94	52.70	819.66	498.83
6-62	增加一道硅酸钙板	$100m^2$	3257.76	491.34	2576.17	13.95	109.60	66.70
6-63	硅酸钙板灌浆墙面板 双面隔墙	$100m^2$	28096.35	9860.24	12434.07	1750.91	2518.46	1532.67
6-64	硅酸钙板灌浆墙面板 保温岩棉铺设	$10m^3$	11213.72	5063.12	4384.08	0.00	1098.19	668.33
6-65	硅酸钙板灌浆墙面板 EPS 混凝土浇灌	$10m^3$	24352.58	2596.92	19718.13	838.80	745.21	453.52
6-66	硅酸钙板包柱、包梁	$100m^2$	15321.68	8306.80	4046.65	51.88	1813.00	1103.35
6-67	蒸压砂加气保温块贴面	$100m^2$	11450.36	6162.46	3137.82	0.00	1336.64	813.44

3. 屋 面 板

编号	项目名称	单位	基价	人工费	材料费	施工机具使用费	管理费	利润
6-68	屋面板 彩钢夹芯板	$100m^2$	18828.03	3626.91	13762.16	128.65	814.58	495.73
6-69	屋面板 采光板	$100m^2$	11715.56	3281.87	7115.11	128.65	739.74	450.19
6-70	屋面板 压型钢板	$100m^2$	10931.86	3104.22	6571.04	128.65	701.21	426.74
6-71	屋面玻纤保温棉 厚 50	$100m^2$	3738.89	437.76	2974.86	128.65	122.85	74.77
6-72	天沟 钢板	t	7030.45	1622.60	4357.35	359.09	429.83	261.58
6-73	天沟 不锈钢	10m	1567.99	362.90	977.87	74.58	94.89	57.75
6-74	天沟 彩钢板	10m	969.36	376.20	395.79	49.01	92.23	56.13

三、钢构件现场制作及除锈

编号	项目名称	单位	基价	人工费	材料费	施工机具使用费	管理费	利润
6-75	钢柱、钢梁、钢屋架 钢板	t	7618.54	1584.98	4793.17	509.60	454.31	276.48
6-76	钢柱、钢梁、钢屋架 型钢	t	7845.95	2191.08	4108.54	579.63	600.97	365.73
6-77	其他构件	t	6703.50	1620.70	4048.20	347.79	426.97	259.84
6-78	喷砂除锈	t	293.74	172.00	47.98	10.19	39.52	24.05

四、补 充 项 目

1. 钢构件运输

编号	项目名称	单位	基价	人工费	材料费	施工机具使用费	管理费	利润
6-79	钢构件场外运输 40km	10t	1293.72	311.60	61.11	602.19	198.20	120.62
6-80	钢构件场外运输 每增加 5km	10t	66.56	11.40	0.00	37.95	10.70	6.51
6-81	钢构件二次运输 500m 以内	10t	637.32	208.24	64.16	216.67	92.16	56.09
6-82	钢构件二次运输 每增加 100m	10t	6.15	0.76	0.00	3.80	0.99	0.60

2. 现 场 除 锈

编号	项目名称	单位	基价	人工费	材料费	施工机具使用费	管理费	利润
6-83	抛丸除锈	t	450.95	90.30	97.48	171.74	56.84	34.59

3. X 射线探伤

编号	项目名称	单位	基价	人工费	材料费	施工机具使用费	管理费	利润
6-84	X 射线透视拍片探伤	10 张	2660.00	1741.50	133.59	131.44	406.24	247.23

第七章

木结构工程

一、木 屋 架

编号	项目名称	单位	基价	人工费	材料费	施工机具使用费	管理费	利润
7-1	圆木木屋架 跨度（m） ≤10	$10m^3$	49057.45	10744.50	34373.33	141.50	2361.17	1436.95
7-2	圆木木屋架 跨度（m） >10	$10m^3$	43861.66	9741.30	30603.46	87.60	2131.89	1297.41
7-3	方木木屋架 跨度（m） ≤10	$10m^3$	50331.39	10028.20	36640.75	121.29	2201.42	1339.73
7-4	方木木屋架 跨度（m） >10	$10m^3$	46345.82	9617.80	33290.58	60.64	2099.25	1277.55
7-5	圆木钢木屋架 跨度（m） ≤15	$10m^3$	57756.36	17656.13	33462.09	354.30	3906.46	2377.38
7-6	圆木钢木屋架 跨度（m） ≤20	$10m^3$	63532.17	21053.52	34780.47	261.40	4623.21	2813.57
7-7	圆木钢木屋架 跨度（m） ≤25	$10m^3$	68346.92	26594.11	32182.97	215.85	5815.08	3538.91
7-8	方木钢木屋架 跨度（m） ≤15	$10m^3$	59572.32	14968.39	38903.54	354.30	3323.49	2022.60
7-9	方木钢木屋架 跨度（m） ≤20	$10m^3$	63786.50	17542.13	39727.99	293.52	3868.55	2354.31
7-10	方木钢木屋架 跨度（m） ≤25	$10m^3$	66909.82	22112.20	36776.05	227.31	4845.44	2948.82

二、木 构 件

编号	项目名称	单位	基价	人工费	材料费	施工机具使用费	管理费	利润
7-11	木柱 圆木	$10m^3$	37067.60	9146.60	24729.75	0.00	1983.90	1207.35
7-12	木柱 方木	$10m^3$	35752.47	8333.40	24511.55	0.00	1807.51	1100.01
7-13	木梁 圆木	$10m^3$	39675.63	12741.40	22488.76	0.00	2763.61	1681.86
7-14	木梁 方木	$10m^3$	36080.03	9992.29	22601.43	0.00	2167.33	1318.98
7-15	木楼梯	$100m^2$	57797.20	19509.20	31481.24	0.00	4231.55	2575.21
7-16	木地楞 圆木楞 带平撑	$10m^3$	31693.95	5735.34	23957.55	0.00	1244.00	757.06
7-17	木地楞 圆木楞 不带平撑	$10m^3$	29146.26	5441.22	21806.60	0.00	1180.20	718.24
7-18	木地楞 方木楞 带剪刀撑	$10m^3$	32661.62	5232.60	25603.37	0.00	1134.95	690.70
7-19	木地楞 方木楞 不带剪刀撑	$10m^3$	29222.92	4360.50	23341.04	0.00	945.79	575.59

三、屋面木基层

编号	项目名称	单位	基价	人工费	材料费	施工机具使用费	管理费	利润
7-20	檩木 方木	$10m^3$	30882.03	4502.62	24808.44	0.00	976.62	594.35
7-21	檩木 圆木	$10m^3$	28215.75	4157.20	22608.10	0.00	901.70	548.75
7-22	屋面板制作 平口 15mm 厚	$100m^2$	3908.80	337.82	3394.86	43.19	82.64	50.29
7-23	屋面板制作 错口 15mm 厚	$100m^2$	4431.18	492.48	3675.70	67.59	121.48	73.93
7-24	屋面板制作 平口 15mm 厚一面刨光	$100m^2$	4459.39	346.94	3849.16	105.45	98.12	59.72
7-25	屋面板制作 错口 15mm 厚一面刨光	$100m^2$	4981.41	470.25	4165.11	134.91	131.26	79.88
7-26	檩木上钉椽子挂瓦条 檩木斜中距 ≤ 1.0m	$100m^2$	2622.76	554.61	1874.65	0.00	120.29	73.21
7-27	檩木上钉椽子挂瓦条 檩木斜中距 ≤ 1.5m	$100m^2$	2961.36	555.56	2211.97	0.00	120.50	73.33
7-28	檩木上钉屋面板油毡挂瓦条	$100m^2$	16036.09	742.14	15035.02	0.00	160.97	97.96
7-29	檩木上钉屋面板	$100m^2$	12893.96	579.88	12111.76	0.00	125.78	76.54
7-30	檩木上钉椽板	$100m^2$	2512.92	384.56	1994.19	0.00	83.41	50.76
7-31	混凝土上钉挂瓦条	$100m^2$	1042.38	232.56	728.68	0.00	50.44	30.70
7-32	封檐板、博风板 高度（cm） ≤ 20	100m	2449.09	845.12	1309.10	0.00	183.31	111.56
7-33	封檐板、博风板 高度（cm） ≤ 30	100m	3263.26	964.44	1962.32	0.00	209.19	127.31
7-34	檩椽上铺钉竹帘子	$100m^2$	5175.18	223.44	4873.79	0.00	48.46	29.49

四、预制木构件安装

1. 地　梁　板

编号	项目名称	单位	基价	人工费	材料费	施工机具使用费	管理费	利润
7-35	地梁板 墙厚（mm） ≤ 120	10m	388.96	196.27	124.21	0.00	42.57	25.91
7-36	地梁板 墙厚（mm） ≤ 180	10m	467.71	209.00	185.79	0.00	45.33	27.59
7-37	地梁板 墙厚（mm） ≤ 240	10m	554.91	228.00	247.36	0.00	49.45	30.10

2. 柱

编号	项目名称	单位	基价	人工费	材料费	施工机具使用费	管理费	利润
7-38	规格材组合柱 截面积（m^2）≤0.1	$10m^3$	33504.95	6333.27	19874.04	3771.93	2191.82	1333.89
7-39	规格材组合柱 截面积（m^2）≤0.2	$10m^3$	34422.07	7600.00	19929.31	3144.13	2330.40	1418.23
7-40	胶合柱 截面积（m^2）≤0.1	$10m^3$	72037.93	7600.00	56698.34	3771.93	2466.57	1501.09
7-41	胶合柱 截面积（m^2）≤0.2	$10m^3$	76820.92	11400.00	57202.34	3144.13	3154.62	1919.83

3. 梁

编号	项目名称	单位	基价	人工费	材料费	施工机具使用费	管理费	利润
7-42	规格材组合梁 截面积（m^2）≤0.1	$10m^3$	39005.10	8866.73	19836.24	5344.00	3082.31	1875.82
7-43	规格材组合梁 截面积（m^2）≤0.2	$10m^3$	39920.22	10133.27	19891.51	4714.91	3220.57	1959.96
7-44	胶合梁 截面积（m^2）≤0.1	$10m^3$	81353.74	11400.00	58767.76	5344.00	3631.77	2210.21
7-45	胶合梁 截面积（m^2）≤0.2	$10m^3$	85756.98	15200.00	58893.76	4714.91	4319.54	2628.77

4. 墙

编号	项目名称	单位	基价	人工费	材料费	施工机具使用费	管理费	利润
7-46	墙体木骨架 墙厚（mm）≤120	$10m^2$	1127.40	506.54	277.53	123.50	136.66	83.17
7-47	墙体木骨架 墙厚（mm）≤180	$10m^2$	1264.10	570.00	295.67	147.94	155.72	94.77
7-48	墙体木骨架 墙厚（mm）≤240	$10m^2$	1576.69	760.00	310.32	178.82	203.63	123.92
7-49	墙面板铺装	$10m^2$	499.42	228.00	191.87	0.00	49.45	30.10

5. 楼　板

编号	项目名称	单位	基价	人工费	材料费	施工机具使用费	管理费	利润
7-50	楼板格栅 格栅跨度（m）≤3	$10m^2$	1310.86	633.27	71.40	285.60	199.30	121.29
7-51	楼板格栅 格栅跨度（m）≤4	$10m^2$	1437.83	760.00	82.96	244.43	217.86	132.58
7-52	楼板格栅 格栅跨度（m）≤5	$10m^2$	1631.73	861.27	100.34	274.02	246.24	149.86
7-53	桁架格栅 格栅跨度（m）＞5	$10m^2$	1648.62	950.00	4.49	268.87	264.37	160.89
7-54	格栅挂件	10套	327.26	63.27	241.92	0.00	13.72	8.35
7-55	楼面板铺装	$10m^2$	604.86	253.27	263.23	0.00	54.93	33.43

6. 楼　梯

编号	项目名称	单位	基价	人工费	材料费	施工机具使用费	管理费	利润
7-56	木楼梯	$10m^2$	6393.86	1266.73	1486.98	2370.96	789.01	480.18

7. 屋　面

编号	项目名称	单位	基价	人工费	材料费	施工机具使用费	管理费	利润
7-57	椽条	$10m^3$	62267.55	29133.27	21064.30	1412.54	6625.39	4032.05
7-58	桁架	$10m^3$	53978.81	22800.00	21061.68	1602.94	5293.00	3221.19
7-59	屋面板铺装 两坡以内 $10m^2$	$10m^3$	622.61	316.73	195.37	0.00	68.70	41.81
7-60	屋面板铺装 两坡以上 $10m^2$	$10m^3$	745.19	380.00	232.61	0.00	82.42	50.16
7-61	封檐板 高度（cm） ≤20	100m	2755.77	1109.22	1259.54	0.00	240.59	146.42
7-62	封檐板 高度（cm） ≤30	100m	3595.65	1265.97	1887.98	0.00	274.59	167.11

第八章

门 窗 工 程

一、木门及门框

编号	项目名称	单位	基价	人工费	材料费	施工机具使用费	管理费	利润
8-1	木门扇安装	100m²	31755.19	1516.20	29709.99	0.00	328.86	200.14
8-2	木门框安装	100m	6523.25	761.90	5495.52	0.00	165.26	100.57
8-3	套装木门安装 单扇门	10 樘	12222.12	699.77	11278.20	0.00	151.78	92.37
8-4	套装木门安装 双扇门	10 樘	27846.56	1027.71	26460.28	0.00	222.91	135.66
8-5	套装木门安装 子母门	10 樘	26818.22	1013.65	25450.91	0.00	219.86	133.80
8-6	木质防火门安装	100m²	41885.06	4189.50	36233.85	0.00	908.70	553.01

二、金 属 门

1. 铝 合 金 门

编号	项目名称	单位	基价	人工费	材料费	施工机具使用费	管理费	利润
8-7	隔热断桥铝合金门安装 推拉	100m²	52124.07	5557.31	44627.82	0.00	1205.38	733.56
8-8	隔热断桥铝合金门安装 平开	100m²	67415.28	6246.25	58989.71	0.00	1354.81	824.51
8-9	普通铝合金门纱扇安装	100m²	14382.41	894.14	13176.30	0.00	193.94	118.03

2. 塑钢、彩板钢门

编号	项目名称	单位	基价	人工费	材料费	施工机具使用费	管理费	利润
8-10	塑钢门安装 推拉	100m²	53831.74	3862.51	48621.60	0.00	837.78	509.85
8-11	塑钢门安装 平开	100m²	45146.82	4685.40	38826.69	0.00	1016.26	618.47
8-12	塑钢门安装 纱门扇	100m²	17588.81	894.14	16382.70	0.00	193.94	118.03
8-13	彩板钢门安装 附框	100m	6281.16	674.12	5359.75	8.96	148.16	90.17
8-14	彩板钢门安装	100m²	42785.49	4276.90	37016.38	0.00	927.66	564.55

3. 钢质防火、防盗门

编号	项目名称	单位	基价	人工费	材料费	施工机具使用费	管理费	利润
8-15	钢质防火门安装	$100m^2$	49319.80	6108.50	41080.05	0.00	1324.93	806.32
8-16	钢质防盗门安装	$100m^2$	58351.22	6444.80	49625.10	24.26	1403.14	853.92

三、金属卷帘（闸）

编号	项目名称	单位	基价	人工费	材料费	施工机具使用费	管理费	利润
8-17	卷帘（闸）安装 镀锌钢板	$100m^2$	25123.54	4947.60	18432.97	12.42	1075.83	654.72
8-18	卷帘（闸）安装 铝合金	$100m^2$	41944.44	4947.60	35238.70	23.66	1078.27	656.21
8-19	卷帘（闸）安装 彩钢板	$100m^2$	33931.44	4947.60	27225.70	23.66	1078.27	656.21
8-20	卷帘（闸）安装 不锈钢	$100m^2$	41005.36	4947.60	34312.39	14.20	1076.21	654.96
8-21	电动装置安装	套	2615.93	427.50	2028.90	7.69	94.39	57.45

四、厂库房大门、特种门

1. 厂库房大门

编号	项目名称	单位	基价	人工费	材料费	施工机具使用费	管理费	利润
8-22	木板大门安装 平开	$100m^2$	71785.15	4152.45	66128.85	40.82	909.52	553.51
8-23	木板大门安装 推拉	$100m^2$	86813.47	7359.08	76769.49	86.97	1615.05	982.88
8-24	钢木大门安装 平开	$100m^2$	50895.54	4851.08	44308.82	31.95	1059.13	644.56
8-25	钢木大门安装 推拉	$100m^2$	58828.39	8614.22	47027.53	134.29	1897.55	1154.80

2. 特　种　门

编号	项目名称	单位	基价	人工费	材料费	施工机具使用费	管理费	利润
8-26	隔音门安装	$100m^2$	237298.55	4588.50	231023.73	63.30	1008.98	614.04
8-27	保温门安装	$100m^2$	58872.74	13537.50	40526.62	63.30	2950.01	1795.31
8-28	冷藏库门安装	$100m^2$	90608.82	21004.50	61987.76	213.57	4602.20	2800.79
8-29	冷藏间冻结门安装	$100m^2$	92551.50	22444.70	61987.76	213.57	4914.58	2990.89
8-30	变电室门安装	$100m^2$	81927.51	16203.20	59782.93	213.57	3560.80	2167.01
8-31	射线防护门安装	$100m^2$	225542.86	6170.25	216931.73	213.57	1384.65	842.66

五、其 他 门

编号	项目名称	单位	基价	人工费	材料费	施工机具使用费	管理费	利润
8-32	全玻璃门扇安装 有框门扇	$100m^2$	55827.94	5194.60	48820.94	0.00	1126.71	685.69
8-33	全玻璃门扇安装 无框(条夹)门扇	$100m^2$	45052.94	5194.60	38045.94	0.00	1126.71	685.69
8-34	全玻璃门扇安装 无框(点夹)门扇	$100m^2$	44196.99	5468.20	36820.94	0.00	1186.05	721.80
8-35	固定玻璃安装	$100m^2$	16252.87	3505.50	11524.30	0.00	760.34	462.73
8-36	全玻转门安装 直径 3.6m、不锈钢柱、玻璃 12mm	樘	55936.27	2137.50	53053.00	0.00	463.62	282.15
8-37	电子感应自动门传感装置	套	1300.03	356.25	817.89	1.18	77.53	47.18
8-38	不锈钢伸缩门安装	10m	12121.94	1140.00	10584.19	0.00	247.27	150.48
8-39	伸缩门电动装置	套	1480.55	356.25	1000.00	0.00	77.27	47.03

六、金 属 窗

1. 铝 合 金 窗

编号	项目名称	单位	基价	人工费	材料费	施工机具使用费	管理费	利润
8-40	铝合金 普通窗安装 推拉	$100m^2$	49063.22	3344.57	44551.73	0.00	725.44	441.48
8-41	铝合金 普通窗安装 平开	$100m^2$	49418.42	4189.31	43767.46	0.00	908.66	552.99
8-42	铝合金 普通窗安装 内平开下悬	$100m^2$	62764.26	5241.15	55694.47	0.00	1136.81	691.83
8-43	铝合金 飘凸窗安装 推拉	$100m^2$	50721.17	3230.38	46363.71	0.00	700.67	426.41
8-44	铝合金 飘凸窗安装 平开	$100m^2$	50560.22	4039.59	45111.21	0.00	876.19	533.23
8-45	铝合金 飘凸窗安装 内平开下悬	$100m^2$	63251.54	5091.43	56383.71	0.00	1104.33	672.07
8-46	普通铝合金窗安装 固定	$100m^2$	46570.98	2992.69	42534.14	0.00	649.11	395.04
8-47	普通铝合金窗安装 百叶	$100m^2$	33413.47	2992.69	29376.63	0.00	649.11	395.04
8-48	普通铝合金窗纱扇安装 推拉	$100m^2$	12588.55	1904.18	10020.00	0.00	413.02	251.35
8-49	普通铝合金窗纱扇安装 平开	$100m^2$	12517.81	1851.74	10020.00	0.00	401.64	244.43
8-50	普通铝合金窗纱扇安装 隐形纱扇	$100m^2$	11827.46	2082.78	9018.00	0.00	451.75	274.93

2. 塑　钢　窗

编号	项目名称	单位	基价	人工费	材料费	施工机具使用费	管理费	利润
8-51	塑钢窗安装 普通窗 推拉	100m²	37932.35	2750.63	34222.03	0.00	596.61	363.08
8-52	塑钢窗安装 普通窗 平开	100m²	42846.74	3430.64	38219.15	0.00	744.11	452.84
8-53	塑钢窗安装 普通窗 内平开下悬	100m²	36672.08	4270.44	30911.68	0.00	926.26	563.70
8-54	塑钢窗安装 普通窗 固定	100m²	33636.02	2558.16	30185.32	0.00	554.86	337.68
8-55	塑钢窗安装 普通窗 百叶	100m²	26581.29	2558.16	23130.59	0.00	554.86	337.68
8-56	塑钢窗安装 飘凸窗 平开	100m²	40232.30	3294.79	35787.96	0.00	714.64	434.91
8-57	塑钢窗安装 飘凸窗 内平开下悬	100m²	35847.68	4137.25	30266.94	0.00	897.37	546.12
8-58	塑钢窗纱扇安装 推拉	100m²	9568.55	1904.18	7000.00	0.00	413.02	251.35
8-59	塑钢窗纱扇安装 平开	100m²	10497.81	1851.74	8000.00	0.00	401.64	244.43

3. 彩板钢窗、防盗钢窗、防火钢窗

编号	项目名称	单位	基价	人工费	材料费	施工机具使用费	管理费	利润
8-60	彩板钢窗安装	100m²	29966.70	3518.80	25220.19	0.00	763.23	464.48
8-61	圆钢防盗格栅窗安装	100m²	10741.00	2743.60	7007.43	24.26	600.35	365.36
8-62	不锈钢防盗格栅窗安装	100m²	23760.72	2606.80	20244.41	0.00	565.41	344.10
8-63	钢质防火窗安装	100m²	67192.37	5027.40	60410.91	0.00	1090.44	663.62

七、门钢架、门窗套

1. 门　钢　架

编号	项目名称	单位	基价	人工费	材料费	施工机具使用费	管理费	利润
8-64	钢架制作、安装	t	8356.01	2952.60	4280.68	68.63	655.30	398.80
8-65	基层制作、安装 胶合板（板厚9mm）	100m²	6213.42	1482.00	4214.35	0.00	321.45	195.62
8-66	基层制作、安装 胶合板（板厚18mm）	100m²	9283.61	1667.25	7034.65	0.00	361.63	220.08
8-67	面层制作、安装 木质饰面板	100m²	15731.38	2493.75	12325.92	30.87	547.59	333.25
8-68	面层制作、安装 不锈钢饰面板	100m²	16443.67	2793.00	12676.19	0.00	605.80	368.68
8-69	面层制作、安装 石材饰面板 干挂	100m²	61679.84	11660.87	45950.50	0.00	2529.24	1539.23

2. 门、窗套（筒子板）

编号	项目名称	单位	基价	人工费	材料费	施工机具使用费	管理费	利润
8-70	门窗套（筒子板）制作、安装 木龙骨	$10m^2$	479.57	168.15	252.75	0.00	36.47	22.20
8-71	门窗套（筒子板）制作、安装 木工板直接安装在墙面上	$10m^2$	903.73	212.42	617.20	0.00	46.07	28.04
8-72	门窗套（筒子板）制作、安装 木工板基层安装在龙骨上 带止口	$10m^2$	753.07	129.77	578.02	0.00	28.15	17.13
8-73	门窗套（筒子板）制作、安装 木工板基层安装在龙骨上 不带止口	$10m^2$	636.60	124.07	469.24	0.00	26.91	16.38
8-74	门窗套（筒子板）制作、安装 面层木质饰面板	$10m^2$	1545.32	249.47	1202.49	4.68	55.13	33.55
8-75	门窗套（筒子板）制作、安装 面层不锈钢板	$10m^2$	1645.71	279.30	1268.96	0.00	60.58	36.87
8-76	门窗套（筒子板）安装 木质	$10m^2$	5571.79	146.30	5374.45	0.00	31.73	19.31

八、窗 台 板

编号	项目名称	单位	基价	人工费	材料费	施工机具使用费	管理费	利润
8-77	窗台板 木龙骨基层板	$10m^2$	1160.52	296.40	760.71	0.00	64.29	39.12
8-78	窗台板 面层 木质饰面板	$10m^2$	1611.20	258.02	1201.75	45.52	65.84	40.07
8-79	窗台板 面层 铝塑板	$10m^2$	1357.15	332.12	909.15	0.00	72.04	43.84
8-80	窗台板 面层 不锈钢板	$10m^2$	1933.80	304.95	1522.46	0.00	66.14	40.25
8-81	窗台板 面层 石材	$10m^2$	5444.97	749.55	4433.90	0.00	162.58	98.94

九、窗帘、窗帘盒、窗帘轨

1. 窗 帘

编号	项目名称	单位	基价	人工费	材料费	施工机具使用费	管理费	利润
8-82	窗帘安装 布帘	$100m^2$	3314.31	632.70	2460.86	0.00	137.23	83.52
8-83	窗帘安装 百叶帘、卷帘	$100m^2$	12801.87	988.00	11469.15	0.00	214.30	130.42

2. 窗 帘 盒

编号	项目名称	单位	基价	人工费	材料费	施工机具使用费	管理费	利润
8-84	窗帘盒（不带轨） 制作、安装 木龙骨胶合板	10m	593.51	320.72	155.00	4.37	70.51	42.91
8-85	窗帘盒（不带轨） 制作、安装 胶合板	10m	625.62	290.70	233.50	0.00	63.05	38.37
8-86	窗帘盒（不带轨） 成品安装 塑料	10m	499.89	253.65	157.74	0.00	55.02	33.48
8-87	窗帘帷幕板制作、安装 木质饰面板木龙骨基层	$10m^2$	1819.79	381.90	1298.75	4.37	83.78	50.99
8-88	窗帘帷幕板制作、安装 木质饰面板胶合板基层	$10m^2$	2208.01	366.70	1707.47	4.37	80.49	48.98

3. 窗 帘 轨

编号	项目名称	单位	基价	人工费	材料费	施工机具使用费	管理费	利润
8-89	窗帘轨安装 暗装 单轨	10m	566.29	57.00	489.41	0.00	12.36	7.52
8-90	窗帘轨安装 暗装 双轨	10m	814.01	89.87	692.79	0.00	19.49	11.86
8-91	窗帘轨安装 明装 单轨	10m	683.96	72.77	585.80	0.00	15.78	9.61
8-92	窗帘轨安装 明装 双轨	10m	1279.50	79.99	1171.60	0.00	17.35	10.56

十、门 五 金

1. 门特殊五金

编号	项目名称	单位	基价	人工费	材料费	施工机具使用费	管理费	利润
8-93	L 形执手插锁	10 个	1098.54	615.60	268.16	0.00	133.52	81.26
8-94	球形执手锁	10 个	721.51	342.76	259.17	0.00	74.34	45.24
8-95	管子拉手	10 个	217.03	95.00	88.88	0.00	20.61	12.54
8-96	推手板	10 个	199.66	95.00	71.51	0.00	20.61	12.54
8-97	自由门 弹簧合页	10 个	451.75	216.60	159.58	0.00	46.98	28.59
8-98	自由门 地弹簧	10 个	2560.50	1136.20	1027.88	0.00	246.44	149.98
8-99	铁搭扣	10 个	48.54	28.50	10.10	0.00	6.18	3.76
8-100	底板拉手	10 个	292.73	117.80	133.83	0.00	25.55	15.55

续前

编号	项目名称	单位	基价	人工费	材料费	施工机具使用费	管理费	利润
8-101	门吸	10 个	390.32	190.00	134.03	0.00	41.21	25.08
8-102	吊装滑动门轨	m	41.41	8.17	30.39	0.00	1.77	1.08
8-103	地锁	10 个	568.19	256.50	222.20	0.00	55.63	33.86
8-104	门轧头	10 个	95.38	47.50	31.31	0.00	10.30	6.27
8-105	防盗门扣	10 个	240.39	78.85	134.03	0.00	17.10	10.41
8-106	门眼猫眼	10 个	357.55	78.85	251.19	0.00	17.10	10.41
8-107	电子锁 （磁卡锁）	10 个	3211.38	697.68	2270.28	0.00	151.33	92.09
8-108	闭门器 明装	10 个	1330.05	277.02	956.37	0.00	60.09	36.57
8-109	闭门器 暗装	10 个	1897.47	697.68	956.37	0.00	151.33	92.09
8-110	顺位器	10 个	480.94	277.02	107.26	0.00	60.09	36.57

十一、补 充 项 目

1. 人防门窗安装

编号	项目名称	单位	基价	人工费	材料费	施工机具使用费	管理费	利润
8-111	人防混凝土密闭门安装	$100m^2$	354138.01	58301.50	275495.11	0.00	12645.60	7695.80
8-112	人防混凝土防密门安装	$100m^2$	239764.28	58206.50	161249.53	0.00	12624.99	7683.26
8-113	人防混凝土门式悬板活门安装	$100m^2$	678485.41	137451.70	493076.82	0.00	29813.27	18143.62
8-114	人防混凝土挡窗板安装	$100m^2$	110946.65	31156.20	68920.05	0.00	6757.78	4112.62
8-115	钢质人防密闭门安装	$100m^2$	286996.12	62194.60	203101.82	0.00	13490.01	8209.69

第九章

屋面及防水工程

一、屋 面 工 程

1. 块 瓦 屋 面

编号	项目名称	单位	基价	人工费	材料费	施工机具使用费	管理费	利润
9-1	普通黏土瓦 屋面板上或椽子挂瓦条上铺设	$100m^2$	4891.96	1179.90	3294.97	4.02	256.79	156.28
9-2	普通粘土瓦 混凝土板上浆贴	$100m^2$	5888.96	1117.39	4283.69	72.67	258.12	157.09
9-3	小青瓦 椽子上铺设	$100m^2$	6301.31	2074.04	3489.18	10.72	452.18	275.19
9-4	水泥瓦 混凝土板上浆贴	$100m^2$	4336.60	1117.39	2731.33	72.67	258.12	157.09
9-5	S 形瓦 屋面板上或椽子挂瓦条上铺设	$100m^2$	9717.43	1265.97	7870.64	103.14	296.96	180.72
9-6	S 形瓦 正斜脊	100m	5141.64	471.01	4464.74	30.81	108.84	66.24
9-7	瓷质波形瓦 屋面板上或椽子挂瓦条上铺设	$100m^2$	7584.43	1301.31	5713.45	85.73	300.85	183.09
9-8	瓷质波形瓦 正斜脊	100m	3023.44	471.01	2346.54	30.81	108.84	66.24
9-9	彩色混凝土瓦 屋面板上或椽子挂瓦条上铺设	$100m^2$	5067.27	1265.97	3243.97	85.73	293.18	178.42
9-10	彩色混凝土瓦 正斜脊	100m	3351.44	471.01	2674.54	30.81	108.84	66.24

2. 沥青瓦屋面

编号	项目名称	单位	基价	人工费	材料费	施工机具使用费	管理费	利润
9-11	铺设叠合沥青瓦	$100m^2$	39794.96	907.82	38570.40	0.00	196.91	119.83

3. 金属板屋面

编号	项目名称	单位	基价	人工费	材料费	施工机具使用费	管理费	利润
9-12	钢（木）檩条上铺钉镀锌瓦垄铁皮	$100m^2$	5933.10	339.15	5475.62	0.00	73.56	44.77
9-13	单层彩钢板 檩条或基层混凝土（钢）板面上	$100m^2$	7778.23	1187.12	5898.44	206.45	302.27	183.95
9-14	彩钢夹芯板 檩条或基层混凝土（钢）板面上	$100m^2$	12080.12	2124.77	8935.54	206.45	505.64	307.72
9-15	金属压型板屋面 单层彩钢板 W-550 压型板屋面 檩距 ≤ 1.5m	$100m^2$	17596.66	3626.91	10422.06	1691.94	1153.66	702.09
9-16	金属压型板屋面 单层彩钢板 W-550 压型板屋面 檩距 ≤ 2.5m	$100m^2$	16805.82	3281.87	10096.65	1691.94	1078.82	656.54
9-17	金属压型板屋面 单层彩钢板 W-550 压型板屋面 檩距 ≤ 3.5m	$100m^2$	16403.29	3104.22	9933.75	1691.94	1040.29	633.09

4. 采 光 屋 面

编号	项目名称	单位	基价	人工费	材料费	施工机具使用费	管理费	利润
9-18	阳光板屋面 铝合金龙骨上安装	100m²	41471.86	10827.15	26867.12	0.00	2348.41	1429.18
9-19	阳光板屋面 钢龙骨上安装	100m²	36497.38	12950.02	19029.10	0.00	2808.86	1709.40
9-20	玻璃采光顶屋面 铝龙骨上安装中空玻璃	100m²	47312.50	15310.01	26660.83	0.00	3320.74	2020.92
9-21	玻璃采光顶屋面 钢龙骨上安装中空玻璃	100m²	48154.05	19083.41	22412.44	0.00	4139.19	2519.01
9-22	玻璃采光顶屋面 钢龙骨上安装钢化玻璃	100m²	29885.43	12883.33	12507.11	0.00	2794.39	1700.60

5. 膜结构屋面

编号	项目名称	单位	基价	人工费	材料费	施工机具使用费	管理费	利润
9-23	膜结构屋面	100m²	65160.28	21546.00	36096.88	0.00	4673.33	2844.07

二、防水工程及其他

1. 卷 材 防 水

（1）玻璃纤维布卷材防水

编号	项目名称	单位	基价	人工费	材料费	施工机具使用费	管理费	利润
9-24	玛琋脂玻璃纤维布 二布三油 平面 100m²	100m²	1804.12	393.11	1273.85	0.00	85.27	51.89
9-25	玛琋脂玻璃纤维布 二布三油 立面 100m²	100m²	2352.98	786.03	1292.70	0.00	170.49	103.76
9-26	玛琋脂玻璃纤维布 每增减一布一油 平面 100m²	100m²	624.09	137.56	438.53	0.00	29.84	18.16
9-27	玛琋脂玻璃纤维布 每增减一布一油 立面 100m²	100m²	815.92	275.12	444.81	0.00	59.67	36.32

（2）改性沥青卷材防水

编号	项目名称	单位	基价	人工费	材料费	施工机具使用费	管理费	利润
9-28	SBS 改性沥青卷材 热熔法一层平面	$100m^2$	4475.31	403.18	3931.46	0.00	87.45	53.22
9-29	SBS 改性沥青卷材 热熔法一层立面	$100m^2$	5019.16	806.36	3931.46	0.00	174.90	106.44
9-30	SBS 改性沥青卷材 热熔法每增一层 平面	$100m^2$	3525.07	141.17	3334.65	0.00	30.62	18.63
9-31	SBS 改性沥青卷材 热熔法每增一层 立面	$100m^2$	3715.50	282.34	3334.65	0.00	61.24	37.27
9-32	SBS 改性沥青卷材 冷粘法一层平面	$100m^2$	5261.80	394.44	4729.74	0.00	85.55	52.07
9-33	SBS 改性沥青卷材 冷粘法一层立面	$100m^2$	5793.86	788.88	4729.74	0.00	171.11	104.13
9-34	SBS 改性沥青卷材 冷粘法每增一层 平面	$100m^2$	4319.25	138.13	4132.93	0.00	29.96	18.23
9-35	SBS 改性沥青卷材 冷粘法每增一层 立面	$100m^2$	4504.56	275.50	4132.93	0.00	59.76	36.37
9-36	高聚物改性沥青自粘卷材 自粘法一层平面	$100m^2$	3593.60	336.11	3140.22	0.00	72.90	44.37
9-37	高聚物改性沥青自粘卷材 自粘法一层立面	$100m^2$	4046.72	672.03	3140.22	0.00	145.76	88.71
9-38	高聚物改性沥青自粘卷材 自粘法每增一层 平面	$100m^2$	2965.81	117.61	2807.17	0.00	25.51	15.52
9-39	高聚物改性沥青自粘卷材 自粘法每增一层 立面	$100m^2$	3124.46	235.22	2807.17	0.00	51.02	31.05
9-40	耐根穿刺复合铜胎基改性沥青卷材	$100m^2$	8019.87	516.80	7322.76	0.00	112.09	68.22
9-41	铝箔改性沥青防水卷材	$100m^2$	4881.43	1096.68	3402.12	0.00	237.87	144.76

（3）高分子卷材

编号	项目名称	单位	基价	人工费	材料费	施工机具使用费	管理费	利润
9-42	聚氯乙烯卷材 冷粘法一层 平面	$100m^2$	4616.63	487.73	3958.73	0.00	105.79	64.38
9-43	聚氯乙烯卷材 冷粘法一层 立面	$100m^2$	5274.28	975.27	3958.73	0.00	211.54	128.74
9-44	聚氯乙烯卷材 冷粘法每增一层 平面	$100m^2$	4188.88	170.62	3958.73	0.00	37.01	22.52
9-45	聚氯乙烯卷材 冷粘法每增一层 立面	$100m^2$	4419.29	341.43	3958.73	0.00	74.06	45.07
9-46	聚氯乙烯卷材 热风焊接法一层 平面	$100m^2$	3341.94	540.17	2613.31	0.00	117.16	71.30
9-47	聚氯乙烯卷材 热风焊接法一层 立面	$100m^2$	4070.58	1080.34	2613.31	0.00	234.33	142.60
9-48	聚氯乙烯卷材 热风焊接法每增一层 平面	$100m^2$	2868.31	189.05	2613.31	0.00	41.00	24.95
9-49	聚氯乙烯卷材 热风焊接法每增一层 立面	$100m^2$	3123.33	378.10	2613.31	0.00	82.01	49.91
9-50	高分子自粘胶膜卷材 自粘法一层 平面	$100m^2$	3294.09	442.70	2696.93	0.00	96.02	58.44
9-51	高分子自粘胶膜卷材 自粘法一层 立面	$100m^2$	3890.99	885.21	2696.93	0.00	192.00	116.85
9-52	高分子自粘胶膜卷材 自粘法每增一层 平面	$100m^2$	2572.75	154.85	2363.87	0.00	33.59	20.44
9-53	高分子自粘胶膜卷材 自粘法每增一层 立面	$100m^2$	2781.89	309.89	2363.87	0.00	67.22	40.91
9-54	聚乙烯丙纶复合防水卷材 冷贴一层 平面	$100m^2$	4102.56	394.44	3570.50	0.00	85.55	52.07
9-55	聚乙烯丙纶复合防水卷材 冷贴一层 立面	$100m^2$	4643.59	795.53	3570.50	0.00	172.55	105.01
9-56	聚乙烯丙纶复合防水卷材 冷贴每增一层 平面	$100m^2$	3655.26	138.13	3468.94	0.00	29.96	18.23
9-57	聚乙烯丙纶复合防水卷材 冷贴每增一层 立面	$100m^2$	3841.59	276.26	3468.94	0.00	59.92	36.47

2. 涂 料 防 水

（1）改性沥青防水涂料

编号	项目名称	单位	基价	人工费	材料费	施工机具使用费	管理费	利润
9-58	聚合物复合改性沥青防水涂料 2mm厚 平面	100m²	4935.95	391.78	4407.48	0.00	84.98	51.71
9-59	聚合物复合改性沥青防水涂料 2mm厚 立面	100m²	5817.02	783.56	4760.08	0.00	169.95	103.43
9-60	聚合物复合改性沥青防水涂料 每增减 0.5mm厚 平面	100m²	1186.74	137.18	1001.70	0.00	29.75	18.11
9-61	聚合物复合改性沥青防水涂料 每增减 0.5mm厚 立面	100m²	1451.67	274.17	1081.84	0.00	59.47	36.19
9-62	水乳型普通乳化沥青涂料 二布三涂 平面	100m²	2635.38	842.46	1498.99	0.00	182.73	111.20
9-63	水乳型普通乳化沥青涂料 二布三涂 立面	100m²	3859.71	1684.73	1587.18	0.00	365.42	222.38
9-64	水乳型普通乳化沥青涂料 每增减一布一涂 平面	100m²	1033.92	294.88	636.16	0.00	63.96	38.92
9-65	水乳型普通乳化沥青涂料 每增减一布一涂 立面	100m²	1466.70	589.57	671.43	0.00	127.88	77.82
9-66	溶剂型再生胶沥青涂料 二布三涂 平面	100m²	2871.44	849.49	1725.57	0.00	184.25	112.13
9-67	溶剂型再生胶沥青涂料 二布三涂 立面	100m²	4123.15	1698.79	1831.65	0.00	368.47	224.24
9-68	溶剂型再生胶沥青涂料 每增减一布一涂 平面	100m²	1259.30	297.35	858.20	0.00	64.50	39.25
9-69	溶剂型再生胶沥青涂料 每增减一布一涂 立面	100m²	1713.18	594.51	911.24	0.00	128.95	78.48

（2）高分子防水涂料

编号	项目名称	单位	基价	人工费	材料费	施工机具使用费	管理费	利润
9-70	聚氯酯防水涂膜 2mm 厚 平面	100m²	3882.93	437.95	3292.18	0.00	94.99	57.81
9-71	聚氯酯防水涂膜 2mm 厚 立面	100m²	4797.59	875.90	3616.09	0.00	189.98	115.62
9-72	聚氯酯防水涂膜 每增减 0.5mm 厚 平面	100m²	1083.10	153.14	876.53	0.00	33.22	20.21
9-73	聚氯酯防水涂膜 每增减 0.5mm 厚 立面	100m²	1357.32	306.66	943.67	0.00	66.51	40.48
9-74	聚合物水泥防水涂料 1.0mm 厚 平面	100m²	1774.52	259.35	1424.69	0.00	56.25	34.23
9-75	聚合物水泥防水涂料 1.0mm 厚 立面	100m²	2233.45	518.70	1533.77	0.00	112.51	68.47
9-76	聚合物水泥防水涂料 每增减 0.5mm 厚 平面	100m²	733.01	90.82	610.50	0.00	19.70	11.99
9-77	聚合物水泥防水涂料 每增减 0.5mm 厚 立面	100m²	904.36	181.64	659.34	0.00	39.40	23.98
9-78	水泥基渗透结晶型防水涂料 1.0mm 厚 平面	100m²	1687.16	259.35	1337.33	0.00	56.25	34.23
9-79	水泥基渗透结晶型防水涂料 1.0mm 厚 立面	100m²	2143.98	518.70	1444.30	0.00	112.51	68.47
9-80	水泥基渗透结晶型防水涂料 每增减 0.5mm 厚 平面	100m²	532.50	90.82	409.99	0.00	19.70	11.99
9-81	水泥基渗透结晶型防水涂料 每增减 0.5mm 厚 立面	100m²	687.81	181.64	442.79	0.00	39.40	23.98

3. 板 材 防 水

编号	项目名称	单位	基价	人工费	材料费	施工机具使用费	管理费	利润
9-82	塑料防水板	100m²	2813.46	179.55	2571.27	0.00	38.94	23.70
9-83	金属防水板	100m²	8007.24	179.55	7765.05	0.00	38.94	23.70
9-84	膨润土防水毯	100m²	1561.77	397.48	1025.61	0.00	86.21	52.47

4. 刚 性 防 水

编号	项目名称	单位	基价	人工费	材料费	施工机具使用费	管理费	利润
9-85	细石混凝土 厚 40mm	$100m^2$	4302.84	1885.18	1759.92	0.00	408.90	248.84
9-86	细石混凝土 每增减 10mm	$100m^2$	812.66	295.83	413.61	0.00	64.17	39.05
9-87	水泥砂浆二次抹压 厚 20mm	$100m^2$	3489.58	1723.68	1071.90	68.65	388.76	236.59
9-88	水泥砂浆二次抹压 每增减 10mm	$100m^2$	960.83	295.83	515.26	34.49	71.65	43.60
9-89	防水砂浆 掺防水粉 20mm 厚	$100m^2$	5985.00	1627.92	3696.49	68.65	367.99	223.95
9-90	防水砂浆 掺防水粉 每增减 10mm	$100m^2$	2259.96	295.83	1814.39	34.49	71.65	43.60
9-91	防水砂浆 掺防水剂 20mm 厚	$100m^2$	3932.56	1629.06	1642.52	68.65	368.23	224.10
9-92	防水砂浆 掺防水剂 每增减 10mm	$100m^2$	1232.97	295.83	787.40	34.49	71.65	43.60
9-93	聚合物水泥防水砂浆 10mm 厚	$100m^2$	2213.40	977.55	848.26	34.49	219.51	133.59
9-94	聚合物水泥防水砂浆 每增减 5mm	$100m^2$	974.86	391.02	424.37	17.08	88.52	53.87
9-95	防水砂浆五层做法 平面	$100m^2$	4391.72	2530.23	932.17	34.49	556.29	338.54
9-96	防水砂浆五层做法 立面	$100m^2$	5521.97	3368.13	932.17	34.49	738.03	449.15
9-97	分隔缝 细石混凝土面 40mm 厚	100m	2056.40	1017.45	683.97	0.00	220.68	134.30
9-98	分隔缝 水泥砂浆面层 20mm 厚	100m	1499.15	857.85	341.99	0.00	186.07	113.24
9-99	分隔缝 厚度每增减 10mm	100m	429.94	203.49	155.45	0.00	44.14	26.86

5. 屋 面 排 水

编号	项目名称	单位	基价	人工费	材料费	施工机具使用费	管理费	利润
9-100	镀锌铁皮排水 水落管	100m	2199.94	818.33	1096.09	0.00	177.50	108.02
9-101	镀锌铁皮排水 檐沟	100m	10936.11	491.53	10273.09	0.00	106.61	64.88
9-102	镀锌铁皮排水 天沟、泛水	100m	11345.31	849.49	10199.44	0.00	184.25	112.13
9-103	镀锌铁皮排水 水斗	10个	915.23	418.95	350.11	0.00	90.87	55.30
9-104	镀锌铁皮排水 水口	10个	843.03	397.29	307.13	0.00	86.17	52.44
9-105	铸铁管排水 水落管	100m	22833.36	6568.30	13973.38	0.00	1424.66	867.02
9-106	铸铁管排水 落水斗	10个	1058.26	397.29	522.36	0.00	86.17	52.44
9-107	铸铁管排水 弯头落水口 （含箅子板）	10个	732.62	196.27	467.87	0.00	42.57	25.91
9-108	塑料管排水 水落管$\phi \leqslant 110$mm	100m	2815.94	742.90	1813.84	0.00	161.14	98.06
9-109	塑料管排水 水落管$\phi > 110$mm	100m	5056.09	1002.25	3704.15	0.00	217.39	132.30
9-110	塑料管排水 檐沟、天沟	100m	4613.36	1788.28	2201.15	0.00	387.88	236.05
9-111	塑料管排水 落水斗	10个	324.88	95.57	195.96	0.00	20.73	12.62
9-112	塑料管排水 弯头落水口	10个	338.17	96.52	207.97	0.00	20.94	12.74
9-113	塑料管排水 落水口	10个	332.73	77.52	228.17	0.00	16.81	10.23
9-114	塑料管排水 阳台、雨篷排水短管	10个	112.95	72.96	14.53	0.00	15.83	9.63
9-115	玻璃钢管排水 水落管	100m	7062.26	1446.85	5110.61	0.00	313.82	190.98
9-116	玻璃钢管排水 檐沟、天沟	100m	8488.94	1788.28	6076.73	0.00	387.88	236.05
9-117	玻璃钢管排水 落水斗	10个	979.90	397.29	444.00	0.00	86.17	52.44
9-118	玻璃钢管排水 弯头 90 度	10个	756.99	96.52	626.79	0.00	20.94	12.74
9-119	玻璃钢管排水 阳台、雨篷短管	10个	769.59	72.77	671.43	0.00	15.78	9.61
9-120	虹吸式排水 不锈钢虹吸雨水斗	10个	1863.86	397.29	1327.96	0.00	86.17	52.44
9-121	虹吸式排水 HDPE 水落管	100m	4798.76	742.90	3796.66	0.00	161.14	98.06
9-122	镀锌钢管排水 水落管	100m	8600.62	1307.58	5872.15	715.16	438.73	267.00
9-123	镀锌钢管排水 阳台、雨篷短管	10个	139.39	72.77	41.23	0.00	15.78	9.61
9-124	种植屋面排水 土工布过滤层	100m^2	604.55	232.56	290.85	0.00	50.44	30.70
9-125	种植屋面排水 凹凸型排水板	100m^2	1930.86	175.94	1693.54	0.00	38.16	23.22
9-126	种植屋面排水 网状交织排水层	100m^2	3361.45	175.94	3124.13	0.00	38.16	23.22
9-127	种植屋面排水 陶粒排水层 厚度18cm	m^3	3152.86	421.80	2583.89	0.00	91.49	55.68
9-128	检查孔盖板	个	725.15	350.17	251.97	0.62	76.09	46.30
9-129	成品风帽	个	161.11	91.39	37.84	0.00	19.82	12.06

6. 变形缝与止水带

（1）嵌 填 缝

编号	项目名称	单位	基价	人工费	材料费	施工机具使用费	管理费	利润
9-130	油浸麻丝 平面	100m	3348.99	1339.88	1541.63	0.00	290.62	176.86
9-131	油浸麻丝 立面	100m	4245.24	2004.31	1541.63	0.00	434.73	264.57
9-132	沥青玛瑺脂嵌缝	100m	1903.89	1191.11	297.20	0.00	258.35	157.23
9-133	建筑油膏 平面	100m	1836.97	706.99	883.31	0.00	153.35	93.32
9-134	建筑油膏 立面	100m	2240.62	1006.24	883.31	0.00	218.25	132.82
9-135	沥青砂浆 平面	100m	1999.70	1003.01	646.74	0.00	217.55	132.40
9-136	沥青砂浆 立面	100m	2236.51	1178.57	646.74	0.00	255.63	155.57
9-137	油浸木丝板	100m	2371.61	1000.16	1022.50	0.00	216.93	132.02
9-138	泡沫塑料填塞 平面	100m	1079.30	627.38	233.03	0.00	136.08	82.81
9-139	泡沫塑料填塞 立面	100m	1582.41	1000.35	233.03	0.00	216.98	132.05

（2）变形缝盖板

编号	项目名称	单位	基价	人工费	材料费	施工机具使用费	管理费	利润
9-140	木板盖板 平面	100m	2663.28	965.39	1361.07	0.00	209.39	127.43
9-141	木板盖板 立面	100m	5289.92	2143.20	2398.96	0.00	464.86	282.90
9-142	镀锌铁皮盖板 平面	100m	7042.00	2464.68	3717.39	0.00	534.59	325.34
9-143	镀锌铁皮盖板 立面	100m	6585.55	2450.62	3279.91	0.00	531.54	323.48
9-144	铝合金盖板 平面	100m	21667.34	2765.83	17936.51	0.00	599.91	365.09
9-145	铝合金盖板 立面	100m	19031.39	2743.98	15330.03	0.00	595.17	362.21
9-146	铝合金盖板 天棚面	100m	22007.95	3018.34	17936.51	0.00	654.68	398.42
9-147	不锈钢盖板 平面	100m	11441.87	2765.83	7711.04	0.00	599.91	365.09
9-148	不锈钢盖板 立面	100m	10365.74	2743.98	6664.38	0.00	595.17	362.21
9-149	不锈钢盖板 天棚面	100m	11782.48	3018.34	7711.04	0.00	654.68	398.42
9-150	铝板 平面	100m	8900.22	2765.83	5169.39	0.00	599.91	365.09
9-151	铝板 立面	100m	6180.54	2743.98	2479.18	0.00	595.17	362.21
9-152	铝板 天棚面	100m	7567.46	3018.34	3496.02	0.00	654.68	398.42
9-153	胶合板 平面	100m	2764.11	1890.50	214.01	0.00	410.05	249.55
9-154	胶合板 立面	100m	2743.85	1875.49	214.01	0.00	406.79	247.56
9-155	胶合板 天棚面	100m	2996.82	2063.02	214.01	0.00	447.47	272.32
9-156	钢板 平面	100m	9618.97	3899.75	4358.59	0.00	845.86	514.77
9-157	钢板 立面	100m	9660.74	3930.72	4358.59	0.00	852.57	518.86
9-158	钢板 天棚面	100m	10191.01	4323.83	4358.59	0.00	937.84	570.75
9-159	橡胶板 平面	100m	11039.78	3899.75	5779.40	0.00	845.86	514.77
9-160	橡胶板 立面	100m	11081.55	3930.72	5779.40	0.00	852.57	518.86
9-161	橡胶板 天棚面	100m	11611.82	4323.83	5779.40	0.00	937.84	570.75

（3）止　水　带

编号	项目名称	单位	基价	人工费	材料费	施工机具使用费	管理费	利润
9-162	橡胶止水带	100m	5409.58	1959.85	2765.94	0.00	425.09	258.70
9-163	钢板止水带	100m	7737.13	2357.33	4476.08	60.23	524.37	319.12
9-164	塑料止水带	100m	4997.98	1959.85	2354.34	0.00	425.09	258.70
9-165	紫铜板止水带	100m	56292.54	2354.67	53035.08	60.23	523.79	318.77
9-166	氯丁胶粘玻璃纤维布止水（一布二涂） 湿基层	100m	2480.10	806.74	1391.89	0.00	174.98	106.49
9-167	氯丁胶粘玻璃纤维布止水（一布二涂） 干基层	100m	2169.21	806.74	1081.00	0.00	174.98	106.49
9-168	氯丁橡胶片止水带	100m	4188.07	652.46	3307.97	0.00	141.52	86.12

三、补 充 项 目

1. 屋面涂膜防水

编号	项目名称	单位	基价	人工费	材料费	施工机具使用费	管理费	利润
9-169	屋面涂膜防水 非固化橡胶沥青防水涂料 （喷涂法） 2mm厚	100m^2	4080.79	928.15	2828.80	0.00	201.32	122.52
9-170	屋面涂膜防水 非固化橡胶沥青防水涂料 （喷涂法） 每增减0.5mm	100m^2	1020.13	231.99	707.20	0.00	50.32	30.62
9-171	屋面涂膜防水 高固型水性橡胶高分子防水涂料 1.5mm厚 平面	100m^2	2482.62	313.31	2059.99	0.00	67.96	41.36
9-172	屋面涂膜防水 高固型水性橡胶高分子防水涂料 1.5mm厚 立面	100m^2	3131.99	626.24	2287.26	0.00	135.83	82.66
9-173	屋面涂膜防水 高固型水性橡胶高分子防水涂料 每增减0.5mm厚 平面	100m^2	922.00	153.33	715.17	0.00	33.26	20.24
9-174	屋面涂膜防水 高固型水性橡胶高分子防水涂料 每增减0.5mm厚 立面	100m^2	1193.80	306.47	780.41	0.00	66.47	40.45

2. 无纺布铺设

编号	项目名称	单位	基价	人工费	材料费	施工机具使用费	管理费	利润
9-175	铺设无纺布	100m²	1080.12	342.00	618.80	0.00	74.18	45.14

3. 其他复合防水卷材

编号	项目名称	单位	基价	人工费	材料费	施工机具使用费	管理费	利润
9-176	预铺现制复合防水卷材 柔性片材一层、内衬网格布、保护结合层 平面	100m²	11883.08	815.29	10762.63	15.35	180.17	109.64
9-177	预铺现制复合防水卷材 柔性片材一层、内衬网格布、保护结合层 立面	100m²	13396.13	1428.99	11468.56	0.00	309.95	188.63
9-178	预铺现制复合防水卷材 柔性片材每增一层 平面	100m²	3640.33	158.08	3427.09	0.00	34.29	20.87
9-179	预铺现制复合防水卷材 柔性片材每增一层 立面	100m²	3853.38	315.97	3427.17	0.00	68.53	41.71
9-180	现制水性橡胶高分子复合防水卷材 一布两涂 平面	100m²	5980.64	607.43	5140.57	15.35	135.08	82.21
9-181	现制水性橡胶高分子复合防水卷材 一布两涂 立面	100m²	6868.29	1214.67	5201.68	20.86	267.99	163.09
9-182	现制水性橡胶高分子复合防水卷材 每增一布一涂 平面	100m²	4181.99	297.54	3780.63	0.00	64.54	39.28
9-183	现制水性橡胶高分子复合防水卷材 每增一布一涂 立面	100m²	4582.57	594.51	3780.63	0.00	128.95	78.48

第十章

保温、隔热、防腐工程

一、保温、隔热

1. 屋　　面

编号	项目名称	单位	基价	人工费	材料费	施工机具使用费	管理费	利润
10-1	加气混凝土块 干铺 厚度（mm）180	$100m^2$	6246.20	931.57	4989.60	0.00	202.06	122.97
10-2	加气混凝土块 干铺 厚度（mm）每增减 10	$100m^2$	340.25	46.74	277.20	0.00	10.14	6.17
10-3	加气混凝土块 浆砌 厚度（mm）180	$100m^2$	7069.49	1322.59	5205.29	59.42	299.76	182.43
10-4	加气混凝土块 浆砌 厚度（mm）每增减 10	$100m^2$	398.76	66.12	307.22	1.74	14.72	8.96
10-5	干铺水泥蛭石块 厚度（mm） 100	$100m^2$	2780.42	988.95	1446.43	0.00	214.50	130.54
10-6	干铺水泥蛭石块 厚度(mm）每增减 10	$100m^2$	264.59	88.92	144.64	0.00	19.29	11.74
10-7	干铺珍珠岩 厚度（mm） 100	$100m^2$	3175.08	536.18	2451.82	0.00	116.30	70.78
10-8	干铺珍珠岩 厚度(mm）每增减 10	$100m^2$	310.28	48.26	245.18	0.00	10.47	6.37
10-9	干铺蛭石 厚度（mm） 100	$100m^2$	2066.72	535.80	1343.97	0.00	116.22	70.73
10-10	干铺蛭石 厚度（mm） 每增减 10	$100m^2$	199.50	48.26	134.40	0.00	10.47	6.37
10-11	水泥炉渣 厚度（mm） 100	$100m^2$	3123.37	1332.47	1326.00	0.00	289.01	175.89
10-12	水泥炉渣 厚度（mm） 每增减 10	$100m^2$	294.32	119.89	132.60	0.00	26.00	15.83
10-13	水泥珍珠岩 厚度（mm） 100	$100m^2$	5208.23	1402.77	3316.03	0.00	304.26	185.17
10-14	水泥珍珠岩 厚度(mm）每增减 10	$100m^2$	502.04	126.35	331.60	0.00	27.41	16.68
10-15	水泥蛭石 厚度（mm） 100	$100m^2$	2953.20	1341.40	1143.79	0.00	290.95	177.06
10-16	水泥蛭石 厚度（mm） 每增减 10	$100m^2$	277.38	120.84	114.38	0.00	26.21	15.95

续前

编号	项目名称	单位	基价	人工费	材料费	施工机具使用费	管理费	利润
10-17	泡沫混凝土 厚度（mm） 100	$100m^2$	3951.69	1332.47	2056.58	72.46	304.73	185.45
10-18	泡沫混凝土 厚度（mm）每增减 10	$100m^2$	377.16	119.89	205.66	7.25	27.58	16.78
10-19	陶粒混凝土 厚度（mm） 100	$100m^2$	6702.20	1402.77	4498.48	230.95	354.35	215.65
10-20	陶粒混凝土 厚度（mm）每增减 10	$100m^2$	651.29	126.35	449.85	22.99	32.39	19.71
10-21	沥青玻璃棉毡 厚度（mm） 30	$100m^2$	1255.81	238.07	934.67	0.00	51.64	31.43
10-22	沥青玻璃棉毡 厚度（mm） 每增减 5	$100m^2$	251.95	71.44	155.58	0.00	15.50	9.43
10-23	沥青矿渣棉毡 厚度（mm） 30	$100m^2$	1194.74	238.07	873.60	0.00	51.64	31.43
10-24	沥青矿渣棉毡 厚度（mm） 每增减 5	$100m^2$	241.97	71.44	145.60	0.00	15.50	9.43
10-25	沥青珍珠岩板（块）厚度（mm）80	$100m^2$	6447.16	1386.62	4576.75	0.00	300.76	183.03
10-26	沥青珍珠岩板（块） 厚度（mm） 每增减 10	$100m^2$	782.50	155.99	572.09	0.00	33.83	20.59
10-27	干铺岩棉板 厚度（mm） 30	$100m^2$	1628.26	380.00	1115.68	0.00	82.42	50.16
10-28	干铺岩棉板 厚度（mm） 50	$100m^2$	2468.92	451.82	1859.46	0.00	98.00	59.64
10-29	干铺岩棉板 厚度（mm） 60	$100m^2$	2961.27	541.12	2231.35	0.00	117.37	71.43
10-30	干铺岩棉板 厚度（mm） 80	$100m^2$	3852.16	650.18	2975.14	0.00	141.02	85.82
10-31	干铺岩棉板 厚度（mm） 100	$100m^2$	4875.30	857.28	3718.92	0.00	185.94	113.16
10-32	干铺岩棉板 厚度（mm） 120	$100m^2$	5847.96	1026.95	4462.70	0.00	222.75	135.56
10-33	粘贴岩棉板 厚度（mm） 30	$100m^2$	1928.14	418.00	1349.84	10.72	92.99	56.59
10-34	粘贴岩棉板 厚度（mm） 50	$100m^2$	2986.91	646.00	2101.06	10.72	142.44	86.69
10-35	粘贴岩棉板 厚度（mm） 60	$100m^2$	3516.30	760.00	2476.67	10.72	167.17	101.74

续前

编号	项目名称	单位	基价	人工费	材料费	施工机具使用费	管理费	利润
10-36	粘贴岩棉板 厚度（mm） 80	100m²	4575.07	988.00	3227.90	10.72	216.62	131.83
10-37	粘贴岩棉板 厚度（mm） 100	100m²	5653.55	1216.00	3998.82	10.72	266.08	161.93
10-38	粘贴岩棉板 厚度（mm） 120	100m²	6730.08	1444.00	4767.81	10.72	315.53	192.02
10-39	金属波纹拱形屋盖聚氨酯喷涂保温 厚度 （mm） 50	100m²	13248.24	1987.78	10147.75	310.75	498.55	303.41
10-40	金属波纹拱形屋盖聚氨酯喷涂保温 厚度 （mm） 每增减 10	100m²	2586.66	397.48	2007.15	32.14	93.18	56.71
10-41	干铺聚苯乙烯板 厚度（mm） 50	100m²	1993.07	516.80	1295.96	0.00	112.09	68.22
10-42	干铺聚苯乙烯板 每增减 5mm	100m²	199.31	51.68	129.60	0.00	11.21	6.82
10-43	粘贴聚苯乙烯板 厚度（mm） 40	100m²	2063.87	562.40	1290.79	10.72	124.31	75.65
10-44	粘贴聚苯乙烯板 每增减 5mm	100m²	208.05	57.00	129.60	1.16	12.61	7.68
10-45	泡沫玻璃 厚度（mm） 30	100m²	4209.36	1409.80	2293.22	10.72	308.11	187.51
10-46	泡沫玻璃 厚度（mm） 每增减 10mm	100m²	1189.89	373.54	686.02	0.00	81.02	49.31
10-47	无机轻集料保温砂浆 厚度（mm） 30	100m²	6535.15	2722.89	2698.04	121.73	617.00	375.49
10-48	无机轻集料保温砂浆 厚度（mm）每增减 5	100m²	962.61	360.62	448.80	20.29	82.62	50.28
10-49	聚苯颗粒保温砂浆 厚度(mm）30	100m²	6046.36	2853.80	2024.84	127.53	646.65	393.54
10-50	聚苯颗粒保温砂浆 厚度(mm）每增减 5	100m²	874.24	378.29	336.60	20.29	86.45	52.61
10-51	微孔硅酸钙 厚度（mm） 100	100m²	6480.24	536.18	5756.98	0.00	116.30	70.78
10-52	微孔硅酸钙 厚度(mm）每增减 10	100m²	640.80	48.26	575.70	0.00	10.47	6.37
10-53	保温层排气管安装	100m	1535.04	670.70	630.34	0.00	145.47	88.53
10-54	保温层排气孔安装 PVC 管	10 个	267.98	120.65	105.23	0.00	26.17	15.93
10-55	保温层排气孔安装 钢管	10 个	242.41	120.65	77.71	1.45	26.48	16.12

2. 天　棚

编号	项目名称	单位	基价	人工费	材料费	施工机具使用费	管理费	利润
10-56	混凝土板下天棚保温(带龙骨）粘贴聚苯乙烯板 厚度（mm） 50	100m^2	8683.24	2989.46	4637.47	9.85	650.55	395.91
10-57	天棚板面上铺放 聚苯乙烯板 厚度（mm） 50	100m^2	1717.34	293.17	1321.88	0.00	63.59	38.70
10-58	混凝土板下天棚保温（不带龙骨）聚合物砂浆粘贴聚苯乙烯板 厚度（mm） 50	100m^2	5105.75	2427.25	1817.17	10.72	528.80	321.81
10-59	硬泡聚氨酯现场喷发 厚度（mm） 50	100m^2	10017.71	2603.00	5960.76	404.60	652.35	397.00
10-60	硬泡聚氨酯现场喷发 厚度（mm）每增减 5	100m^2	770.16	95.00	570.67	52.89	32.08	19.52
10-61	超细无机纤维 厚度（mm） 50	100m^2	13835.54	2869.00	9965.54	0.00	622.29	378.71
10-62	超细无机纤维 厚度（mm） 每增减 10	100m^2	2220.32	209.00	1938.40	0.00	45.33	27.59
10-63	粘贴岩棉板 厚度（mm） 50	100m^2	5985.51	2869.00	2101.06	10.72	624.61	380.12
10-64	聚苯颗粒保温砂浆 厚度(mm）20	100m^2	6060.46	3363.38	1406.31	86.95	748.38	455.44
10-65	聚苯颗粒保温砂浆 厚度(mm）每增减 5	100m^2	1358.01	725.04	350.68	21.74	161.98	98.57
10-66	无机轻集料保温砂浆 厚度（mm） 20	100m^2	6410.60	3282.82	1872.94	81.15	729.65	444.04
10-67	无机轻集料保温砂浆 厚度（mm）每增减 5	100m^2	1445.54	704.90	467.33	20.29	157.29	95.73

3. 墙、柱面

编号	项目名称	单位	基价	人工费	材料费	施工机具使用费	管理费	利润
10-68	聚苯颗粒保温砂浆 厚度(mm) 25	100m^2	6164.55	3141.84	1751.38	129.84	709.63	431.86
10-69	聚苯颗粒保温砂浆 厚度(mm) 每增减 5	100m^2	1088.31	523.64	346.80	26.08	119.23	72.56
10-70	无机轻集料保温砂浆 厚度(mm) 25	100m^2	6614.72	3061.28	2328.98	115.93	689.14	419.39
10-71	无机轻集料保温砂浆 厚度(mm)每增减 5	100m^2	1172.85	503.50	462.40	23.19	114.24	69.52
10-72	硬泡聚氨酯现场喷发 厚度(mm) 50	100m^2	8734.93	1862.00	6223.28	0.00	403.87	245.78
10-73	硬泡聚氨酯现场喷发 厚度(mm)每增减 5	100m^2	826.96	190.00	570.67	0.00	41.21	25.08
10-74	粘贴沥青珍珠岩板 附墙粘贴 厚度(mm) 50	100m^2	7507.84	3078.57	3340.69	10.72	670.07	407.79
10-75	粘贴沥青珍珠岩板 附墙粘贴 厚度(mm)每增减 10	100m^2	1319.69	554.23	572.09	0.00	120.21	73.16
10-76	粘贴水泥珍珠岩板 附墙粘贴 厚度(mm) 50	100m^2	7507.37	3078.57	3340.22	10.72	670.07	407.79
10-77	粘贴水泥珍珠岩板 附墙粘贴 厚度(mm)每增减 10	100m^2	1319.60	554.23	572.00	0.00	120.21	73.16
10-78	沥青玻璃棉 厚度(mm) 100	100m^2	4442.71	2441.50	1149.37	0.00	529.56	322.28
10-79	沥青玻璃棉 厚度(mm)每增减 10	100m^2	310.05	219.83	13.52	0.00	47.68	29.02
10-80	沥青矿渣棉 厚度(mm) 100	100m^2	7219.51	2441.50	3926.17	0.00	529.56	322.28
10-81	沥青矿渣棉 厚度(mm)每增减 10	100m^2	587.73	219.83	291.20	0.00	47.68	29.02
10-82	保温石膏板 厚度(mm) 40	100m^2	14115.14	5822.36	6246.89	10.72	1265.20	769.97
10-83	保温石膏板 厚度(mm) 50	100m^2	15185.74	5822.36	7317.49	10.72	1265.20	769.97
10-84	聚苯乙烯板 厚度(mm) 50	100m^2	4139.60	1615.00	1946.66	10.72	352.62	214.60
10-85	聚苯乙烯板 厚度(mm) 每增减 10mm	100m^2	1135.31	551.00	389.33	2.03	119.95	73.00
10-86	单面钢丝网聚苯乙烯板 厚度(mm) 50	100m^2	10391.73	4541.00	4245.26	15.65	988.34	601.48
10-87	泡沫玻璃 厚度(mm) 30	100m^2	5428.00	2099.50	2581.52	10.72	457.71	278.55
10-88	泡沫玻璃 厚度(mm) 每增减 10mm	100m^2	1634.52	699.39	686.02	3.77	152.52	92.82
10-89	干挂岩棉板 厚度(mm) 50	100m^2	7015.21	3116.00	2812.04	0.00	675.86	411.31
10-90	抗裂保护层 耐碱网格布抗裂砂浆 厚度 (mm) 4	100m^2	2859.99	1615.00	664.32	12.75	353.06	214.86
10-91	抗裂保护层 增加一层网格布抗裂砂浆 厚度(mm) 2	100m^2	1255.90	570.00	478.42	6.38	125.02	76.08
10-92	热镀锌钢丝网抗裂砂浆 厚度(mm) 8	100m^2	6093.43	2426.11	2786.06	25.79	531.82	323.65
10-93	单片保温模网	100m^2	3185.34	693.69	2249.62	0.00	150.46	91.57
10-94	酚醛保温板 厚度(mm) 50	100m^2	6059.75	1016.31	4674.39	10.72	222.76	135.57

续前

编号	项目名称	单位	基价	人工费	材料费	施工机具使用费	管理费	利润
10-95	膨胀硅酸盐水泥保温板 厚度（mm） 50	100m²	4385.77	821.75	3262.85	10.72	180.56	109.89
10-96	随混凝土浇筑 挤塑聚苯板 厚度（mm） 50	100m²	4171.68	1520.00	2121.35	0.00	329.69	200.64
10-97	随混凝土浇筑 挤塑聚苯板 厚度（mm） 每增减 10	100m²	834.34	304.00	424.27	0.00	65.94	40.13
10-98	随混凝土浇筑 膨胀聚苯板 厚度（mm） 50	100m²	3535.62	1387.00	1664.70	0.00	300.84	183.08
10-99	随混凝土浇筑 膨胀聚苯板 厚度（mm） 每增减 10	100m²	691.75	266.00	332.94	0.00	57.70	35.11
10-100	线条 成品加工	100m	1635.48	220.38	1338.21	0.00	47.80	29.09
10-101	线条 现场加工	100m	1002.76	440.75	408.23	0.00	95.60	58.18
10-102	线条 粘贴	100m²	20308.18	14691.81	490.40	0.00	3186.65	1939.32
10-103	线条 表面刮胶贴网	100m²	15690.45	10700.55	1256.48	0.00	2320.95	1412.47
10-104	保温装饰一体板 厚度（mm） 50	100m²	25559.43	12483.00	8636.99	62.36	2721.09	1655.99

4. 楼 地 面

编号	项目名称	单位	基价	人工费	材料费	施工机具使用费	管理费	利润
10-105	粘贴聚苯乙烯板 厚度（mm） 50	100m²	2711.02	839.04	1562.04	12.75	184.75	112.44
10-106	干铺聚苯乙烯板 厚度（mm） 50	100m²	1897.98	446.31	1295.96	0.00	96.80	58.91
10-107	每增减厚度（mm） 10	100m²	361.70	76.00	259.19	0.00	16.48	10.03

5. 防火隔离带

编号	项目名称	单位	基价	人工费	材料费	施工机具使用费	管理费	利润
10-108	聚苯乙烯板 宽度（mm） 300	100m²	9289.91	5320.57	2098.53	10.72	1156.36	703.73
10-109	聚苯乙烯板 宽度（mm） 450	100m²	8670.52	4999.09	1912.79	10.72	1086.63	661.29
10-110	聚苯乙烯板 宽度（mm） 500	100m²	8180.96	4677.61	1856.87	10.72	1016.90	618.86
10-111	聚苯乙烯板 宽度（mm） 600	100m²	7675.60	4356.13	1785.16	10.72	947.17	576.42
10-112	泡沫玻璃 宽度（mm） 300	100m²	8570.69	3375.54	4002.96	10.72	734.48	446.99
10-113	泡沫玻璃 宽度（mm） 450	100m²	8286.05	3214.80	3935.14	10.72	699.62	425.77
10-114	泡沫玻璃 宽度（mm） 500	100m²	8035.02	3054.06	3900.94	10.72	664.75	404.55
10-115	泡沫玻璃 宽度（mm） 600	100m²	7752.07	2893.32	3834.81	10.72	629.89	383.33
10-116	岩棉板 宽度（mm） 300	100m²	7946.35	3116.00	3728.71	10.72	678.19	412.73
10-117	岩棉板 宽度（mm） 450	100m²	7514.80	2960.20	3507.33	10.72	644.39	392.16
10-118	岩棉板 宽度（mm） 500	100m²	7228.99	2804.40	3431.67	10.72	610.60	371.60
10-119	岩棉板 宽度（mm） 600	100m²	6919.39	2648.60	3332.23	10.72	576.81	351.03

二、防 腐 面 层

1. 防腐混凝土

编号	项目名称	单位	基价	人工费	材料费	施工机具使用费	管理费	利润
10-120	水玻璃耐酸混凝土 厚度（mm） 60	$100m^2$	15550.59	3979.65	9500.77	505.35	972.80	592.02
10-121	水玻璃耐酸混凝土 厚度（mm） 每增减 5	$100m^2$	1398.29	428.07	765.00	41.42	101.83	61.97
10-122	耐酸沥青混凝土 厚度（mm） 60	$100m^2$	17891.54	2497.87	13222.62	963.41	750.75	456.89
10-123	耐酸沥青混凝土 厚度（mm） 每增减 5	$100m^2$	1477.88	268.54	1010.00	78.32	75.23	45.79
10-124	耐碱混凝土 厚度（mm） 60	$100m^2$	13663.91	2773.50	9271.80	482.57	706.24	429.80
10-125	密实混凝土 厚度（mm） 60	$100m^2$	13729.58	2773.50	9333.00	485.88	706.96	430.24
10-126	密实混凝土 厚度（mm） 每增减 5	$100m^2$	1177.63	258.00	774.87	40.59	64.76	39.41
10-127	重晶石混凝土 厚度（mm） 60	$100m^2$	13562.78	2709.00	9257.67	482.57	692.25	421.29
10-128	重晶石混凝土 厚度（mm） 每增减 5	$100m^2$	1181.18	258.00	778.96	40.18	64.68	39.36

2. 防 腐 砂 浆

编号	项目名称	单位	基价	人工费	材料费	施工机具使用费	管理费	利润
10-129	水玻璃耐酸砂浆 厚度（mm） 20	$100m^2$	5793.50	3183.72	1367.24	97.67	711.73	433.14
10-130	水玻璃耐酸砂浆 厚度（mm） 每增减 5	$100m^2$	722.38	342.71	227.25	24.35	79.62	48.45
10-131	耐酸沥青砂浆 厚度（mm） 30	$100m^2$	8553.23	2069.38	5245.60	382.71	531.86	323.68
10-132	耐酸沥青砂浆 厚度（mm） 每增减 5	$100m^2$	1213.94	326.80	690.50	61.25	84.17	51.22
10-133	环氧砂浆 厚度（mm） 5	$100m^2$	6196.84	3289.50	1648.06	82.72	731.43	445.13
10-134	环氧砂浆 厚度（mm） 每增减 1	$100m^2$	1972.52	1354.50	145.44	0.00	293.79	178.79
10-135	不饱和聚酯砂浆 厚度（mm） 5	$100m^2$	7966.95	3289.50	3418.17	82.72	731.43	445.13
10-136	不饱和聚酯砂浆 厚度（mm） 每增减 1	$100m^2$	1900.52	1354.50	73.44	0.00	293.79	178.79
10-137	钢屑砂浆 一般抹面 厚度（mm） 30	$100m^2$	10988.36	3651.13	5865.92	146.36	823.68	501.27
10-138	钢屑砂浆 吊车梁抹面 厚度（mm） 30	$100m^2$	11303.31	3884.62	5865.92	146.36	874.32	532.09
10-139	不发火沥青 砂浆 厚度（mm） 20	$100m^2$	12414.78	5706.10	4498.56	162.55	1272.91	774.66
10-140	不发火水泥石灰砂浆 厚度（mm） 20	$100m^2$	4522.65	2473.79	1054.01	97.67	557.75	339.43
10-141	碎石灌沥青 石英碎石 厚度（mm） 100	$100m^2$	30567.84	6275.21	20386.87	1272.40	1637.08	996.28
10-142	碎石灌沥青 普通碎石 厚度（mm） 100	$100m^2$	29332.19	6366.15	19028.55	1272.40	1656.80	1008.29
10-143	酸化处理	$100m^2$	2124.38	1205.51	498.26	0.00	261.48	159.13

3. 防 腐 胶 泥

编号	项目名称	单位	基价	人工费	材料费	施工机具使用费	管理费	利润
10-144	环氧稀胶泥 厚度（mm） 2	$100m^2$	11084.58	3311.00	6506.79	82.72	736.10	447.97
10-145	环氧稀胶泥 厚度（mm） 每增减 1	$100m^2$	4376.46	1118.00	2868.39	0.00	242.49	147.58
10-146	双酚 A 型不饱和聚酯稀胶泥 厚度（mm） 2	$100m^2$	9597.82	5881.54	1552.63	82.72	1293.65	787.28
10-147	双酚 A 型不饱和聚酯稀胶泥 厚度（mm） 每增减 1	$100m^2$	3109.08	1764.51	728.93	0.00	382.72	232.92
10-148	二甲苯不饱和聚酯稀胶泥 厚度（mm） 2	$100m^2$	13749.91	5881.54	5704.72	82.72	1293.65	787.28
10-149	二甲苯不饱和聚酯稀胶泥 厚度（mm） 每增减 1	$100m^2$	5058.42	1764.51	2678.27	0.00	382.72	232.92

4. 玻璃钢防腐

编号	项目名称	单位	基价	人工费	材料费	施工机具使用费	管理费	利润
10-150	玻璃钢底漆及腻子 底漆每层	$100m^2$	1305.12	583.73	461.94	41.36	135.58	82.51
10-151	玻璃钢底漆及腻子 刮腻子	$100m^2$	772.48	358.19	200.04	66.18	92.05	56.02
10-152	环氧玻璃钢 贴布每层	$100m^2$	7879.46	4855.13	1051.43	206.80	1097.93	668.17
10-153	环氧玻璃钢 树脂每层	$100m^2$	1036.69	371.52	479.76	41.36	89.55	54.50
10-154	环氧酚醛玻璃钢 贴布每层	$100m^2$	7793.83	4855.13	965.80	206.80	1097.93	668.17
10-155	环氧酚醛玻璃钢 树脂每层	$100m^2$	923.63	344.86	402.66	41.36	83.77	50.98
10-156	酚醛玻璃钢 贴布每层	$100m^2$	7905.14	4855.13	1077.11	206.80	1097.93	668.17
10-157	酚醛玻璃钢 树脂每层	$100m^2$	836.17	344.86	315.20	41.36	83.77	50.98
10-158	环氧呋喃玻璃钢 贴布每层	$100m^2$	7767.11	4855.13	939.08	206.80	1097.93	668.17
10-159	环氧呋喃玻璃钢 树脂每层	$100m^2$	1005.35	397.97	412.74	41.36	95.29	57.99
10-160	环氧煤焦油玻璃钢 底漆每层	$100m^2$	2246.88	1397.50	306.00	41.36	312.09	189.93
10-161	环氧煤焦油玻璃钢 刮腻子	$100m^2$	4874.08	3225.00	412.30	82.72	717.44	436.62
10-162	环氧煤焦油玻璃钢 贴布每层	$100m^2$	17291.57	11825.00	1061.87	206.80	2609.70	1588.20
10-163	环氧煤焦油玻璃钢 树脂每层	$100m^2$	2246.88	1397.50	306.00	41.36	312.09	189.93
10-164	不饱和聚酯树脂玻璃钢 底漆每层	$100m^2$	2746.66	1505.00	660.77	41.36	335.41	204.12
10-165	不饱和聚酯树脂玻璃钢 刮腻子	$100m^2$	5454.49	3225.00	825.33	206.80	744.36	453.00
10-166	不饱和聚酯树脂玻璃钢 贴布每层	$100m^2$	14945.92	10003.95	1172.64	206.80	2214.71	1347.82
10-167	不饱和聚酯树脂玻璃钢 树脂每层	$100m^2$	2274.05	1290.00	478.18	41.36	288.77	175.74
10-168	不饱和聚酯树脂玻璃钢 短切毡	$100m^2$	19464.90	11825.00	3235.20	206.80	2609.70	1588.20
10-169	不饱和聚酯树脂玻璃钢 表面毡	$100m^2$	11052.62	5912.50	2798.29	206.80	1327.28	807.75
10-170	不饱和聚酯树脂玻璃钢 玻璃丝布 0.2mm	$100m^2$	11514.09	7525.00	1084.66	206.80	1677.03	1020.60
10-171	不饱和聚酯树脂玻璃钢 玻璃丝布 0.4mm	$100m^2$	12187.58	7525.00	1758.15	206.80	1677.03	1020.60
10-172	玻璃钢撒砂 平面	$100m^2$	461.01	279.50	84.00	0.00	60.62	36.89
10-173	玻璃钢撒砂 立面	$100m^2$	625.82	391.30	98.00	0.00	84.87	51.65

5. 软聚氯乙烯板

编号	项目名称	单位	基价	人工费	材料费	施工机具使用费	管理费	利润
10-174	软聚氯乙烯板地面	$100m^2$	23680.21	12798.09	6338.77	57.90	2788.46	1696.99

6. 块 料 防 腐

（1）平 面 块 料

编号	项目名称	单位	基价	人工费	材料费	施工机具使用费	管理费	利润
10-175	环氧树脂胶泥结合、环氧树脂胶泥勾缝砖(板)厚(mm) 瓷砖 230×113×65 65	$100m^2$	71928.14	16395.90	49700.13	82.72	3574.21	2175.18
10-176	环氧树脂胶泥结合、环氧树脂胶泥勾缝砖(板)厚(mm) 瓷砖 230×113×65 113	$100m^2$	101659.43	21330.15	72775.61	82.72	4644.45	2826.50
10-177	环氧树脂胶泥结合、环氧树脂胶泥勾缝砖(板)厚(mm) 瓷板 150×150×30 30	$100m^2$	90344.65	16991.45	67313.30	82.72	3703.39	2253.79
10-178	环氧树脂胶泥结合、环氧树脂胶泥勾缝砖(板)厚(mm) 陶板 150×150×30 30	$100m^2$	155533.19	17101.10	132353.94	82.72	3727.17	2268.26
10-179	酚醛树脂胶泥结合、环氧树脂胶泥勾缝砖（板）厚度（mm） 瓷砖 230×113×65 65	$100m^2$	64682.52	16395.90	42454.51	82.72	3574.21	2175.18
10-180	酚醛树脂胶泥结合、环氧树脂胶泥勾缝砖（板）厚度（mm） 瓷砖 230×113×65 113	$100m^2$	93228.72	21330.15	64344.90	82.72	4644.45	2826.50
10-181	酚醛树脂胶泥结合、环氧树脂胶泥勾缝砖（板）厚度（mm） 瓷板 150×150×30 30	$100m^2$	83003.71	16991.45	59972.36	82.72	3703.39	2253.79
10-182	酚醛树脂胶泥结合、环氧树脂胶泥勾缝砖（板）厚度（mm） 陶板 150×150×30 30	$100m^2$	148192.25	17101.10	125013.00	82.72	3727.17	2268.26
10-183	环氧酚醛胶泥结合、环氧树脂胶泥勾缝砖（板）厚度（mm） 瓷砖 230×113×65 65	$100m^2$	71802.45	16238.95	49786.15	82.72	3540.17	2154.46
10-184	环氧酚醛胶泥结合、环氧树脂胶泥勾缝砖（板）厚度（mm） 瓷砖 230×113×65 113	$100m^2$	101948.16	21302.20	73102.04	82.72	4638.39	2822.81
10-185	环氧酚醛胶泥结合、环氧树脂胶泥勾缝砖（板）厚度（mm） 瓷板 150×150×30 30	$100m^2$	88368.50	16849.55	65528.56	82.72	3672.61	2235.06
10-186	环氧酚醛胶泥结合、环氧树脂胶泥勾缝砖（板）厚度（mm） 陶板 150×150×30 30	$100m^2$	153568.65	16967.80	130569.20	82.72	3698.26	2250.67

续前

编号	项目名称	单位	基价	人工费	材料费	施工机具使用费	管理费	利润
10-187	呋喃树脂胶泥结合、环氧树脂胶泥勾缝砖（板）厚度（mm） 瓷砖 230×113×65 65	100m²	57267.17	16395.90	35039.16	82.72	3574.21	2175.18
10-188	呋喃树脂胶泥结合、环氧树脂胶泥勾缝砖（板）厚度（mm） 瓷砖 230×113×65 113	100m²	83618.71	21330.15	54734.89	82.72	4644.45	2826.50
10-189	呋喃树脂胶泥结合、环氧树脂胶泥勾缝砖（板）厚度（mm） 瓷板 150×150×30 30	100m²	76337.76	16991.45	53306.41	82.72	3703.39	2253.79
10-190	呋喃树脂胶泥结合、环氧树脂胶泥勾缝砖（板）厚度（mm） 陶板 150×150×30 30	100m²	141526.30	17101.10	118347.05	82.72	3727.17	2268.26
10-191	环氧呋喃胶泥结合、环氧树脂胶泥勾缝砖（板）厚度（mm） 瓷砖 230×113×65 65	100m²	63409.67	16238.95	41393.37	82.72	3540.17	2154.46
10-192	环氧呋喃胶泥结合、环氧树脂胶泥勾缝砖（板）厚度（mm） 瓷砖 230×113×65 113	100m²	89825.26	21302.20	60979.14	82.72	4638.39	2822.81
10-193	环氧呋喃胶泥结合、环氧树脂胶泥勾缝砖（板）厚度（mm） 瓷板 150×150×30 30	100m²	81840.78	16849.55	59000.84	82.72	3672.61	2235.06
10-194	环氧呋喃胶泥结合、环氧树脂胶泥勾缝砖（板）厚度（mm） 陶板 150×150×30 30	100m²	147040.93	16967.80	124041.48	82.72	3698.26	2250.67
10-195	不饱和聚酯胶泥结合、环氧树脂胶泥勾缝（邻苯型、双酚“A”型）砖（板）厚度 （mm） 瓷砖 230×113×65 65	100m²	54538.46	16836.65	31715.92	82.72	3669.81	2233.36
10-196	不饱和聚酯胶泥结合、环氧树脂胶泥勾缝（邻苯型、双酚“A”型）砖（板）厚度 （mm） 瓷砖 230×113×65 113	100m²	79407.88	21884.85	49775.82	82.72	4764.77	2899.72
10-197	不饱和聚酯胶泥结合、环氧树脂胶泥勾缝（邻苯型、双酚“A”型）砖（板）厚度 （mm） 瓷板 150×150×30 30	100m²	73712.20	17432.20	50086.32	82.72	3798.99	2311.97
10-198	不饱和聚酯胶泥结合、环氧树脂胶泥勾缝（邻苯型、双酚“A”型）砖（板）厚度 （mm） 陶板 150×150×30 30	100m²	138909.45	17548.30	115126.97	82.72	3824.17	2327.29
10-199	环氧煤焦油胶泥结合、环氧树脂胶泥勾缝砖（板）厚度（mm） 瓷砖 230×113×65 65	100m²	51206.11	16238.95	29189.81	82.72	3540.17	2154.46
10-200	环氧煤焦油胶泥结合、环氧树脂胶泥勾缝砖（板）厚度（mm） 瓷砖 230×113×65 113	100m²	73863.18	21302.20	45017.06	82.72	4638.39	2822.81

续前

编号	项目名称	单位	基价	人工费	材料费	施工机具使用费	管理费	利润
10-201	环氧煤焦油胶泥结合、环氧树脂胶泥勾缝砖（板）厚度（mm） 瓷板 150×150×30 30	$100m^2$	71516.47	16849.55	48676.53	82.72	3672.61	2235.06
10-202	环氧煤焦油胶泥结合、环氧树脂胶泥勾缝砖（板）厚度（mm） 陶板 150×150×30 30	$100m^2$	136716.63	16967.80	113717.18	82.72	3698.26	2250.67
10-203	环氧煤焦油胶泥铺砌砖厚度（mm） 缸砖 300×200×45 45	$100m^2$	53207.95	20640.00	25255.07	82.72	4494.76	2735.40
10-204	环氧煤焦油胶泥铺砌砖厚度（mm） 缸砖 300×200×65 65	$100m^2$	55223.81	20640.00	27270.93	82.72	4494.76	2735.40
10-205	环氧煤焦油胶泥铺砌砖厚度（mm） 缸砖 300×200×80 80	$100m^2$	60569.74	21500.00	31456.81	82.72	4681.29	2848.92
10-206	环氧煤焦油胶泥铺砌砖厚度（mm） 缸砖 300×200×100 100	$100m^2$	62609.10	21500.00	33496.17	82.72	4681.29	2848.92
10-207	水玻璃耐酸胶泥结合、环氧树脂胶泥勾缝砖（板）厚度（mm） 瓷砖 230×113×65 65	$100m^2$	46951.79	16507.70	24572.97	82.72	3598.46	2189.94
10-208	水玻璃耐酸胶泥结合、环氧树脂胶泥勾缝砖（板）厚度（mm） 瓷砖 230×113×65 113	$100m^2$	69896.55	21330.15	41012.73	82.72	4644.45	2826.50
10-209	水玻璃耐酸胶泥结合、环氧树脂胶泥勾缝砖（板）厚度（mm） 瓷板 150×150×30 30	$100m^2$	67336.40	17094.65	44165.85	82.72	3725.77	2267.41
10-210	水玻璃耐酸胶泥结合、环氧树脂胶泥勾缝砖（板）厚度（mm） 陶板 150×150×30 30	$100m^2$	132377.04	17094.65	109206.49	82.72	3725.77	2267.41
10-211	水玻璃耐酸胶泥铺砌砖（板）厚度（mm）花岗岩板 500×400×80 80	$100m^2$	49024.03	15679.74	27762.05	82.72	3418.88	2080.64
10-212	耐酸沥青胶泥结合、环氧树脂胶泥勾缝砖（板）厚度（mm） 瓷砖 230×113×65 65	$100m^2$	48220.11	16512.00	25770.27	131.07	3609.88	2196.89
10-213	耐酸沥青胶泥结合、环氧树脂胶泥勾缝砖（板）厚度（mm） 瓷砖 230×113×65 113	$100m^2$	70723.49	21334.45	41739.91	152.38	4660.49	2836.26
10-214	耐酸沥青胶泥结合、环氧树脂胶泥勾缝砖（板）厚度（mm） 瓷板 150×150×30 30	$100m^2$	68501.97	17094.65	45276.07	123.75	3734.67	2272.83
10-215	耐酸沥青胶泥结合、环氧树脂胶泥勾缝砖（板）厚度（mm） 陶板 150×150×30 30	$100m^2$	133418.38	17094.65	110196.34	120.89	3734.05	2272.45
10-216	水玻璃耐酸砂浆铺砌板厚度（mm）花岗岩板 500×400×80 80	$100m^2$	46330.30	15606.85	25166.64	82.72	3403.07	2071.02

续前

编号	项目名称	单位	基价	人工费	材料费	施工机具使用费	管理费	利润
10-217	耐酸沥青砂浆铺砌板厚度（mm）花岗岩板 500×400×80 80	100m²	47357.90	15495.05	26345.04	82.72	3378.82	2056.27
10-218	水玻璃耐酸胶泥结合、环氧树脂胶泥勾缝 瓷砖 230×113×65 65	100m²	44425.18	16546.40	21994.16	82.72	3606.86	2195.04
10-219	水玻璃耐酸胶泥结合、环氧树脂胶泥勾缝 瓷砖 230×113×65 113	100m²	65598.68	22282.60	35430.10	82.72	4851.04	2952.22
10-220	水玻璃耐酸胶泥结合、环氧树脂胶泥勾缝 瓷板 150×150×30 30	100m²	66103.79	18042.80	41654.27	82.72	3931.43	2392.57
10-221	水玻璃耐酸胶泥结合、环氧树脂胶泥勾缝 陶板 150×150×30 30	100m²	127581.56	17827.80	103422.06	82.72	3884.79	2364.19
10-222	水玻璃耐酸胶泥结合、环氧树脂胶泥勾缝铺砌厚度（mm）花岗岩板 500×400× 80 80	100m²	54467.99	16006.75	32764.90	82.72	3489.81	2123.81
10-223	水玻璃耐酸砂浆结合、环氧树脂胶泥勾缝铺砌厚度（mm） 瓷砖 230×113×65 65	100m²	49430.61	18173.95	24804.19	82.72	3959.87	2409.88
10-224	水玻璃耐酸砂浆结合、环氧树脂胶泥勾缝铺砌厚度（mm） 瓷砖 230×113×65 113	100m²	69571.43	23048.00	38370.40	82.72	5017.05	3053.26
10-225	水玻璃耐酸砂浆结合、环氧树脂胶泥勾缝铺砌厚度（mm） 瓷板 150×150×30 30	100m²	69122.28	18479.25	44084.04	82.72	4026.09	2450.18
10-226	水玻璃耐酸砂浆结合、环氧树脂胶泥勾缝铺砌厚度（mm） 陶板 150×150×30 30	100m²	130890.06	18479.25	105851.82	82.72	4026.09	2450.18
10-227	水玻璃耐酸砂浆结合、环氧树脂胶泥勾缝铺砌厚度（mm）花岗岩板 500×400× 80 80	100m²	53421.35	16748.50	30717.72	82.72	3650.69	2221.72
10-228	1：2 水泥砂浆结合、环氧树脂胶泥勾缝铺砌厚度（mm）瓷砖 230×113×65 65	100m²	47924.80	16980.70	24517.00	372.55	3763.92	2290.63
10-229	1：2 水泥砂浆结合、环氧树脂胶泥勾缝铺砌厚度（mm）瓷砖 230×113×65 113	100m²	67669.02	21549.45	38098.44	372.55	4754.88	2893.70
10-230	1：2 水泥砂浆结合、环氧树脂胶泥勾缝铺砌厚度（mm）瓷板 150×150×30 30	100m²	68396.71	17868.65	43791.15	372.55	3956.52	2407.84
10-231	1：2 水泥砂浆结合、环氧树脂胶泥勾缝铺砌厚度（mm）陶板 150×150×30 30	100m²	130164.48	17868.65	105558.92	372.55	3956.52	2407.84
10-232	1：2 水泥砂浆结合、环氧树脂胶泥勾缝铺砌厚度（mm） 花岗岩 500×400×80 80	100m²	53001.40	16748.50	30018.40	289.83	3695.61	2249.06

(2)立面块料

编号	项目名称	单位	基价	人工费	材料费	施工机具使用费	管理费	利润
10-233	环氧树脂胶泥结合、环氧树脂胶泥勾缝板(砖)厚度(mm) 瓷砖 230×113×65 65	100m²	79419.73	23078.10	48178.10	82.72	5023.58	3057.23
10-234	环氧树脂胶泥结合、环氧树脂胶泥勾缝板(砖)厚度(mm) 瓷砖 230×113×65 113	100m²	112149.96	29829.10	71801.91	82.72	6487.87	3948.36
10-235	环氧树脂胶泥结合、环氧树脂胶泥勾缝板(砖)厚度(mm) 瓷板 150×150×30 30	100m²	96420.54	24125.15	63766.54	82.72	5250.69	3195.44
10-236	环氧树脂胶泥结合、环氧树脂胶泥勾缝板(砖)厚度(mm) 陶板 150×150×30 30	100m²	161461.18	24125.15	128807.18	82.72	5250.69	3195.44
10-237	环氧酚醛胶泥结合、环氧树脂胶泥勾缝砖(板)厚度(mm) 瓷砖 230×113×65 65	100m²	81027.78	23078.10	49786.15	82.72	5023.58	3057.23
10-238	环氧酚醛胶泥结合、环氧树脂胶泥勾缝砖(板)厚度(mm) 瓷砖 230×113×65 113	100m²	113450.09	29829.10	73102.04	82.72	6487.87	3948.36
10-239	环氧酚醛胶泥结合、环氧树脂胶泥勾缝砖(板)厚度(mm) 瓷板 150×150×30 30	100m²	98182.56	24125.15	65528.56	82.72	5250.69	3195.44
10-240	环氧酚醛胶泥结合、环氧树脂胶泥勾缝砖(板)厚度(mm) 陶板 150×150×30 30	100m²	163223.20	24125.15	130569.20	82.72	5250.69	3195.44
10-241	环氧呋喃胶泥结合、环氧树脂胶泥勾缝砖(板)厚度(mm) 瓷砖 230×113×65 65	100m²	72635.00	23078.10	41393.37	82.72	5023.58	3057.23
10-242	环氧呋喃胶泥结合、环氧树脂胶泥勾缝砖(板)厚度(mm) 瓷砖 230×113×65 113	100m²	101327.19	29829.10	60979.14	82.72	6487.87	3948.36
10-243	环氧呋喃胶泥结合、环氧树脂胶泥勾缝砖(板)厚度(mm) 瓷板 150×150×30 30	100m²	91654.84	24125.15	59000.84	82.72	5250.69	3195.44
10-244	环氧呋喃胶泥结合、环氧树脂胶泥勾缝砖(板)厚度(mm) 陶板 150×150×30 30	100m²	156695.48	24125.15	124041.48	82.72	5250.69	3195.44
10-245	酚醛树脂胶泥结合、环氧树脂胶泥勾缝板(砖)厚度(mm) 瓷砖 230×113×65 65	100m²	78809.78	23650.00	46796.71	82.72	5147.63	3132.72
10-246	酚醛树脂胶泥结合、环氧树脂胶泥勾缝板(砖)厚度(mm) 瓷砖 230×113×65 113	100m²	109917.95	30411.75	68783.96	82.72	6614.25	4025.27
10-247	酚醛树脂胶泥结合、环氧树脂胶泥勾缝板(砖)厚度(mm) 瓷板 150×150×30 30	100m²	96643.37	24707.80	63203.44	82.72	5377.06	3272.35

续前

编号	项目名称	单位	基价	人工费	材料费	施工机具使用费	管理费	利润
10-248	酚醛树脂胶泥结合、环氧树脂胶泥勾缝板（砖）厚度（mm） 陶板 150×150×30 30	100m²	161684.01	24707.80	128244.08	82.72	5377.06	3272.35
10-249	环氧煤焦油胶泥结合、环氧树脂胶泥勾缝砖（板）厚度（mm） 瓷砖 230×113×65 65	100m²	60332.84	23005.00	29189.81	82.72	5007.73	3047.58
10-250	环氧煤焦油胶泥结合、环氧树脂胶泥勾缝砖（板）厚度（mm） 瓷砖 230×113×65 113	100m²	85365.11	29829.10	45017.06	82.72	6487.87	3948.36
10-251	环氧煤焦油胶泥结合、环氧树脂胶泥勾缝砖（板）厚度（mm） 瓷板 150×150×30 30	100m²	81330.53	24125.15	48676.53	82.72	5250.69	3195.44
10-252	环氧煤焦油胶泥结合、环氧树脂胶泥勾缝砖（板）厚度（mm） 陶板 150×150×30 30	100m²	146371.18	24125.15	113717.18	82.72	5250.69	3195.44
10-253	环氧煤焦油胶泥铺砌砖（板）厚度（mm） 缸砖 300×200×45 45	100m²	63224.15	25800.00	28310.95	82.72	5613.96	3416.52
10-254	环氧煤焦油胶泥铺砌砖（板）厚度（mm） 缸砖 300×200×65 65	100m²	65297.39	25800.00	30384.19	82.72	5613.96	3416.52
10-255	环氧煤焦油胶泥铺砌砖（板）厚度（mm） 缸砖 300×200×80 80	100m²	71862.10	27520.00	34628.79	82.72	5987.03	3643.56
10-256	环氧煤焦油胶泥铺砌砖（板）厚度（mm） 缸砖 300×200×100 100	100m²	74006.06	27520.00	36772.75	82.72	5987.03	3643.56
10-257	不饱和聚酯胶泥结合、环氧树脂胶泥勾缝（邻苯型、双酚“A”型）砖（板）厚度（mm） 瓷砖 230×113×65 65	100m²	63140.88	23660.75	31113.31	82.72	5149.96	3134.14
10-258	不饱和聚酯胶泥结合、环氧树脂胶泥勾缝（邻苯型、双酚“A”型）砖（板）厚度（mm） 瓷砖 230×113×65 113	100m²	90307.19	30411.75	49173.20	82.72	6614.25	4025.27
10-259	不饱和聚酯胶泥结合、环氧树脂胶泥勾缝（邻苯型、双酚“A”型）砖（板）厚度（mm） 瓷板 150×150×30 30	100m²	82923.64	24707.80	49483.71	82.72	5377.06	3272.35
10-260	不饱和聚酯胶泥结合、环氧树脂胶泥勾缝（邻苯型、双酚“A”型）砖（板）厚度（mm） 陶板 150×150×30 30	100m²	147964.28	24707.80	114524.35	82.72	5377.06	3272.35
10-261	水玻璃耐酸胶泥结合、环氧树脂胶泥勾缝砖（板）厚度（mm） 瓷砖 230×113×65 65	100m²	56600.54	23660.75	24572.97	82.72	5149.96	3134.14

续前

编号	项目名称	单位	基价	人工费	材料费	施工机具使用费	管理费	利润
10-262	水玻璃耐酸胶泥结合、环氧树脂胶泥勾缝砖（板）厚度（mm） 瓷砖 230×113×65 113	100m²	82149.54	30411.75	41015.55	82.72	6614.25	4025.27
10-263	水玻璃耐酸胶泥结合、环氧树脂胶泥勾缝砖（板）厚度（mm） 瓷板 150×150×30 30	100m²	77605.78	24707.80	44165.85	82.72	5377.06	3272.35
10-264	水玻璃耐酸胶泥结合、环氧树脂胶泥勾缝砖（板）厚度（mm） 陶板 150×150×30 30	100m²	142646.42	24707.80	109206.49	82.72	5377.06	3272.35
10-265	水玻璃耐酸胶泥铺砌砖（板）厚度（mm） 花岗岩板 500×400×80 水玻璃胶泥结合层	100m²	59051.28	23325.35	27576.56	8.27	5061.06	3080.04
10-266	水玻璃耐酸胶泥铺砌砖（板）厚度（mm） 花岗岩板 500×400×80 水玻璃耐酸砂浆	100m²	57449.11	23325.35	25421.64	418.05	5149.94	3134.13
10-267	水玻璃耐酸砂浆结合、环氧树脂胶泥勾缝砖（板）厚度（mm） 瓷砖 230×113×65 65	100m²	55561.29	22931.90	24104.02	388.78	5058.26	3078.33
10-268	水玻璃耐酸砂浆结合、环氧树脂胶泥勾缝砖（板）厚度（mm） 瓷砖 230×113×65 113	100m²	80469.18	29829.10	39561.27	497.76	6577.90	4003.15
10-269	水玻璃耐酸砂浆结合、环氧树脂胶泥勾缝砖（板）厚度（mm） 瓷板 150×150×30 30	100m²	76377.95	23834.90	43775.74	334.58	5242.36	3190.37
10-270	水玻璃耐酸砂浆结合、环氧树脂胶泥勾缝砖（板）厚度（mm） 陶板 150×150×30 30	100m²	141418.60	23834.90	108816.39	334.58	5242.36	3190.37
10-271	耐酸沥青胶泥结合、环氧树脂勾缝砖（板）厚度（mm） 瓷砖 230×113×65 65	100m²	57252.31	22321.30	26799.84	254.48	4896.69	2980.00
10-272	耐酸沥青胶泥结合、环氧树脂勾缝砖（板）厚度（mm） 瓷砖 230×113×65 113	100m²	82793.01	28754.10	43491.70	381.72	6319.56	3845.93
10-273	耐酸沥青胶泥结合、环氧树脂勾缝砖（板）厚度（mm） 瓷板 150×150×30 30	100m²	78190.44	23892.95	45703.79	190.86	5223.78	3179.06
10-274	耐酸沥青胶泥结合、环氧树脂勾缝砖（板）厚度（mm） 陶板 150×150×30 30	100m²	142917.87	23660.75	110744.44	190.86	5173.41	3148.41

三、其他防腐

1. 隔 离 层

编号	项目名称	单位	基价	人工费	材料费	施工机具使用费	管理费	利润
10-275	耐酸沥青胶泥卷材 二毡三油	$100m^2$	5402.02	1924.25	2750.62	41.35	426.34	259.46
10-276	耐酸沥青胶泥卷材 增减一毡一油	$100m^2$	1875.67	862.15	694.69	13.36	189.90	115.57
10-277	沥青胶泥玻璃布 一布一油	$100m^2$	3633.97	1033.51	2200.38	29.27	230.52	140.29
10-278	沥青胶泥玻璃布 增减一布一油	$100m^2$	1953.08	793.57	862.90	14.63	175.30	106.68
10-279	沥青胶泥 厚度（mm） 8	$100m^2$	7692.08	3859.25	2407.38	58.53	849.77	517.15
10-280	沥青胶泥 厚度（mm） 每增减 2	$100m^2$	2428.37	1339.45	601.85	14.63	293.70	178.74
10-281	刷热沥青 一道冷底子油二道热沥青	$100m^2$	3643.52	909.45	2246.41	126.29	224.65	136.72
10-282	刷热沥青 每增减一道热沥青	$100m^2$	1437.01	290.25	960.11	63.30	76.68	46.67
10-283	混凝土桩防腐翻身	$100m^2$	170.72	36.34	0.00	90.22	27.45	16.71
10-284	基层打磨 混凝土面墙面、楼地面	$100m^2$	3344.45	2300.50	163.20	57.90	511.54	311.31
10-285	基层打磨 抹灰面墙面	$100m^2$	2769.11	1935.00	88.13	52.53	431.10	262.35

2. 砌筑沥青浸渍砖

编号	项目名称	单位	基价	人工费	材料费	施工机具使用费	管理费	利润
10-286	沥青胶泥铺砌、沥青浸渍砖 厚度（mm） 115	$100m^2$	53168.80	21375.30	22971.59	1011.25	4855.64	2955.02
10-287	沥青胶泥铺砌、沥青浸渍砖 厚度（mm） 53	$100m^2$	35653.21	17313.95	11581.40	531.56	3870.69	2355.61

3. 防 腐 油 漆

编号	项目名称	单位	基价	人工费	材料费	施工机具使用费	管理费	利润
10-288	环氧呋喃树脂漆 混凝土面 底漆二遍	$100m^2$	4136.02	1718.93	924.71	661.76	516.37	314.25
10-289	环氧呋喃树脂漆 混凝土面 底漆增一遍	$100m^2$	2237.55	982.12	410.65	372.24	293.76	178.78
10-290	环氧呋喃树脂漆 混凝土面 面漆二遍	$100m^2$	3486.06	1326.12	804.61	661.76	431.17	262.40
10-291	环氧呋喃树脂漆 混凝土面 面漆增一遍	$100m^2$	1773.22	654.89	387.73	372.24	222.78	135.58
10-292	环氧呋喃树脂漆 抹灰面 底漆二遍	$100m^2$	3816.05	1587.78	781.64	661.76	487.93	296.94
10-293	环氧呋喃树脂漆 抹灰面 底漆 增一遍	$100m^2$	2076.88	900.42	360.19	372.24	276.04	167.99
10-294	环氧呋喃树脂漆 抹灰面 面漆二遍	$100m^2$	3268.89	1194.97	764.35	661.76	402.72	245.09
10-295	环氧呋喃树脂漆 抹灰面 面漆 增一遍	$100m^2$	1685.53	605.66	366.44	372.24	212.11	129.08
10-296	氯磺化聚乙烯漆 混凝土面 底漆一遍	$100m^2$	3178.11	1479.20	680.70	372.24	401.58	244.39
10-297	氯磺化聚乙烯漆 混凝土面 刮腻子	$100m^2$	2671.01	1150.04	617.61	372.24	330.18	200.94
10-298	氯磺化聚乙烯漆 混凝土面 中间漆一遍	$100m^2$	2835.56	1314.73	560.01	372.24	365.90	222.68
10-299	氯磺化聚乙烯漆 混凝土面 面漆一遍	$100m^2$	3044.56	1430.40	612.98	372.24	390.99	237.95
10-300	氯磺化聚乙烯漆 抹灰面 底漆一遍	$100m^2$	3068.48	1397.93	680.70	372.24	383.95	233.66
10-301	氯磺化聚乙烯漆 抹灰面 中间漆一遍	$100m^2$	2709.42	1216.90	565.83	372.24	344.68	209.77
10-302	氯磺化聚乙烯漆 抹灰面 面漆一遍	$100m^2$	2932.31	1347.19	612.98	372.24	372.94	226.96
10-303	沥青漆 混凝土、抹灰面 面漆一遍	$100m^2$	10162.14	5113.35	591.46	1981.83	1538.94	936.56
10-304	沥青漆 混凝土、抹灰面 面漆 每增一遍	$100m^2$	3591.55	2189.99	135.36	372.24	555.75	338.21
10-305	苯乙烯漆 混凝土、抹灰面 屋顶一遍	$100m^2$	2367.02	1008.35	504.74	372.24	299.45	182.24
10-306	苯乙烯漆 混凝土、抹灰面 墙面一遍	$100m^2$	2226.87	908.59	499.16	372.24	277.81	169.07

续前

编号	项目名称	单位	基价	人工费	材料费	施工机具使用费	管理费	利润
10-307	苯乙烯漆 混凝土、抹灰面 地面一遍	100m^2	2203.63	818.51	597.43	372.24	258.27	157.18
10-308	苯乙烯漆 混凝土、抹灰面 基层腻子一遍	100m^2	2316.20	818.51	710.00	372.24	258.27	157.18
10-309	聚氨酯漆 混凝土面 清漆 二遍	100m^2	2174.30	1084.89	710.89	0.00	235.31	143.21
10-310	聚氨酯漆 混凝土面 清漆 每增一遍	100m^2	1324.97	795.72	251.62	0.00	172.59	105.04
10-311	聚氨酯漆 混凝土面 刮腻子	100m^2	1262.46	755.73	243.05	0.00	163.92	99.76
10-312	聚氨酯漆 混凝土面 底漆 二遍	100m^2	2836.40	1654.64	604.46	0.00	358.89	218.41
10-313	聚氨酯漆 混凝土面 底漆 每增一遍	100m^2	1852.11	1213.25	215.56	0.00	263.15	160.15
10-314	聚氨酯漆 混凝土面 中间漆 一遍	100m^2	1469.49	788.41	406.00	0.00	171.01	104.07
10-315	聚氨酯漆 混凝土面 中间漆 每增一遍	100m^2	1243.58	788.41	180.09	0.00	171.01	104.07
10-316	聚氨酯漆 混凝土面 面漆 二遍	100m^2	1773.78	1182.72	178.41	0.00	256.53	156.12
10-317	聚氨酯漆 混凝土面 面漆 每增一遍	100m^2	1240.14	867.96	69.35	0.00	188.26	114.57
10-318	聚氨酯漆 抹灰面 清漆 二遍	100m^2	1930.80	1011.79	565.99	0.00	219.46	133.56
10-319	聚氨酯漆 抹灰面 清漆 每增一遍	100m^2	1187.62	741.97	186.78	0.00	160.93	97.94
10-320	聚氨酯漆 抹灰面 刮腻子	100m^2	1118.85	707.14	164.99	0.00	153.38	93.34
10-321	聚氨酯漆 抹灰面 底漆 二遍	100m^2	2594.37	1505.43	563.69	0.00	326.53	198.72
10-322	聚氨酯漆 抹灰面 底漆 每增一遍	100m^2	1691.05	1104.03	201.83	0.00	239.46	145.73
10-323	聚氨酯漆 抹灰面 中间漆 一遍	100m^2	1360.52	741.32	360.56	0.00	160.79	97.85
10-324	聚氨酯漆 抹灰面 中间漆 每增一遍	100m^2	1211.17	741.32	211.21	0.00	160.79	97.85
10-325	聚氨酯漆 抹灰面 面漆 二遍	100m^2	2621.46	1084.89	1158.05	0.00	235.31	143.21
10-326	聚氨酯漆 抹灰面 面漆 每增一遍	100m^2	1495.93	815.71	395.62	0.00	176.93	107.67
10-327	氯化橡胶漆 混凝土面 底漆 二遍	100m^2	6081.96	2979.26	1059.01	744.48	807.68	491.53
10-328	氯化橡胶漆 混凝土面 底漆 每增一遍	100m^2	3041.12	1489.74	529.50	372.24	403.86	245.78
10-329	氯化橡胶漆 混凝土面 面漆 二遍	100m^2	6363.15	2881.65	1471.86	744.48	786.51	478.65

续前

编号	项目名称	单位	基价	人工费	材料费	施工机具使用费	管理费	利润
10-330	氯化橡胶漆 混凝土面 面漆 每增一遍	100m²	3181.43	1440.72	735.93	372.24	393.23	239.31
10-331	氯化橡胶漆 抹灰面 底漆 二遍	100m²	5861.26	2815.64	1059.01	744.48	772.19	469.94
10-332	氯化橡胶漆 抹灰面 底漆 每增一遍	100m²	2930.63	1407.82	529.50	372.24	386.10	234.97
10-333	氯化橡胶漆 抹灰面 面漆 二遍	100m²	6136.56	2717.60	1466.56	744.48	750.93	456.99
10-334	氯化橡胶漆 抹灰面 面漆 每增一遍	100m²	3070.93	1358.80	735.93	372.24	375.46	228.50
10-335	漆酚树脂漆 抹灰面 三遍成活	100m²	6975.16	3304.55	1011.31	1116.72	958.97	583.61
10-336	漆酚树脂漆 抹灰面 底漆 每增一遍	100m²	2759.38	1390.19	382.04	372.24	382.27	232.64
10-337	漆酚树脂漆 抹灰面 中间漆 每增一遍	100m²	2148.62	1002.76	293.88	372.24	298.24	181.50
10-338	漆酚树脂漆 抹灰面 面漆 每增一遍	100m²	1984.52	911.60	252.75	372.24	278.46	169.47
10-339	互穿网络防腐漆 混凝土面 底漆 二遍	100m²	8041.82	4401.70	1100.13	744.48	1116.21	679.30
10-340	互穿网络防腐漆 混凝土面 底漆 每增一遍	100m²	3702.04	1964.46	550.07	372.24	506.83	308.44
10-341	互穿网络防腐漆 混凝土面 面漆 二遍	100m²	6542.98	3201.35	1220.45	744.48	855.85	520.85
10-342	互穿网络防腐漆 混凝土面 面漆 每增一遍	100m²	3271.51	1600.68	610.23	372.24	427.93	260.43
10-343	互穿网络防腐漆 抹灰面 底漆 二遍	100m²	6324.35	3128.47	1100.13	744.48	840.04	511.23
10-344	互穿网络防腐漆 抹灰面 底漆 每增一遍	100m²	3162.32	1564.34	550.07	372.24	420.04	255.63
10-345	互穿网络防腐漆 抹灰面 面漆 二遍	100m²	6297.63	3019.46	1220.45	744.48	816.40	496.84
10-346	互穿网络防腐漆 抹灰面 面漆 每增一遍	100m²	3148.82	1509.73	610.23	372.24	408.20	248.42
10-347	高效防腐漆（FVC 防腐漆）混凝土面 底漆一遍	100m²	3554.03	1655.29	819.10	372.24	439.77	267.63
10-348	高效防腐漆（FVC 防腐漆）混凝土面 刮腻子	100m²	3452.01	1637.01	741.73	372.24	435.81	265.22
10-349	高效防腐漆（FVC 防腐漆）混凝土面 中间漆一遍	100m²	3405.23	1637.01	694.95	372.24	435.81	265.22
10-350	高效防腐漆（FVC 防腐漆）混凝土面 面漆一遍	100m²	3520.00	1600.68	858.72	372.24	427.93	260.43

4. 环氧自流平防腐地面

编号	项目名称	单位	基价	人工费	材料费	施工机具使用费	管理费	利润
10-351	环氧涂层 1mm 平面	100m²	1939.99	1053.50	518.93	0.00	228.50	139.06
10-352	环氧涂层 1mm 立面	100m²	3193.43	1971.55	534.01	0.00	427.63	260.24
10-353	环氧涂层 1mm 顶面	100m²	2026.91	1098.65	544.94	0.00	238.30	145.02
10-354	每增减 0.5mm	100m²	1768.08	1098.65	286.11	0.00	238.30	145.02

四、补 充 项 目

1. 外墙内保温喷涂墙面

编号	项目名称	单位	基价	人工费	材料费	施工机具使用费	管理费	利润
10-355	保温隔热墙面 外墙内保温 无机纤维粒状棉 喷涂 30mm 厚	100m²	13609.36	5332.00	6417.03	0.00	1156.51	703.82
10-356	保温隔热墙面 外墙内保温 无机纤维粒状棉 喷涂 每增减 5mm	100m²	1705.59	473.00	1067.56	0.00	102.59	62.44

2. 外墙保温苯板

编号	项目名称	单位	基价	人工费	材料费	施工机具使用费	管理费	利润
10-357	外墙保温 石墨聚苯板 200mm 厚	100m²	80138.15	12556.00	62883.56	235.60	2774.50	1688.49

3. 免拆模保温板

编号	项目名称	单位	基价	人工费	材料费	施工机具使用费	管理费	利润
10-358	免拆模保温板 80mm	100m²	16959.13	1225.50	15254.43	38.27	274.11	166.82

第十一章

楼地面装饰工程

一、楼地面垫层

编号	项目名称	单位	基价	人工费	材料费	施工机具使用费	管理费	利润
11-1	灰土 3：7	$10m^3$	2813.02	613.65	1323.37	490.70	239.53	145.77
11-2	碎石三合土 1：4：8	$10m^3$	4965.64	669.91	3114.27	702.59	297.70	181.17
11-3	砂	$10m^3$	3610.11	570.61	2834.64	4.28	124.69	75.89
11-4	砂石　人工级配	$10m^3$	4592.31	867.53	3061.07	267.65	246.22	149.84
11-5	砂石　天然级配	$10m^3$	3701.31	820.44	2585.94	6.43	179.35	109.15
11-6	毛石　干铺	$10m^3$	4128.05	1046.84	2705.49	7.77	228.74	139.21
11-7	毛石　灌浆	$10m^3$	5467.78	1393.63	3446.44	104.88	325.03	197.80
11-8	碎砖　干铺	$10m^3$	2469.44	956.32	1170.07	6.96	208.94	127.15
11-9	碎砖　灌浆	$10m^3$	3461.96	1196.69	1741.23	78.96	276.69	168.39
11-10	碎石　干铺	$10m^3$	3730.66	822.81	2611.38	6.96	179.98	109.53
11-11	碎石　灌浆	$10m^3$	4593.13	796.58	3378.69	103.74	195.28	118.84
11-12	炉（矿）渣　干铺	$10m^3$	2318.20	468.92	1677.00	6.43	103.10	62.75
11-13	炉（矿）渣　水泥石灰拌和 1：1：10	$10m^3$	4353.57	952.88	2707.20	267.65	264.73	161.11
11-14	炉（矿）渣　石灰拌和 1：4	$10m^3$	4057.03	952.88	2410.66	267.65	264.73	161.11

二、找平层及整体面层

编号	项目名称	单位	基价	人工费	材料费	施工机具使用费	管理费	利润
11-15	楼地面砂浆找平层 混凝土或硬基层上 20mm	$100m^2$	2725.29	1212.17	998.05	68.31	277.74	169.02
11-16	楼地面砂浆找平层 填充材料上 20mm	$100m^2$	3160.58	1333.22	1247.01	85.39	307.70	187.26
11-17	楼地面砂浆找平层 每增减 1mm	$100m^2$	107.82	39.78	49.65	3.35	9.35	5.69
11-18	楼地面细石混凝土找平层 30mm	$100m^2$	3161.40	1467.37	1182.07	0.00	318.27	193.69
11-19	楼地面细石混凝土找平层 每增减 1mm	$100m^2$	78.03	28.69	39.33	0.00	6.22	3.79
11-20	刷素水泥浆	$100m^2$	423.39	182.75	176.88	0.00	39.64	24.12
11-21	水泥砂浆楼地面 混凝土或硬基层上 20mm	$100m^2$	2928.98	1351.49	1013.82	68.31	307.95	187.41
11-22	水泥砂浆楼地面 填充材料上 20mm	$100m^2$	3383.11	1486.51	1262.77	85.39	340.95	207.49
11-23	水泥砂浆楼地面 随捣随抹 原浆	$100m^2$	655.83	474.51	15.76	0.00	102.92	62.64
11-24	水泥砂浆楼地面 随捣随抹 加浆	$100m^2$	1695.40	984.70	367.14	0.00	213.58	129.98
11-25	水泥砂浆楼地面 防滑坡道 20mm	$100m^2$	4941.60	2629.88	1277.61	86.40	589.16	358.55
11-26	环氧树脂自流平地面 厚 2mm	$100m^2$	8218.48	2238.80	5078.06	89.34	504.97	307.31
11-27	环氧中涂层 每增减 0.5mm	$100m^2$	1318.82	478.81	672.96	0.00	103.85	63.20
11-28	环氧面涂层 每增减 0.5mm	$100m^2$	2020.79	535.57	1298.35	0.00	116.17	70.70
11-29	水泥基自流平砂浆 面层 4mm 厚	$100m^2$	2887.71	1882.33	330.11	13.73	411.26	250.28
11-30	水泥基自流平砂浆 每增减 1mm	$100m^2$	476.02	298.85	68.38	3.35	65.55	39.89
11-31	金刚砂耐磨地面	$100m^2$	9151.59	2605.37	5271.52	271.10	623.91	379.69
11-32	水磨石楼地面 带嵌条 15mm	$100m^2$	14967.24	9294.45	2034.98	292.81	2079.48	1265.52
11-33	水磨石楼地面 带嵌条分色 15mm	$100m^2$	15837.90	9925.69	2034.98	307.03	2219.48	1350.72
11-34	彩色镜面水磨石楼地面 带嵌条 20mm	$100m^2$	23345.71	14465.85	3232.97	444.63	3234.08	1968.18
11-35	彩色镜面水磨石楼地面 带嵌条分色 20mm	$100m^2$	24216.98	15097.52	3232.97	458.87	3374.18	2053.44
11-36	水磨石 每增减 1mm	$100m^2$	132.94	36.77	68.88	10.72	10.30	6.27
11-37	菱苦土地面 底 15mm 面 10mm	$100m^2$	6223.07	2952.60	2054.16	138.00	670.35	407.96
11-38	细石混凝土地面面层 30mm	$100m^2$	3756.39	1896.77	1197.84	0.00	411.41	250.37
11-39	细石混凝土地面面层 每增减 5mm	$100m^2$	401.05	150.10	198.58	0.00	32.56	19.81
11-40	地面铺设钢丝网	$100m^2$	2146.17	283.37	1763.94	0.00	61.46	37.40

三、块料面层

编号	项目名称	单位	基价	人工费	材料费	施工机具使用费	管理费	利润
11-41	石材楼地面（每块面积）0.36m² 以内	100m²	17455.90	3695.42	12379.01	68.31	816.35	496.81
11-42	石材楼地面（每块面积）0.64m² 以内	100m²	30372.64	4150.58	24681.78	68.31	915.08	556.89
11-43	石材楼地面（每块面积）0.64m² 以外	100m²	33639.54	4292.26	27757.56	68.31	945.81	575.60
11-44	石材楼地面 拼花	100m²	42816.65	6070.10	34536.55	68.31	1331.42	810.27
11-45	石材楼地面 点缀	100 个	29846.64	5066.91	23011.89	0.00	1099.01	668.83
11-46	石材楼地面 碎拼	100m²	42543.31	5740.07	34708.38	68.31	1259.84	766.71
11-47	石材地面精磨	100m²	4344.86	2982.70	170.47	111.96	671.23	408.50
11-48	打胶	100m	895.73	584.80	106.90	0.00	126.84	77.19
11-49	勾缝	100m²	1235.43	731.00	249.39	0.00	158.55	96.49
11-50	石材 波打线（嵌边）	100m²	29716.19	6028.39	21492.36	68.31	1322.37	804.76
11-51	石材底面刷养护液 光面	100m²	1227.63	671.02	322.50	0.00	145.54	88.57
11-52	石材底面刷养护液 麻面	100m²	1536.10	805.18	450.00	0.00	174.64	106.28
11-53	石材表面刷保护液	100m²	1655.13	671.02	750.00	0.00	145.54	88.57
11-54	块料地面圆弧形部分增加费	100m	1970.25	1454.91	7.72	0.00	315.57	192.05
11-55	陶瓷地面砖 水泥砂浆粘贴 0.10m² 以内	100m²	12806.68	4103.06	7179.92	68.31	904.77	550.62
11-56	陶瓷地面砖 水泥砂浆粘贴 0.36m² 以内	100m²	12940.29	4016.85	7429.82	68.31	886.07	539.24
11-57	陶瓷地面砖 水泥砂浆粘贴 0.64m² 以内	100m²	13832.27	4161.11	8127.21	68.31	917.36	558.28
11-58	陶瓷地面砖 水泥砂浆粘贴 0.64m² 以外	100m²	15426.60	4348.81	9468.35	68.31	958.07	583.06
11-59	陶瓷地面砖 干粉型粘结剂 0.10m² 以内	100m²	12798.40	4318.28	6973.48	0.00	936.63	570.01
11-60	陶瓷地面砖 干粉型粘结剂 0.36m² 以内	100m²	12928.30	4227.55	7225.75	0.00	916.96	558.04
11-61	陶瓷地面砖 干粉型粘结剂 0.64m² 以内	100m²	13830.16	4379.12	7923.17	0.00	949.83	578.04
11-62	陶瓷地面砖 干粉型粘结剂 0.64m² 以外	100m²	15436.28	4576.71	9262.75	0.00	992.69	604.13

续前

编号	项目名称	单位	基价	人工费	材料费	施工机具使用费	管理费	利润
11-63	镭射玻璃砖 8mm 厚单层钢化砖 $0.36m^2$ 以内	$100m^2$	32432.77	5263.20	25333.24	0.00	1141.59	694.74
11-64	镭射玻璃砖 8mm 厚单层钢化砖 $0.36m^2$ 以外	$100m^2$	32462.68	5321.68	25284.27	0.00	1154.27	702.46
11-65	镭射玻璃砖（8＋5）mm 厚夹层钢化砖 $0.36m^2$ 以内	$100m^2$	66738.65	4970.80	60033.53	0.00	1078.17	656.15
11-66	镭射玻璃砖（8＋5）mm 厚夹层钢化砖 $0.36m^2$ 以外	$100m^2$	66827.72	5073.14	59984.57	0.00	1100.36	669.65
11-67	缸砖 勾缝	$100m^2$	10783.37	4208.63	5013.75	68.65	927.74	564.60
11-68	缸砖 不勾缝	$100m^2$	10724.51	3847.86	5441.99	68.31	849.42	516.93
11-69	陶瓷锦砖	$100m^2$	24469.32	5373.28	17129.16	68.31	1180.28	718.29
11-70	广场砖 拼图案	$100m^2$	11547.62	4567.03	5284.16	76.35	1007.15	612.93
11-71	广场砖 不拼图案	$100m^2$	10862.63	4119.19	5203.27	76.35	910.01	553.81

四、木地板及复合地板面层

编号	项目名称	单位	基价	人工费	材料费	施工机具使用费	管理费	利润
11-72	杉木龙骨基层	$100m^2$	5255.10	649.30	4358.18	15.63	144.22	87.77
11-73	夹板基层	$100m^2$	4457.44	520.30	3738.75	12.50	115.56	70.33
11-74	条形实木地板（成品） 铺在杉木龙骨基层上	$100m^2$	15378.87	1741.72	12972.54	42.20	386.93	235.48
11-75	条形实木地板（成品） 铺在夹板基层上	$100m^2$	15823.28	2063.36	12972.54	50.02	458.39	278.97
11-76	条形实木地板（成品） 铺在水泥地面上	$100m^2$	16279.62	2393.60	12972.54	58.09	531.77	323.62
11-77	条形复合地板（成品） 铺在杉木龙骨基层上	$100m^2$	15066.10	1515.32	12972.54	36.73	336.64	204.87
11-78	条形复合地板（成品） 铺在夹板基层上	$100m^2$	15452.55	1795.04	12972.54	43.50	398.78	242.69
11-79	条形复合地板（成品） 铺在水泥地面上	$100m^2$	15849.78	2082.49	12972.54	50.54	462.65	281.56

五、橡 塑 面 层

编号	项目名称	单位	基价	人工费	材料费	施工机具使用费	管理费	利润
11-80	橡胶板	$100m^2$	7763.15	2646.22	4193.66	0.00	573.97	349.30
11-81	橡胶卷材	$100m^2$	6035.33	2149.14	3136.35	0.00	466.15	283.69
11-82	塑料板	$100m^2$	11694.37	3109.76	7499.61	0.00	674.51	410.49
11-83	塑料卷材	$100m^2$	10483.81	2222.24	7486.23	0.00	482.00	293.34

六、其他材料面层

编号	项目名称	单位	基价	人工费	材料费	施工机具使用费	管理费	利润
11-84	地毯 不固定	$100m^2$	20959.34	1359.02	19126.16	0.00	294.77	179.39
11-85	地毯 固定 不带垫	$100m^2$	23529.95	2468.20	20200.60	0.00	535.35	325.80
11-86	地毯 固定 带垫	$100m^2$	25669.49	3702.30	20675.46	0.00	803.03	488.70
11-87	防静电活动地板安装 铝质	$100m^2$	38365.42	4287.10	32582.55	0.00	929.87	565.90
11-88	防静电活动地板安装 陶瓷	$100m^2$	14533.18	4930.17	7882.88	0.00	1069.35	650.78

七、踢 脚 线

编号	项目名称	单位	基价	人工费	材料费	施工机具使用费	管理费	利润
11-89	水泥砂浆	100m	1107.98	700.90	148.53	10.38	154.28	93.89
11-90	石材	100m	5375.19	839.15	4231.97	8.37	183.83	111.87
11-91	陶瓷地面砖	100m	2596.49	906.87	1361.92	8.37	198.52	120.81
11-92	玻璃地砖	100m	4602.96	945.57	3327.48	0.00	205.09	124.82
11-93	缸砖	100m	2535.86	1013.08	1158.03	8.37	221.55	134.83
11-94	塑料板	100m	1239.90	473.65	601.00	0.00	102.73	62.52
11-95	木踢脚线	100m	1467.42	551.05	724.11	0.00	119.52	72.74
11-96	金属踢脚线	100m	2703.73	575.77	1927.08	0.00	124.88	76.00
11-97	防静电踢脚线	100m	2259.84	564.16	1498.84	0.00	122.37	74.47

八、楼 梯 面 层

编号	项目名称	单位	基价	人工费	材料费	施工机具使用费	管理费	利润
11-98	水泥砂浆 20mm	$100m^2$	8050.77	4766.55	1495.14	93.43	1054.13	641.52
11-99	水泥砂浆 每增减 1mm	$100m^2$	152.87	58.48	67.66	4.69	13.70	8.34
11-100	石材	$100m^2$	38557.68	6249.84	30003.06	92.09	1375.56	837.13
11-101	石材弧形楼梯	$100m^2$	47980.35	8751.15	36025.05	111.85	1922.38	1169.92
11-102	陶瓷地面砖	$100m^2$	19387.61	5790.17	11451.22	93.43	1276.15	776.64
11-103	地毯 不带垫	$100m^2$	28756.71	3121.37	24546.29	0.00	677.03	412.02
11-104	地毯 带垫	$100m^2$	31515.03	4685.71	25194.48	0.00	1016.33	618.51
11-105	地毯配件 铜质 压棍	套	158.63	20.21	131.37	0.00	4.38	2.67
11-106	地毯配件 铜质 压板	100m	4628.53	1013.08	3261.98	0.00	219.74	133.73
11-107	木板面层	$100m^2$	24442.99	4625.94	18051.96	112.02	1027.66	625.41
11-108	橡胶板面层	$100m^2$	10599.58	3612.00	5727.36	0.00	783.44	476.78

九、台 阶 装 饰

编号	项目名称	单位	基价	人工费	材料费	施工机具使用费	管理费	利润
11-109	水泥砂浆 20mm	$100m^2$	8524.38	5017.46	1619.92	101.13	1110.22	675.65
11-110	水泥砂浆 每增减 1mm	$100m^2$	163.22	61.49	73.50	5.02	14.43	8.78
11-111	石材	$100m^2$	41363.69	6578.79	32355.86	99.12	1448.44	881.48
11-112	石材弧形台阶	$100m^2$	57914.69	9211.68	45297.98	141.65	2028.74	1234.64
11-113	陶瓷地面砖	$100m^2$	20770.51	6094.82	12412.79	101.13	1343.90	817.87
11-114	剁假石 20mm	$100m^2$	15736.00	10486.20	1528.38	46.55	2284.55	1390.32

十、零星装饰项目

编号	项目名称	单位	基价	人工费	材料费	施工机具使用费	管理费	利润
11-115	水泥砂浆 20mm	$100m^2$	8941.47	5808.44	1014.32	68.31	1274.67	775.73
11-116	石材	$100m^2$	33109.07	8240.31	21901.57	68.31	1802.14	1096.74
11-117	陶瓷地面砖	$100m^2$	22303.12	10202.61	8448.68	68.31	2227.76	1355.76
11-118	缸砖	$100m^2$	19412.51	10143.49	5637.81	68.31	2214.94	1347.96

十一、其他装饰项目

编号	项目名称	单位	基价	人工费	材料费	施工机具使用费	管理费	利润
11-119	楼地面嵌金属分隔条 水磨石铜嵌条 2×12	100m	1204.05	516.00	508.02	0.00	111.92	68.11
11-120	楼地面嵌金属分隔条 块料地面铜分隔条 T形5×10	100m	2142.39	602.00	1330.36	0.00	130.57	79.46
11-121	楼梯、台阶踏步防滑条 铜嵌条 4×6	100m	3144.11	1995.20	452.78	0.00	432.76	263.37
11-122	楼梯、台阶踏步防滑条 青铜板(直角) 5×50×50	100m	20133.17	2545.60	16699.41	0.00	552.14	336.02
11-123	楼梯、台阶踏步防滑条 铸铜条板 6×110	100m	15355.59	1926.40	12757.07	0.00	417.84	254.28
11-124	楼梯、台阶踏步防滑条 金刚砂	100m	1480.59	989.00	146.53	0.00	214.51	130.55
11-125	酸洗打蜡 楼地面	$100m^2$	1245.33	848.39	100.93	0.00	184.02	111.99
11-126	酸洗打蜡 楼梯台阶	$100m^2$	1735.36	1180.35	143.18	0.00	256.02	155.81
11-127	地下车库标线 常温涂料	$100m^2$	3283.67	1537.25	597.31	454.27	431.96	262.88
11-128	地下车库标线 热熔涂料	$100m^2$	5266.05	1616.80	2069.14	753.21	514.06	312.84
11-129	广角镜安装	个	238.21	49.45	73.72	72.49	26.45	16.10
11-130	标志制作安装	m^2	907.98	55.04	463.13	274.75	71.53	43.53

十二、补 充 项 目

1. 地 面 切 缝

编号	项目名称	单位	基价	人工费	材料费	施工机具使用费	管理费	利润
11-131	大面积地面切缝	10m	178.12	129.00	0.00	3.05	28.64	17.43

第十二章

墙、柱面装饰与隔断、幕墙工程

一、抹 灰

1. 墙 面 抹 灰

编号	项目名称	单位	基价	人工费	材料费	施工机具使用费	管理费	利润
12-1	一般抹灰 内墙 （14 + 6mm）	$100m^2$	4022.57	2078.41	1114.20	77.69	467.66	284.61
12-2	一般抹灰 外墙 （14 + 6mm）	$100m^2$	5781.49	3382.38	1114.20	77.69	750.49	456.73
12-3	一般抹灰 每增减 1mm	$100m^2$	117.86	42.14	55.60	4.02	10.01	6.09
12-4	一般抹灰 毛石墙 （24 + 6mm）	$100m^2$	5560.52	2871.11	1542.68	107.49	646.06	393.18
12-5	一般抹灰 轻质墙 （15 + 5mm）	$100m^2$	4495.97	2498.30	1029.36	71.66	557.42	339.23
12-6	一般抹灰 线条抹灰 单面宽度（mm）以内 100	100m	1295.06	900.21	74.00	5.02	196.34	119.49
12-7	一般抹灰 线条抹灰 单面宽度（mm）以内 200	100m	2522.43	1749.89	148.00	10.38	381.80	232.36
12-8	一般抹灰 线条抹灰 单面宽度（mm）以内 300	100m	3681.58	2549.69	221.53	15.40	556.37	338.59
12-9	一般抹灰 线条抹灰 单面宽度（mm）以内 400	100m	4638.36	3198.77	295.53	20.76	698.32	424.98
12-10	一般抹灰 线条抹灰 单面宽度（mm）以内 500	100m	5120.22	3496.12	369.53	25.78	763.90	464.89
12-11	外墙面装饰抹灰 水刷石	$100m^2$	6723.51	4078.34	1096.73	93.05	904.77	550.62
12-12	外墙面装饰抹灰 斩假石	$100m^2$	10844.74	7142.73	1084.40	93.05	1569.44	955.12
12-13	贴玻纤网格布	$100m^2$	982.64	529.98	267.75	0.00	114.95	69.96
12-14	挂钢丝网	$100m^2$	2577.44	603.08	1763.94	0.00	130.81	79.61
12-15	外墙面嵌（填）分格缝增加费	100m	1067.87	784.75	9.32	0.00	170.21	103.59

2. 柱（梁）面抹灰

编号	项目名称	单位	基价	人工费	材料费	施工机具使用费	管理费	利润
12-16	一般抹灰 异形柱（梁）面	$100m^2$	6231.16	3739.07	1085.44	75.68	827.42	503.55
12-17	一般抹灰 矩形柱（梁）面	$100m^2$	4978.00	2810.05	1085.44	75.68	625.91	380.92
12-18	装饰抹灰 水刷石	$100m^2$	9363.39	6018.28	1102.94	105.56	1328.26	808.35
12-19	装饰抹灰 斩假石	$100m^2$	14315.22	9710.48	1090.79	93.38	2126.46	1294.11

3. 零 星 抹 灰

编号	项目名称	单位	基价	人工费	材料费	施工机具使用费	管理费	利润
12-20	一般抹灰	$100m^2$	11507.94	7650.99	1085.44	75.68	1675.91	1019.92
12-21	水刷石	$100m^2$	13376.97	9002.27	1107.46	93.67	1972.91	1200.66
12-22	斩假石	$100m^2$	16633.08	11421.45	1099.55	94.25	2497.76	1520.07

4. 打　底

编号	项目名称	单位	基价	人工费	材料费	施工机具使用费	管理费	利润
12-23	打底找平（15mm 厚） 内墙	$100m^2$	3174.60	1675.28	836.21	58.27	376.01	228.83
12-24	打底找平（15mm 厚） 外墙	$100m^2$	4752.56	2845.10	836.21	58.27	629.74	383.24
12-25	墙面界面剂	$100m^2$	384.67	197.59	113.17	3.68	43.66	26.57
12-26	素水泥浆界面剂	$100m^2$	424.96	197.37	158.73	0.00	42.81	26.05

二、墙面块料面层

1. 石 材 墙 面

编号	项目名称	单位	基价	人工费	材料费	施工机具使用费	管理费	利润
12-27	挂贴石材	$100m^2$	40170.55	9007.43	26869.68	853.10	2138.75	1301.59
12-28	拼碎石材	$100m^2$	46934.94	8824.46	34881.08	111.61	1938.23	1179.56
12-29	粘贴石材 预拌砂浆（干混）	$100m^2$	35564.22	7820.20	24926.12	66.30	1710.58	1041.02
12-30	粘贴石材 粉状型建筑胶贴剂	$100m^2$	36510.99	7959.52	25716.12	43.20	1735.79	1056.36
12-31	挂钩式干挂石材 $1.0m^2$ 以下 密缝	$100m^2$	56643.93	8557.00	45101.40	0.00	1856.01	1129.52
12-32	挂钩式干挂石材 $1.0m^2$ 以下 嵌缝	$100m^2$	58391.67	9982.24	44926.62	0.00	2165.15	1317.66
12-33	挂钩式干挂石材 $1.5m^2$ 以下 嵌缝（石材 3～5cm 厚）	$100m^2$	54625.82	8831.13	42713.51	0.00	1915.47	1165.71
12-34	挂钩式干挂石材 $1.5m^2$ 以上 嵌缝（石材 3～5cm 厚）	$100m^2$	56246.80	9183.94	43858.58	0.00	1992.00	1212.28
12-35	背栓式干挂石材 $1.0m^2$ 以下 密缝	$100m^2$	52956.96	9102.46	40670.94	5.72	1975.56	1202.28
12-36	背栓式干挂石材 $1.0m^2$ 以下 嵌缝	$100m^2$	54404.88	10113.82	40754.80	5.60	2194.90	1335.76
12-37	背栓式干挂石材 $1.5m^2$ 以下 嵌缝（石材 3～5cm 厚）	$100m^2$	53386.13	9183.94	40990.19	5.72	1993.24	1213.04
12-38	背栓式干挂石材 $1.5m^2$ 以上 嵌缝（石材 3～5cm 厚）	$100m^2$	55542.25	9724.24	42417.51	5.72	2110.43	1284.35

2. 陶瓷锦砖、玻璃马赛克

编号	项目名称	单位	基价	人工费	材料费	施工机具使用费	管理费	利润
12-39	陶瓷锦砖 水泥石膏砂浆	$100m^2$	28197.99	8126.79	17112.19	91.61	1782.57	1084.83
12-40	陶瓷锦砖 粉状型建筑胶贴剂	$100m^2$	28555.42	8117.54	17535.66	51.90	1771.95	1078.37
12-41	玻璃马赛克 水泥石膏砂浆	$100m^2$	48112.68	8127.22	37026.30	91.61	1782.66	1084.89
12-42	玻璃马赛克 粉状型建筑胶贴剂	$100m^2$	48463.74	8114.75	37447.74	51.90	1771.35	1078.00

3. 瓷　　板

编号	项目名称	单位	基价	人工费	材料费	施工机具使用费	管理费	利润
12-43	瓷板每块面积 0.025m² 以内 预拌砂浆（干混）	100m²	30033.17	6833.13	20718.40	72.33	1497.79	911.52
12-44	瓷板每块面积 0.025m² 以内 粉状型建筑胶贴剂	100m²	30614.22	6825.82	21336.86	51.90	1491.78	907.86
12-45	瓷板每块面积 0.025m² 以外 预拌砂浆（干混）	100m²	30105.91	6745.63	20909.16	72.33	1478.82	899.97
12-46	瓷板每块面积 0.025m² 以外 粉状型建筑胶贴剂	100m²	30682.89	6735.52	21527.34	51.90	1472.19	895.94

4. 面　　砖

编号	项目名称	单位	基价	人工费	材料费	施工机具使用费	管理费	利润
12-47	面砖每块面积 0.01m² 以内 预拌砂浆（干混） 面砖灰缝（mm 以内） 5	100m²	14843.91	7768.60	4264.11	74.68	1701.21	1035.31
12-48	面砖每块面积 0.01m² 以内 预拌砂浆（干混） 面砖灰缝（mm 以内） 10	100m²	14678.59	7768.17	4098.02	75.68	1701.33	1035.39
12-49	面砖每块面积 0.01m² 以内 粉状型建筑胶贴剂 面砖灰缝（mm 以内） 5	100m²	15476.76	7754.19	4947.13	51.90	1693.14	1030.40
12-50	面砖每块面积 0.01m² 以内 粉状型建筑胶贴剂 面砖灰缝(mm 以内）10	100m²	15346.09	7757.42	4812.10	51.90	1693.84	1030.83
12-51	面砖每块面积 0.02m² 以内 预拌砂浆（干混） 面砖灰缝（mm 以内） 5	100m²	15408.56	6829.26	6096.29	74.34	1497.39	911.28
12-52	面砖每块面积 0.02m² 以内 预拌砂浆（干混） 面砖灰缝（mm 以内） 10	100m²	15211.68	6827.76	5900.08	75.35	1497.28	911.21
12-53	面砖每块面积 0.02m² 以内 粉状型建筑胶贴剂 面砖灰缝（mm 以内） 5	100m²	15957.67	6819.37	6689.01	51.90	1490.38	907.01
12-54	面砖每块面积 0.02m² 以内 粉状型建筑胶贴剂 面砖灰缝(mm 以内）10	100m²	15748.39	6818.08	6481.47	51.90	1490.10	906.84
12-55	面砖 预拌砂浆（干混） 每块面积 ≤ 0.06m²	100m²	14422.55	6757.67	5209.56	72.33	1481.43	901.56
12-56	面砖 预拌砂浆（干混） 每块面积 ≤ 0.20m²	100m²	15516.46	6157.60	7112.91	72.33	1351.27	822.35
12-57	面砖 预拌砂浆（干混） 每块面积 ≤ 0.64m²	100m²	16452.79	6078.70	8155.66	72.33	1334.16	811.94
12-58	面砖 预拌砂浆（干混） 每块面积 > 0.64m²	100m²	18124.98	6315.63	9508.26	72.33	1385.55	843.21
12-59	面砖 粉状型建筑胶贴剂 每块面积 ≤ 0.06m²	100m²	14600.44	6414.53	5877.87	51.90	1402.57	853.57
12-60	面砖 粉状型建筑胶贴剂 每块面积 ≤ 0.20m²	100m²	15708.90	5825.21	7781.26	51.90	1274.75	775.78
12-61	面砖 粉状型建筑胶贴剂 每块面积 ≤ 0.64m²	100m²	16637.25	5742.87	8820.68	51.90	1256.89	764.91
12-62	面砖 粉状型建筑胶贴剂 每块面积 > 0.64m²	100m²	18304.21	5975.93	10173.27	51.90	1307.44	795.67
12-63	面砖 加浆勾缝 5mm 以内	100m²	1869.75	1342.03	54.53	3.68	291.88	177.63
12-64	面砖 加浆勾缝 10mm 以内	100m²	1805.69	1258.18	99.50	6.70	274.35	166.96

5. 背栓式干挂面砖

编号	项目名称	单位	基价	人工费	材料费	施工机具使用费	管理费	利润
12-65	背栓式干挂面砖	$100m^2$	34216.44	9002.27	22055.90	12.88	1955.39	1190.00

6. 干挂陶土板

编号	项目名称	单位	基价	人工费	材料费	施工机具使用费	管理费	利润
12-66	干挂陶土板 陶板墙面	$100m^2$	45565.52	11201.72	30455.52	0.00	2429.65	1478.63
12-67	干挂陶土板 陶辊墙面	$100m^2$	66820.97	9635.87	53823.15	0.00	2090.02	1271.93

7. 凹凸假麻石

编号	项目名称	单位	基价	人工费	材料费	施工机具使用费	管理费	利润
12-68	凹凸假麻石 预拌砂浆（干混）	$100m^2$	26570.79	6798.30	17282.67	87.40	1493.51	908.91
12-69	凹凸假麻石 粉状型建筑胶贴剂	$100m^2$	27137.09	6790.78	17907.00	51.90	1484.18	903.23

8. 干挂石材钢骨架、后置件

编号	项目名称	单位	基价	人工费	材料费	施工机具使用费	管理费	利润
12-70	钢骨架	t	10452.53	4393.10	4052.00	351.90	1029.19	626.34
12-71	后置件	套	45.90	21.50	16.90	0.00	4.66	2.84

三、柱面镶贴块料

1. 石 材 柱 面

编号	项目名称	单位	基价	人工费	材料费	施工机具使用费	管理费	利润
12-72	柱面 挂贴石材	$100m^2$	44032.62	11378.23	28475.99	154.60	2501.47	1522.33
12-73	柱面 拼碎石材	$100m^2$	52368.63	11947.98	36109.25	105.83	2614.47	1591.10
12-74	柱面 挂钩式干挂石材	$100m^2$	65406.69	13141.66	47679.90	0.00	2850.43	1734.70
12-75	柱面 背栓式干挂石材	$100m^2$	55433.32	13033.09	37845.27	5.72	2828.12	1721.12
12-76	石材包圆柱饰面 包圆柱	$100m^2$	59090.90	11477.56	43416.17	142.82	2520.46	1533.89
12-77	石材包圆柱饰面 方柱包圆柱	$100m^2$	68375.83	14299.65	48574.47	379.99	3184.01	1937.71

2. 陶瓷锦砖、玻璃马赛克

编号	项目名称	单位	基价	人工费	材料费	施工机具使用费	管理费	利润
12-78	陶瓷锦砖 矩形柱 水泥石膏砂浆	100m²	31360.79	10231.64	17434.52	92.53	2239.31	1362.79
12-79	陶瓷锦砖 矩形柱 粉状型建筑胶贴剂	100m²	31390.08	9982.67	17853.99	52.24	2176.57	1324.61
12-80	玻璃马赛克 矩形柱 水泥石膏砂浆	100m²	51667.13	10231.64	37740.86	92.53	2239.31	1362.79
12-81	玻璃马赛克 矩形柱 粉状型建筑胶贴剂	100m²	51696.57	9985.46	38156.71	52.24	2177.18	1324.98

3. 瓷　　板

编号	项目名称	单位	基价	人工费	材料费	施工机具使用费	管理费	利润
12-82	矩形柱 预拌砂浆（干混）	100m²	29661.53	7847.07	18978.15	73.00	1717.86	1045.45
12-83	矩形柱 粉状型建筑胶贴剂	100m²	30126.54	7756.77	19592.97	52.24	1693.77	1030.79

4. 面　　砖

编号	项目名称	单位	基价	人工费	材料费	施工机具使用费	管理费	利润
12-84	矩形柱 预拌砂浆（干混） 勾缝	100m²	16003.06	8154.95	4897.15	78.36	1785.80	1086.80
12-85	矩形柱 预拌砂浆（干混） 密缝	100m²	15141.28	7394.93	5067.79	73.00	1619.79	985.77
12-86	圆形柱 预拌砂浆（干混） 勾缝	100m²	16768.92	8721.26	4899.11	78.36	1908.64	1161.55
12-87	圆形柱 预拌砂浆（干混） 密缝	100m²	16678.28	8533.57	5068.87	73.00	1866.77	1136.07
12-88	矩形柱 粉状型建筑胶贴剂 勾缝	100m²	15786.70	7558.33	5513.57	57.60	1651.90	1005.30
12-89	矩形柱 粉状型建筑胶贴剂 密缝	100m²	14995.61	6852.70	5681.54	52.24	1497.68	911.45
12-90	圆形柱 粉状型建筑胶贴剂 勾缝	100m²	17359.41	8721.26	5517.61	57.60	1904.13	1158.81
12-91	圆形柱 粉状型建筑胶贴剂 密缝	100m²	16398.73	7888.57	5687.37	52.24	1722.36	1048.19

5. 凹凸假麻石

编号	项目名称	单位	基价	人工费	材料费	施工机具使用费	管理费	利润
12-92	矩形柱 凹凸假麻石 预拌砂浆（干混）	100m²	28903.75	8245.47	17682.96	73.00	1804.28	1098.04
12-93	矩形柱 凹凸假麻石 粉状型建筑胶贴剂	100m²	29567.26	8169.57	18476.86	52.24	1783.31	1085.28

四、镶贴零星块料

1. 石　　材

编号	项目名称	单位	基价	人工费	材料费	施工机具使用费	管理费	利润
12-94	挂贴石材	$100m^2$	43751.54	11801.57	27651.72	133.95	2588.81	1575.49
12-95	拼碎石材	$100m^2$	52969.48	12393.03	36109.77	105.83	2711.00	1649.85
12-96	粘贴石材 预拌砂浆（干混）	$100m^2$	38365.70	9158.14	25918.33	69.65	2001.51	1218.07
12-97	粘贴石材 粉状型建筑胶贴剂	$100m^2$	39920.50	9714.56	26760.06	41.86	2116.17	1287.85
12-98	柱墩	100m	54855.30	7964.89	43767.02	255.35	1782.97	1085.07
12-99	柱帽	100m	54486.25	8152.59	43190.07	221.77	1816.40	1105.42

2. 陶瓷锦砖、玻璃马赛克

编号	项目名称	单位	基价	人工费	材料费	施工机具使用费	管理费	利润
12-100	陶瓷锦砖 水泥石膏砂浆	$100m^2$	31433.21	10282.16	17438.79	92.53	2250.27	1369.46
12-101	陶瓷锦砖 粉状型建筑胶贴剂	$100m^2$	31784.06	10200.03	17954.77	52.24	2223.72	1353.30
12-102	玻璃马赛克 水泥石膏砂浆	$100m^2$	51832.66	10353.11	37742.54	92.53	2265.66	1378.82
12-103	玻璃马赛克 粉状型建筑胶贴剂	$100m^2$	51937.19	10088.23	38258.71	52.24	2199.47	1338.54

3. 瓷　　板

编号	项目名称	单位	基价	人工费	材料费	施工机具使用费	管理费	利润
12-104	瓷板 预拌砂浆（干混）	$100m^2$	29912.39	8065.94	18933.77	73.00	1765.34	1074.34
12-105	瓷板 粉状型建筑胶贴剂粘贴	$100m^2$	30580.58	8052.61	19647.95	52.24	1757.94	1069.84

4. 面　　砖

编号	项目名称	单位	基价	人工费	材料费	施工机具使用费	管理费	利润
12-106	面砖 预拌砂浆（干混） 勾缝	$100m^2$	14787.39	7348.06	4769.89	78.36	1610.79	980.29
12-107	面砖 预拌砂浆（干混） 密缝	$100m^2$	15074.53	7348.06	5064.26	73.00	1609.63	979.58
12-108	面砖 粉状型建筑胶贴剂 勾缝	$100m^2$	16787.10	8256.00	5572.88	57.60	1803.22	1097.40
12-109	面砖 粉状型建筑胶贴剂 密缝	$100m^2$	17074.25	8256.00	5867.26	52.24	1802.06	1096.69

5. 凹凸假麻石

编号	项目名称	单位	基价	人工费	材料费	施工机具使用费	管理费	利润
12-110	凹凸假麻石块 预拌砂浆（干混）	$100m^2$	29411.45	8618.92	17686.92	73.00	1885.28	1147.33
12-111	凹凸假麻石块 粉状型建筑胶贴剂	$100m^2$	30100.23	8563.67	18478.23	52.24	1868.79	1137.30

五、墙　饰　面

1. 龙 骨 基 层

编号	项目名称	单位	基价	人工费	材料费	施工机具使用费	管理费	利润
12-112	断面 7.5cm² 以内 木龙骨平均中距（cm 以内） 30	100m²	4029.43	1480.92	1983.32	35.95	329.01	200.23
12-113	断面 7.5cm² 以内 木龙骨平均中距（cm 以内） 40	100m²	3384.76	1274.31	1624.03	31.00	283.12	172.30
12-114	断面 13cm² 以内 木龙骨平均中距（cm 以内） 30	100m²	4928.22	1491.24	2867.85	36.21	331.30	201.62
12-115	断面 13cm² 以内 木龙骨平均中距（cm 以内） 40	100m²	4107.97	1282.69	2335.93	31.00	284.94	173.41
12-116	断面 13cm² 以内 木龙骨平均中距（cm 以内） 45	100m²	3807.23	1204.00	2143.79	29.18	267.48	162.78
12-117	断面 20cm² 以内 木龙骨平均中距（cm 以内） 30	100m²	6010.14	1454.91	4000.17	35.17	323.20	196.69
12-118	断面 20cm² 以内 木龙骨平均中距（cm 以内） 40	100m²	5129.97	1365.25	3243.76	33.08	303.30	184.58
12-119	断面 20cm² 以内 木龙骨平均中距（cm 以内） 45	100m²	4791.91	1311.93	2979.38	31.78	291.45	177.37
12-120	断面 20cm² 以内 木龙骨平均中距（cm 以内） 50	100m²	4317.19	1137.57	2745.48	27.61	252.73	153.80
12-121	断面 30cm² 以内 木龙骨平均中距（cm 以内） 40	100m²	6567.42	1382.45	4657.31	33.60	307.14	186.92
12-122	断面 30cm² 以内 木龙骨平均中距（cm 以内） 45	100m²	6118.92	1329.56	4281.90	32.30	295.39	179.77
12-123	断面 30cm² 以内 木龙骨平均中距（cm 以内） 50	100m²	5760.92	1321.39	3935.28	32.04	293.56	178.65
12-124	断面 30cm² 以内 木龙骨平均中距（cm 以内） 55	100m²	5319.65	1312.36	3506.54	31.78	291.54	177.43
12-125	断面 45cm² 以内 木龙骨平均中距（cm 以内） 50	100m²	7177.27	1318.38	5355.68	32.04	292.91	178.26
12-126	断面 45cm² 以内 木龙骨平均中距（cm 以内） 60	100m²	6564.34	1315.16	4747.45	31.78	292.15	177.80
12-127	断面 45cm² 以内 木龙骨平均中距（cm 以内） 80	100m²	5947.91	1311.93	4135.38	31.78	291.45	177.37
12-128	轻钢龙骨 中距（mm 以内）竖 603 横 1500	100m²	2737.66	953.96	1427.07	17.64	210.74	128.25
12-129	铝合金龙骨 中距（mm 以内） 单向 500	100m²	2704.81	1012.22	1314.30	18.63	223.59	136.07
12-130	型钢龙骨 中距（mm 以内） 单向 1500	t	11905.04	4832.34	4744.12	476.37	1151.46	700.75

2. 夹板、卷材基层

编号	项目名称	单位	基价	人工费	材料费	施工机具使用费	管理费	利润
12-131	玻璃棉毡隔离层	100m^2	3092.58	475.37	2451.35	0.00	103.11	62.75
12-132	石膏板基层	100m^2	3323.20	907.95	2098.47	0.00	196.93	119.85
12-133	胶合板基层 5mm	100m^2	3040.26	856.99	1815.12	51.26	197.00	119.89
12-134	胶合板基层 9mm	100m^2	3577.36	946.65	2224.37	56.38	217.56	132.40
12-135	细木工板基层	100m^2	5512.32	1049.85	4011.48	62.79	241.33	146.87

3. 面　　层

编号	项目名称	单位	基价	人工费	材料费	施工机具使用费	管理费	利润
12-136	镜面玻璃 在胶合板上粘贴	100m^2	17680.03	1761.07	15304.52	0.00	381.98	232.46
12-137	镜面玻璃 在抹灰面上粘贴	100m^2	25489.51	2466.70	22162.18	0.00	535.03	325.60
12-138	镭射玻璃 在胶合板上粘贴	100m^2	36990.19	1954.35	34353.97	0.00	423.90	257.97
12-139	镭射玻璃 在抹灰面上粘贴	100m^2	44926.94	2642.57	41362.38	0.00	573.17	348.82
12-140	不锈钢面板 墙面	100m^2	21284.14	3633.07	16383.49	0.00	788.01	479.57
12-141	不锈钢面板 不锈钢卡口槽	100m	4552.50	1666.47	2304.60	0.00	361.46	219.97
12-142	人造革软包 墙面、墙裙	100m^2	15010.31	5816.40	7164.57	0.00	1261.58	767.76
12-143	贴丝绒 墙面、墙裙	100m^2	7605.91	2724.70	3930.56	0.00	590.99	359.66
12-144	塑料板面 墙面、墙裙	100m^2	8679.99	767.12	7645.22	0.00	166.39	101.26
12-145	木质饰面板 墙面、墙裙	100m^2	4488.15	1193.68	2821.07	42.20	268.06	163.14
12-146	硬木条吸音墙面（成品）	100m^2	13958.76	3195.12	9544.50	77.37	709.80	431.97
12-147	硬木板条墙面（成品）	100m^2	8660.11	2583.87	5090.40	62.52	574.00	349.32
12-148	石膏板墙面	100m^2	5626.34	2183.76	2680.66	0.00	473.66	288.26
12-149	竹片内墙面（成品）	100m^2	3875.65	2308.24	686.51	56.01	512.81	312.08
12-150	铝合金装饰板墙面	100m^2	16236.04	3248.01	11854.80	0.00	704.49	428.74
12-151	铝合金复合板墙面 胶合板基层上	100m^2	17106.33	3367.12	12564.42	0.00	730.33	444.46
12-152	铝合金复合板墙面 木龙骨基层上	100m^2	16774.31	3367.12	12232.40	0.00	730.33	444.46
12-153	塑料扣板	100m^2	4508.38	1116.28	3002.63	0.00	242.12	147.35
12-154	柚木皮	100m^2	8221.81	3947.40	2897.16	0.00	856.19	521.06
12-155	岩棉吸音板	100m^2	5749.36	1165.73	4176.90	0.00	252.85	153.88
12-156	GRC 板 粘贴	100m^2	13237.77	2038.20	10391.20	72.09	457.72	278.56
12-157	GRC 板 背栓干挂	100m^2	23996.97	8511.85	12515.34	0.00	1846.22	1123.56
12-158	FC 板	100m^2	5889.84	1705.38	3589.45	0.00	369.90	225.11
12-159	超细玻璃棉板	100m^2	2384.16	990.72	1047.77	0.00	214.89	130.78
12-160	木制饰面板拼色、拼花	100m^2	9897.16	5439.50	2122.52	324.19	1250.14	760.81
12-161	墙面丝绒面料软包（木龙骨五夹板衬底）装饰线条分格	100m^2	26285.63	7399.44	15709.93	440.80	1700.55	1034.91
12-162	墙面丝绒面料软包（木龙骨五夹板衬底）装饰板分格	100m^2	25771.50	8292.55	13919.35	493.98	1905.80	1159.82

六、柱　饰　面

1. 龙骨基层及饰面

编号	项目名称	单位	基价	人工费	材料费	施工机具使用费	管理费	利润
12-163	圆柱包不锈钢板饰面 方柱木龙骨	100m²	37280.46	12153.31	19989.78	665.05	2780.30	1692.02
12-164	圆柱包不锈钢板饰面 圆柱木龙骨	100m²	35797.37	10595.63	20652.79	631.73	2435.21	1482.01
12-165	圆柱包不锈钢板饰面 钢龙骨	100m²	38601.38	12153.31	20895.15	973.11	2847.12	1732.69
12-166	圆柱饰面 木龙骨胶合板基层 人造革软包	100m²	25232.31	10122.63	10763.78	603.54	2326.51	1415.85
12-167	圆柱饰面 木龙骨胶合板基层 饰面夹板	100m²	18985.99	7833.53	7789.31	467.07	1800.40	1095.68
12-168	方柱饰面 木龙骨胶合板基层 镜面玻璃	100m²	30604.75	7050.07	20527.97	420.30	1620.32	986.09
12-169	方柱饰面 木龙骨胶合板基层 镭射玻璃	100m²	49441.69	7050.07	39364.91	420.30	1620.32	986.09
12-170	方柱饰面 木龙骨胶合板基层 饰面夹板	100m²	15555.56	7265.28	5171.20	433.11	1669.78	1016.19
12-171	方柱饰面 木龙骨胶合板基层 不锈钢板	100m²	30855.22	8508.63	18694.32	506.79	1955.44	1190.04

2. 成品装饰柱

编号	项目名称	单位	基价	人工费	材料费	施工机具使用费	管理费	利润
12-172	石膏柱安装	10 根	10903.47	3380.88	6204.69	102.54	755.55	459.81
12-173	GRC 柱安装 粉状胶结剂 柱高 4m 以内	10 根	10210.36	6268.33	1581.82	128.39	1387.45	844.37
12-174	GRC 柱安装 粉状胶结剂 柱高 4m 以外	10 根	11038.04	6268.54	2359.23	165.45	1395.53	849.29

七、幕墙工程

编号	项目名称	单位	基价	人工费	材料费	施工机具使用费	管理费	利润
12-175	玻璃幕墙 全隐框	$100m^2$	70232.07	19131.78	42359.36	1531.51	4481.87	2727.55
12-176	玻璃幕墙 半隐框	$100m^2$	71845.95	19131.56	43973.53	1531.51	4481.82	2727.53
12-177	玻璃幕墙 明框	$100m^2$	65686.08	19152.42	37783.20	1533.23	4486.72	2730.51
12-178	铝板幕墙 铝塑板	$100m^2$	46291.33	13204.01	26616.53	1381.80	3163.66	1925.33
12-179	铝板幕墙 铝单板	$100m^2$	60041.17	13204.01	40366.37	1381.80	3163.66	1925.33
12-180	全玻璃幕墙 挂式	$100m^2$	28108.01	3899.89	17539.09	3935.32	1699.46	1034.25
12-181	全玻璃幕墙 点式	$100m^2$	32136.06	5224.93	17981.11	5268.77	2276.08	1385.17
12-182	防火隔离带 100 × 240	100m	12190.13	3804.43	6647.49	304.58	891.24	542.39
12-183	幕墙与建筑物的封顶、封边 不锈钢板	$100m^2$	18524.20	3750.89	13464.62	0.00	813.57	495.12
12-184	幕墙与建筑物的封顶、封边 铝板	$100m^2$	31128.55	2813.49	27333.43	0.00	610.25	371.38
12-185	幕墙与建筑物的封顶、封边 镀锌铁皮	$100m^2$	9226.80	3200.71	4909.37	0.00	694.23	422.49
12-186	钢型材弧形拉弯增加费	t	1000.41	615.55	0.00	126.10	160.86	97.90
12-187	铝型材弧形拉弯增加费	100m	1840.32	1154.12	0.00	210.19	295.92	180.09
12-188	不锈钢板、镀锌钢板折边	100m	405.49	142.98	0.00	157.63	65.20	39.68
12-189	拉索、拉杆点支式玻璃幕墙	$100m^2$	38769.19	10844.60	22969.88	868.14	2540.49	1546.08
12-190	单元式玻璃幕墙板块制作	$100m^2$	113186.40	21162.45	79336.46	3932.03	5442.99	3312.47
12-191	单元板块安装	$100m^2$	13315.91	7839.98	2671.74	51.02	1711.56	1041.61
12-192	槽式预埋件安装	10 套	469.05	220.81	171.20	0.00	47.89	29.15
12-193	T 型转接螺栓安装	10 个	411.27	220.81	113.42	0.00	47.89	29.15
12-194	玻璃幕墙开启窗人工及五金增加费	樘	142.53	28.81	103.67	0.00	6.25	3.80
12-195	幕墙骨架调整 铝骨架	t	45510.64	10305.81	31609.13	0.00	2235.33	1360.37

八、隔　　断

编号	项目名称	单位	基价	人工费	材料费	施工机具使用费	管理费	利润
12-196	木骨架玻璃隔断 半玻	100m^2	14540.97	4535.86	8057.84	270.38	1042.47	634.42
12-197	木骨架玻璃隔断 全玻	100m^2	14699.51	4754.51	7904.15	283.19	1092.68	664.98
12-198	全玻璃隔断 普通玻璃	100m^2	23893.30	3490.31	18904.34	208.23	802.21	488.21
12-199	全玻璃隔断 钢化玻璃	100m^2	25806.72	3490.31	20817.76	208.23	802.21	488.21
12-200	防弹玻璃隔断	100m^2	76362.65	9236.83	63903.09	0.00	2003.47	1219.26
12-201	铝合金玻璃隔断	100m^2	22634.32	4718.39	16269.68	0.00	1023.42	622.83
12-202	铝合金板条隔断	100m^2	37862.69	3998.36	32469.31	0.00	867.24	527.78
12-203	花式木隔断 直栅漏空	100m^2	11981.12	4952.74	4901.96	295.36	1138.31	692.75
12-204	花式木隔断 井格（mm × mm）100 × 100	100m^2	20786.97	7583.91	9947.75	451.69	1742.92	1060.70
12-205	花式木隔断 井格（mm × mm）200 × 200	100m^2	17458.70	6420.98	8281.49	382.50	1475.67	898.06
12-206	玻璃砖隔断 分格嵌缝	100m^2	462435.90	4779.45	455472.43	382.88	1119.71	681.43
12-207	玻璃砖隔断 全砖	100m^2	507972.23	3416.78	502994.26	273.61	800.45	487.13
12-208	塑钢隔断 全玻	100m^2	28549.17	4805.68	22066.79	0.00	1042.35	634.35
12-209	塑钢隔断 半玻	100m^2	25860.97	3601.04	21003.52	0.00	781.07	475.34
12-210	塑钢隔断 全塑钢板	100m^2	23978.29	3248.65	19596.19	0.00	704.63	428.82
12-211	浴厕隔断 木龙骨基层榉木板面	100m^2	18550.14	7308.28	8104.32	435.68	1679.66	1022.20
12-212	浴厕隔断 不锈钢磨砂玻璃	100m^2	59106.48	10859.87	44457.60	0.00	2355.51	1433.50
12-213	浴厕隔断 成品浴厕隔断	100m^2	17757.32	1836.96	15279.44	0.00	398.44	242.48

九、补 充 项 目

1. 墙柱面拉条、甩毛

编号	项目名称	单位	基价	人工费	材料费	施工机具使用费	管理费	利润
12-214	墙柱面拉条 砖墙面 24mm	100m^2	5589.63	3025.27	1378.75	96.44	677.10	412.07
12-215	墙柱面拉条 混凝土墙面 24mm	100m^2	6166.67	3452.90	1378.97	96.44	769.85	468.51
12-216	墙柱面甩毛 砖墙面 24mm	100m^2	6419.41	3627.27	1396.50	96.44	807.67	491.53
12-217	墙柱面甩毛 混凝土墙面 24mm	100m^2	6926.58	4003.30	1396.44	96.44	889.23	541.17

2. 穿孔硅钙板墙面

编号	项目名称	单位	基价	人工费	材料费	施工机具使用费	管理费	利润
12-218	穿孔硅钙板墙面	100m^2	5868.84	2183.76	2923.16	0.00	473.66	288.26

第十三章

天 棚 工 程

一、天棚抹灰

编号	项目名称	单位	基价	人工费	材料费	施工机具使用费	管理费	利润
13-1	混凝土天棚抹灰 一遍成活(10mm)	100m^2	3097.13	1855.02	543.85	37.84	410.56	249.86
13-2	混凝土天棚抹灰 每增减 1mm	100m^2	121.77	46.44	54.16	3.68	10.87	6.62

二、天棚吊顶

1. 平面、跌级天棚

(1)方木龙骨

编号	项目名称	单位	基价	人工费	材料费	施工机具使用费	管理费	利润
13-3	方木天棚龙骨(搁在砖墙上) 单层楞	100m^2	3862.44	1308.71	2097.12	0.00	283.86	172.75
13-4	方木天棚龙骨(搁在砖墙上) 双层楞 规格(mm) 300×300	100m^2	8280.22	1843.63	5793.35	0.00	399.88	243.36
13-5	方木天棚龙骨(搁在砖墙上) 双层楞 规格(mm) 450×450	100m^2	6482.67	1745.16	4128.62	0.00	378.53	230.36
13-6	方木天棚龙骨(搁在砖墙上) 双层楞 规格(mm) 600×600	100m^2	5467.07	1722.15	3144.07	0.00	373.53	227.32
13-7	方木天棚龙骨(搁在砖墙上) 双层楞 规格(mm) >600×600	100m^2	4757.90	1700.65	2463.89	0.00	368.87	224.49
13-8	方木天棚龙骨(吊在梁下或板下) 单层楞	100m^2	5818.30	1501.35	3581.45	156.93	359.68	218.89
13-9	方木天棚龙骨(吊在梁下或板下) 双层楞规格(mm) 300×300	100m^2	8989.64	2029.39	5966.44	211.85	486.12	295.84
13-10	方木天棚龙骨(吊在梁下或板下) 双层楞规格(mm) 450×450	100m^2	7344.50	1931.78	4466.57	201.76	462.76	281.63
13-11	方木天棚龙骨(吊在梁下或板下) 双层楞规格(mm) 600×600	100m^2	6468.04	1909.63	3623.01	199.52	457.47	278.41
13-12	方木天棚龙骨(吊在梁下或板下) 双层楞规格(mm) >600×600	100m^2	5750.72	1888.13	2937.71	197.28	452.33	275.27

（2）轻钢龙骨

编号	项目名称	单位	基价	人工费	材料费	施工机具使用费	管理费	利润
13-13	装配式 U 型轻钢天棚龙骨（不上人型） 规格（mm） 300×300 平面	$100m^2$	6876.64	2570.76	3131.56	205.64	602.20	366.48
13-14	装配式 U 型轻钢天棚龙骨（不上人型） 规格（mm） 300×300 跌级	$100m^2$	7760.78	2856.92	3598.36	228.87	669.31	407.32
13-15	装配式 U 型轻钢天棚龙骨（不上人型） 规格（mm） 450×450 平面	$100m^2$	6600.82	2347.16	3181.73	187.57	549.78	334.58
13-16	装配式 U 型轻钢天棚龙骨（不上人型） 规格（mm） 450×450 跌级	$100m^2$	7415.54	2737.81	3426.56	219.40	641.42	390.35
13-17	装配式 U 型轻钢天棚龙骨（不上人型） 规格（mm） 600×600 平面	$100m^2$	5516.03	2125.06	2419.73	170.36	497.88	303.00
13-18	装配式 U 型轻钢天棚龙骨（不上人型） 规格（mm） 600×600 跌级	$100m^2$	7332.97	2499.81	3690.56	200.47	585.69	356.44
13-19	装配式 U 型轻钢天棚龙骨（不上人型） 规格（mm） ＞600×600 平面	$100m^2$	5196.62	2011.97	2265.65	160.89	471.29	286.82
13-20	装配式 U 型轻钢天棚龙骨（不上人型） 规格（mm） ＞600×600 跌级	$100m^2$	6398.34	2380.70	2930.52	190.15	557.62	339.35
13-21	装配式 U 型轻钢天棚龙骨（上人型） 规格（mm） 300×300 平面	$100m^2$	8330.86	2601.50	4540.83	208.22	609.43	370.88
13-22	装配式 U 型轻钢天棚龙骨（上人型） 规格（mm） 300×300 跌级	$100m^2$	9667.06	2887.67	5459.68	231.45	676.54	411.72
13-23	装配式 U 型轻钢天棚龙骨（上人型） 规格（mm） 450×450 平面	$100m^2$	7411.71	2378.12	3947.37	190.15	557.06	339.01
13-24	装配式 U 型轻钢天棚龙骨（上人型） 规格（mm） 450×450 跌级	$100m^2$	8687.18	2768.56	4653.24	221.98	648.65	394.75
13-25	装配式 U 型轻钢天棚龙骨（上人型） 规格（mm） 600×600 平面	$100m^2$	6925.99	2155.59	3785.03	172.94	505.06	307.37
13-26	装配式 U 型轻钢天棚龙骨（上人型） 规格（mm） 600×600 跌级	$100m^2$	8016.88	2530.55	4330.69	202.19	592.73	360.72
13-27	装配式 U 型轻钢天棚龙骨（上人型） 规格（mm） ＞600×600 平面	$100m^2$	6464.39	2042.72	3488.45	163.48	478.52	291.22
13-28	装配式 U 型轻钢天棚龙骨（上人型） 规格（mm） ＞600×600 跌级	$100m^2$	7712.40	2411.44	4199.64	192.73	564.84	343.75
13-29	轻钢天棚龙骨 圆弧形 不上人	$100m^2$	7978.60	3676.29	2622.73	294.26	861.21	524.11
13-30	轻钢天棚龙骨 圆弧形 上人	$100m^2$	8823.55	3707.03	3422.73	296.84	868.44	528.51

（3）铝合金龙骨

编号	项目名称	单位	基价	人工费	材料费	施工机具使用费	管理费	利润
13-31	装配式T型铝合金天棚龙骨（不上人型） 规格（mm） 300×300 平面	100m²	5874.88	1900.17	3106.32	152.29	445.18	270.92
13-32	装配式T型铝合金天棚龙骨（不上人型） 规格（mm） 300×300 跌级	100m²	6547.48	2111.09	3472.36	168.64	494.47	300.92
13-33	装配式T型铝合金天棚龙骨（不上人型） 规格（mm） 450×450 平面	100m²	5990.79	1676.57	3548.22	134.22	392.76	239.02
13-34	装配式T型铝合金天棚龙骨（不上人型） 规格（mm） 450×450 跌级	100m²	6816.32	1993.70	3912.31	159.17	466.96	284.18
13-35	装配式T型铝合金天棚龙骨（不上人型） 规格（mm） 600×600 平面	100m²	6216.43	1564.77	3936.26	125.62	366.65	223.13
13-36	装配式T型铝合金天棚龙骨（不上人型） 规格（mm） 600×600 跌级	100m²	7573.03	1759.13	5009.80	141.11	412.16	250.83
13-37	装配式T型铝合金天棚龙骨（不上人型）规格（mm）＞600×600 平面	100m²	6494.95	1452.97	4378.37	116.15	340.34	207.12
13-38	装配式T型铝合金天棚龙骨（不上人型）规格（mm）＞600×600 跌级	100m²	7842.23	1641.96	5449.82	131.64	384.69	234.12
13-39	装配式T型铝合金天棚龙骨（上人型） 规格（mm） 300×300 平面	100m²	6828.24	1930.92	4014.72	154.87	452.41	275.32
13-40	装配式T型铝合金天棚龙骨（上人型） 规格（mm） 300×300 跌级	100m²	7237.41	2141.83	4117.34	171.22	501.70	305.32
13-41	装配式T型铝合金天棚龙骨（上人型） 规格（mm） 450×450 平面	100m²	6762.71	1707.32	4275.18	136.80	399.99	243.42
13-42	装配式T型铝合金天棚龙骨（上人型） 规格（mm） 450×450 跌级	100m²	7332.58	2062.07	4328.22	165.20	483.09	294.00
13-43	装配式T型铝合金天棚龙骨（上人型） 规格（mm） 600×600 平面	100m²	7035.87	1595.52	4711.90	127.34	373.69	227.42
13-44	装配式T型铝合金天棚龙骨（上人型） 规格（mm） 600×600 跌级	100m²	7287.46	1790.09	4678.98	143.69	419.44	255.26
13-45	装配式T型铝合金天棚龙骨（上人型）规格（mm）600×600 以上 平面	100m²	6000.73	1483.93	3838.89	118.74	347.62	211.55
13-46	装配式T型铝合金天棚龙骨（上人型）规格（mm）600×600 以上 跌级	100m²	7465.02	1672.70	5027.67	134.22	391.92	238.51
13-47	铝合金方板天棚龙骨（不上人型）嵌入式规格（mm） 500×500	100m²	6650.75	1675.28	4221.51	125.62	390.62	237.72
13-48	铝合金方板天棚龙骨（不上人型）嵌入式规格（mm） 600×600	100m²	6894.91	1564.77	4614.74	125.62	366.65	223.13
13-49	铝合金方板天棚龙骨（不上人型）嵌入式规格（mm） 600×600 以上	100m²	7005.97	1452.97	4889.39	116.15	340.34	207.12

续前

编号	项目名称	单位	基价	人工费	材料费	施工机具使用费	管理费	利润
13-50	铝合金方板天棚龙骨（上人型）嵌入式 规格（mm） 500×500	$100m^2$	7968.00	1795.04	5365.62	134.22	418.46	254.66
13-51	铝合金方板天棚龙骨（上人型）嵌入式 规格（mm） 600×600	$100m^2$	8277.33	1676.57	5834.76	134.22	392.76	239.02
13-52	铝合金方板天棚龙骨（上人型）嵌入式 规格（mm） 600×600 以上	$100m^2$	8445.88	1564.77	6165.71	125.62	366.65	223.13
13-53	铝合金方板天棚龙骨（不上人型）浮搁式规格（mm） 500×500	$100m^2$	5680.81	1675.28	3251.57	125.62	390.62	237.72
13-54	铝合金方板天棚龙骨（不上人型）浮搁式规格（mm） 600×600	$100m^2$	6356.23	1564.77	4076.06	125.62	366.65	223.13
13-55	铝合金方板天棚龙骨（不上人型）浮搁式规格（mm） 600×600 以上	$100m^2$	7183.73	1452.97	5067.15	116.15	340.34	207.12
13-56	铝合金方板天棚龙骨（上人型）浮搁式 规格（mm） 500×500	$100m^2$	7553.02	1795.04	4950.64	134.22	418.46	254.66
13-57	铝合金方板天棚龙骨（上人型）浮搁式 规格（mm） 600×600	$100m^2$	7960.79	1676.57	5518.22	134.22	392.76	239.02
13-58	铝合金方板天棚龙骨（上人型）浮搁式 规格（mm） 600×600 以上	$100m^2$	8121.24	1564.77	5841.07	125.62	366.65	223.13
13-59	铝合金轻型方板天棚龙骨 中龙骨直接吊挂骨架 规格（mm） 500×500	$100m^2$	5680.38	1338.81	3729.38	107.55	313.72	190.92
13-60	铝合金轻型方板天棚龙骨 中龙骨直接吊挂骨架 规格（mm） 600×600	$100m^2$	5687.79	1226.79	3900.66	98.09	287.37	174.88
13-61	铝合金轻型方板天棚龙骨 中龙骨直接吊挂骨架 规格（mm） 600×600 以上	$100m^2$	6169.53	1115.21	4544.52	89.48	261.30	159.02
13-62	铝合金条板天棚龙骨	$100m^2$	6556.93	1562.19	4281.40	124.76	365.90	222.68
13-63	铝合金格片式天棚 龙骨间距 150mm 以内	$100m^2$	5449.12	892.90	4148.36	71.41	209.16	127.29

（4）天 棚 基 层

编号	项目名称	单位	基价	人工费	材料费	施工机具使用费	管理费	利润
13-64	胶合板基层 5mm	$100m^2$	3008.49	934.39	1672.90	55.74	214.76	130.70
13-65	胶合板基层 9mm	$100m^2$	3501.80	992.01	2084.17	58.94	227.95	138.73
13-66	硅酸钙板天棚基层	$100m^2$	4211.29	1276.67	2489.19	0.00	276.91	168.52

（5）天 棚 面 层

编号	项目名称	单位	基价	人工费	材料费	施工机具使用费	管理费	利润
13-67	板条 天棚面层	100m²	32035.04	1439.43	30046.31	34.91	319.78	194.61
13-68	漏风条 天棚面层	100m²	4324.39	1483.50	2274.80	35.95	329.57	200.57
13-69	胶合板 天棚面层	100m²	3365.79	942.35	2063.73	22.92	209.37	127.42
13-70	水泥木丝板 天棚面层	100m²	3860.78	976.75	2511.26	23.71	217.00	132.06
13-71	胶压刨花木屑板 天棚面层	100m²	2446.67	968.58	1108.49	23.47	215.18	130.95
13-72	埃特板 天棚面层	100m²	8587.03	1338.16	6781.98	0.00	290.25	176.64
13-73	玻璃纤维板（搁放型） 天棚面层	100m²	8273.05	967.50	6967.99	0.00	209.85	127.71
13-74	宝丽板 天棚面板	100m²	7761.05	1789.23	5289.23	43.24	397.46	241.89
13-75	塑料板天棚面板	100m²	8662.62	1339.45	6855.83	0.00	290.53	176.81
13-76	铝板网天棚面层 搁在龙骨上	100m²	3545.98	1227.65	1890.00	0.00	266.28	162.05
13-77	铝板网天棚面层 钉在龙骨上	100m²	3713.95	1338.16	1908.90	0.00	290.25	176.64
13-78	铝塑板天棚面层 贴在混凝土板下	100m²	14010.27	1895.87	11452.94	0.00	411.21	250.25
13-79	铝塑板天棚面层 贴在胶合板上	100m²	14010.27	1895.87	11452.94	0.00	411.21	250.25
13-80	铝塑板天棚面层 贴在龙骨底	100m²	13454.48	1673.56	11197.01	0.00	363.00	220.91
13-81	矿棉板天棚面层 搁放在龙骨上	100m²	3819.30	1116.07	2313.83	0.00	242.08	147.32
13-82	硅酸钙板天棚面层 安在U型轻钢龙骨上	100m²	4655.59	1605.19	2490.34	0.00	348.17	211.89
13-83	硅酸钙板天棚面层 安在T型铝合金龙骨上	100m²	4159.00	1274.09	2440.38	0.00	276.35	168.18
13-84	石膏板天棚面层 安在U型轻钢龙骨上	100m²	4000.04	1524.35	1943.85	0.00	330.63	201.21
13-85	石膏板天棚面层 安在T型铝合金龙骨上	100m²	3549.36	1219.27	1904.69	0.00	264.46	160.94
13-86	玻岩板天棚面层 安在U型轻钢龙骨上	100m²	6931.92	1561.98	4824.97	0.00	338.79	206.18

续前

编号	项目名称	单位	基价	人工费	材料费	施工机具使用费	管理费	利润
13-87	竹片 天棚面层	$100m^2$	4439.51	2347.16	1273.42	0.00	509.10	309.83
13-88	不锈钢板 天棚面层	$100m^2$	29136.56	2458.53	25820.24	0.00	533.26	324.53
13-89	镜面玲珑胶板 天棚面层	$100m^2$	22104.24	3693.70	17121.81	0.00	801.16	487.57
13-90	阻燃聚丙烯天棚面层	$100m^2$	12515.05	1338.16	10710.00	0.00	290.25	176.64
13-91	真空镀膜仿金（仿银）装饰板天棚面层	$100m^2$	10009.84	1227.01	8354.72	0.00	266.14	161.97
13-92	空腹 PVC 扣板天棚面层	$100m^2$	3594.33	1384.39	1726.93	0.00	300.27	182.74
13-93	吸音板天棚 矿棉吸音板	$100m^2$	5132.79	1585.63	2993.94	0.00	343.92	209.30
13-94	吸音板天棚 石膏吸音板	$100m^2$	4676.92	1585.63	2538.07	0.00	343.92	209.30
13-95	吸音板天棚 胶合板 穿孔面板	$100m^2$	8899.88	1383.74	6981.00	38.81	308.55	187.78
13-96	吸音板天棚 隔音板	$100m^2$	11748.53	1585.63	9609.68	0.00	343.92	209.30
13-97	铝合金方板天棚 嵌入式（平板）	$100m^2$	11257.32	1004.27	9902.66	0.00	217.83	132.56
13-98	铝合金方板天棚 吸音板	$100m^2$	9782.11	1004.27	8427.45	0.00	217.83	132.56
13-99	铝合金方板天棚 搁式（平板）	$100m^2$	9890.11	1004.27	8535.45	0.00	217.83	132.56
13-100	铝板天棚 600 × 600	$100m^2$	6597.48	1338.16	4792.43	0.00	290.25	176.64
13-101	铝板天棚 1200 × 300	$100m^2$	7895.17	1450.18	5939.03	0.00	314.54	191.42
13-102	铝合金条板天棚 闭缝	$100m^2$	13605.63	1785.36	11197.36	0.00	387.24	235.67
13-103	铝合金条板天棚 开缝	$100m^2$	10685.74	1226.58	9031.20	0.00	266.05	161.91
13-104	铝合金挂片天棚 条形 间距（mm） 100	$100m^2$	13352.60	557.93	12600.00	0.00	121.02	73.65
13-105	铝合金挂片天棚 条形 间距（mm） 150	$100m^2$	11101.79	446.13	10500.00	0.00	96.77	58.89
13-106	铝合金挂片天棚 条形 间距（mm） 200	$100m^2$	9270.98	334.33	8820.00	0.00	72.52	44.13

续前

编号	项目名称	单位	基价	人工费	材料费	施工机具使用费	管理费	利润
13-107	铝合金挂片天棚 块形 间距（mm） 200	$100m^2$	10412.60	557.93	9660.00	0.00	121.02	73.65
13-108	铝方通天棚 条形 间距（mm）100	$100m^2$	14713.36	781.31	13659.45	0.00	169.47	103.13
13-109	铝方通天棚 条形 间距（mm）150	$100m^2$	12610.89	669.73	11707.50	0.00	145.26	88.40
13-110	铝方通天棚 条形 间距（mm）200	$100m^2$	11438.45	557.93	10685.85	0.00	121.02	73.65
13-111	铝合金扣板天棚	$100m^2$	9124.24	1339.45	7317.45	0.00	290.53	176.81
13-112	方形铝扣板 300 × 300	$100m^2$	11224.99	1673.56	8967.52	0.00	363.00	220.91
13-113	铝扣板收边线	100m	2037.21	557.50	1285.20	0.00	120.92	73.59
13-114	不锈钢镜面板 方形	$100m^2$	28313.27	3309.50	23849.09	0.00	717.83	436.85
13-115	镜面玻璃天棚 平缝	$100m^2$	15752.26	3089.77	11584.47	0.00	670.17	407.85
13-116	镭射玻璃 平面	$100m^2$	31865.27	2831.77	28045.50	0.00	614.21	373.79
13-117	镭射玻璃 异形	$100m^2$	36059.24	4376.33	30156.00	0.00	949.23	577.68
13-118	镜面玻璃 井格形	$100m^2$	28560.99	4634.33	22309.74	0.00	1005.19	611.73
13-119	镜面玻璃 锥形	$100m^2$	37796.23	4942.85	31128.82	0.00	1072.10	652.46
13-120	有机胶片 方格式	$100m^2$	4145.50	1338.16	2340.45	0.00	290.25	176.64
13-121	金属板 烤漆异形板条 吊顶	$100m^2$	14478.02	1785.36	12069.75	0.00	387.24	235.67
13-122	嵌入式 不锈钢格栅	$100m^2$	123158.80	1338.16	121353.75	0.00	290.25	176.64
13-123	天棚灯片（搁放型） 乳白胶片	$100m^2$	11932.60	1373.42	10080.00	0.00	297.89	181.29
13-124	天棚灯片（搁放型） 分光铝格栅	$100m^2$	8572.60	1373.42	6720.00	0.00	297.89	181.29
13-125	天棚灯片（搁放型） 塑料透光片	$100m^2$	10112.95	1373.42	8260.35	0.00	297.89	181.29
13-126	天棚灯片（搁放型） 玻璃纤维片	$100m^2$	8782.60	1373.42	6930.00	0.00	297.89	181.29

2. 艺术造型天棚

（1）方木龙骨

编号	项目名称	单位	基价	人工费	材料费	施工机具使用费	管理费	利润
13-127	方木天棚龙骨 圆形	$100m^2$	6975.36	1652.28	4692.48	40.12	367.08	223.40
13-128	方木天棚龙骨 半圆形	$100m^2$	6282.56	1458.35	4267.60	35.43	324.00	197.18

（2）轻钢龙骨

编号	项目名称	单位	基价	人工费	材料费	施工机具使用费	管理费	利润
13-129	藻井天棚 平面 圆弧形	$100m^2$	11104.97	3458.28	6066.39	277.05	810.19	493.06
13-130	藻井天棚 平面 矩形	$100m^2$	10189.94	3123.09	5639.46	250.38	731.71	445.30
13-131	藻井天棚 拱形 曲面形	$100m^2$	12443.61	4461.68	5943.59	357.07	1045.19	636.08
13-132	藻井天棚 拱形 筒形	$100m^2$	11666.09	4015.99	5814.86	321.79	940.86	572.59
13-133	吊挂式天棚 弧拱形	$100m^2$	12716.71	4685.28	5890.73	375.13	1097.60	667.97
13-134	吊挂式天棚 圆形	$100m^2$	9701.47	2788.98	5638.83	222.84	653.26	397.56
13-135	吊挂式天棚 矩形	$100m^2$	9120.40	2453.80	5545.85	196.17	574.78	349.80
13-136	阶梯形天棚 直线形	$100m^2$	13011.74	5131.19	5536.68	410.41	1201.97	731.49
13-137	阶梯形天棚 弧线形	$100m^2$	14267.06	5689.98	5977.89	455.15	1332.88	811.16
13-138	锯齿形天棚 直线形	$100m^2$	13078.88	5131.19	5603.82	410.41	1201.97	731.49
13-139	锯齿形天棚 弧线形	$100m^2$	14040.06	5689.98	5750.89	455.15	1332.88	811.16

（3）天棚基层

编号	项目名称	单位	基价	人工费	材料费	施工机具使用费	管理费	利润
13-140	藻井天棚 平面 圆弧形 石膏板	$100m^2$	5116.41	2008.53	2407.10	0.00	435.65	265.13
13-141	藻井天棚 平面 圆弧形 胶合板	$100m^2$	4463.79	1673.78	2071.21	99.95	384.72	234.13
13-142	藻井天棚 平面 矩形 石膏板	$100m^2$	4537.07	1784.93	2129.38	0.00	387.15	235.61
13-143	藻井天棚 平面 矩形 胶合板	$100m^2$	4063.34	1561.12	1832.23	92.90	358.76	218.33
13-144	藻井天棚 拱形 圆弧形 石膏板	$100m^2$	5870.37	2566.03	2409.05	0.00	556.57	338.72
13-145	藻井天棚 拱形 圆弧形 胶合板	$100m^2$	5420.47	2343.29	2071.21	139.67	538.55	327.75
13-146	藻井天棚 拱形 矩形 石膏板	$100m^2$	4839.48	2008.53	2130.17	0.00	435.65	265.13
13-147	藻井天棚 拱形 矩形 胶合板	$100m^2$	4542.26	1896.30	1832.23	112.76	435.77	265.20
13-148	吊挂式天棚 弧拱形 石膏板	$100m^2$	5417.05	2230.84	2407.87	0.00	483.87	294.47
13-149	吊挂式天棚 弧拱形 胶合板	$100m^2$	4942.13	2008.53	2071.21	119.81	461.64	280.94
13-150	吊挂式天棚 圆形 石膏板	$100m^2$	5265.85	2119.04	2407.48	0.00	459.62	279.71
13-151	吊挂式天棚 圆形 胶合板	$100m^2$	4782.11	1896.95	2071.21	112.76	435.91	265.28
13-152	吊挂式天棚 矩形 石膏板	$100m^2$	4688.27	1896.73	2129.77	0.00	411.40	250.37
13-153	吊挂式天棚 矩形 胶合板	$100m^2$	4225.10	1673.99	1832.23	99.95	384.77	234.16
13-154	阶梯形天棚 直线形 石膏板	$100m^2$	6799.24	3457.63	2135.24	0.00	749.96	456.41
13-155	阶梯形天棚 直线形 胶合板	$100m^2$	6296.46	3123.09	1832.23	186.44	717.84	436.86
13-156	阶梯形天棚 弧线形 石膏板	$100m^2$	7529.77	3793.03	2413.35	0.00	822.71	500.68
13-157	阶梯形天棚 弧线形 胶合板	$100m^2$	7172.94	3569.43	2071.21	212.71	820.35	499.24
13-158	锯齿形天棚 直线形 石膏板	$100m^2$	6649.79	3347.12	2134.86	0.00	725.99	441.82
13-159	锯齿形天棚 直线形 胶合板	$100m^2$	6137.89	3012.58	1832.23	179.40	692.34	421.34
13-160	锯齿形天棚 弧线形 石膏板	$100m^2$	7180.06	3569.43	2365.26	0.00	774.21	471.16
13-161	锯齿形天棚 弧线形 胶合板	$100m^2$	7013.80	3457.85	2071.21	206.31	794.76	483.67

(4) 天 棚 面 层

编号	项目名称	单位	基价	人工费	材料费	施工机具使用费	管理费	利润
13-162	藻井天棚 平面 圆弧形 石膏板	$100m^2$	4604.37	1629.92	2405.77	0.00	353.53	215.15
13-163	藻井天棚 平面 圆弧形 饰面板	$100m^2$	3890.14	1373.21	1927.19	82.01	315.64	192.09
13-164	藻井天棚 平面 圆弧形 金属板	$100m^2$	16446.59	3518.48	11700.51	0.00	763.16	464.44
13-165	藻井天棚 平面 矩形 石膏板	$100m^2$	4096.27	1458.99	2128.24	0.00	316.45	192.59
13-166	藻井天棚 平面 矩形 饰面板	$100m^2$	3555.55	1287.64	1714.95	76.88	295.96	180.12
13-167	藻井天棚 平面 矩形 金属板	$100m^2$	14525.47	3089.12	10358.56	0.00	670.03	407.76
13-168	藻井天棚 拱形 曲面形 石膏板	$100m^2$	5300.75	2144.84	2407.57	0.00	465.22	283.12
13-169	藻井天棚 拱形 曲面形 饰面板	$100m^2$	4674.66	1887.92	1975.94	112.76	433.95	264.09
13-170	藻井天棚 拱形 曲面形 金属板	$100m^2$	17357.46	4119.40	11800.80	0.00	893.50	543.76
13-171	藻井天棚 拱形 筒形 石膏板	$100m^2$	4443.74	1715.92	2129.14	0.00	372.18	226.50
13-172	藻井天棚 拱形 筒形 饰面板	$100m^2$	4123.79	1630.56	1792.96	97.39	374.79	228.09
13-173	藻井天棚 拱形 筒形 金属板	$100m^2$	15501.83	3690.05	10524.32	0.00	800.37	487.09
13-174	吊挂式天棚 弧拱形 石膏板	$100m^2$	5069.60	1973.92	2406.98	0.00	428.14	260.56
13-175	吊挂式大棚 弧拱形 饰面板	$100m^2$	4263.33	1716.13	1810.17	102.51	394.46	240.06
13-176	吊挂式天棚 弧拱形 金属板	$100m^2$	17095.54	4119.40	11538.88	0.00	893.50	543.76
13-177	吊挂式天棚 圆形 石膏板	$100m^2$	4720.67	1715.92	2406.07	0.00	372.18	226.50
13-178	吊挂式天棚 圆形 饰面板	$100m^2$	4106.42	1544.99	1897.93	92.26	355.12	216.12
13-179	吊挂式天棚 圆形 金属板	$100m^2$	16265.10	3432.69	11634.74	0.00	744.55	453.12
13-180	吊挂式天棚 矩形 石膏板	$100m^2$	4443.74	1715.92	2129.14	0.00	372.18	226.50
13-181	吊挂式天棚 矩形 饰面板	$100m^2$	3780.43	1458.56	1695.44	87.14	335.26	204.03
13-182	吊挂式天棚 矩形 金属板	$100m^2$	15414.52	3432.26	10784.74	0.00	744.46	453.06
13-183	阶梯形天棚 直线形 石膏板	$100m^2$	6532.89	3260.69	2134.55	0.00	707.24	430.41
13-184	阶梯形天棚 直线形 饰面板	$100m^2$	6363.93	3089.12	1948.98	183.88	709.91	432.04
13-185	阶梯形天棚 直线形 金属板	$100m^2$	16225.79	3946.97	10901.72	0.00	856.10	521.00
13-186	阶梯形天棚 弧线形 石膏板	$100m^2$	7738.54	3947.40	2413.89	0.00	856.19	521.06
13-187	阶梯形天棚 弧线形 饰面板	$100m^2$	7219.15	3518.48	2190.47	209.51	808.60	492.09
13-188	阶梯形天棚 弧线形 金属板	$100m^2$	17963.69	4204.54	12292.19	0.00	911.96	555.00
13-189	锯齿形天棚 直线形 石膏板	$100m^2$	6301.44	3089.55	2133.95	0.00	670.12	407.82
13-190	锯齿形天棚 直线形 饰面板	$100m^2$	6147.64	2917.34	1978.23	173.63	670.43	408.01
13-191	锯齿形天棚 直线形 金属板	$100m^2$	16160.03	3862.05	10950.51	0.00	837.68	509.79
13-192	锯齿形天棚 弧线形 石膏板	$100m^2$	7622.23	3861.40	2413.59	0.00	837.54	509.70
13-193	锯齿形天棚 弧线形 饰面板	$100m^2$	7116.01	3432.69	2209.97	204.38	788.88	480.09
13-194	锯齿形天棚 弧线形 金属板	$100m^2$	17881.30	4119.40	12324.64	0.00	893.50	543.76

3. 龙骨吊挂天棚

(1) 烤漆龙骨天棚

编号	项目名称	单位	基价	人工费	材料费	施工机具使用费	管理费	利润
13-195	复合式烤漆 T 型龙骨吊顶 明架式吊顶	$100m^2$	10270.37	3123.95	5718.74	250.38	731.89	445.41
13-196	H 形矿棉吸音板轻钢吊顶 暗架式吊顶	$100m^2$	11011.00	3346.26	6136.29	267.58	783.84	477.03

（2）铝合金格栅与条板天棚

编号	项目名称	单位	基价	人工费	材料费	施工机具使用费	管理费	利润
13-197	铝合金格栅吊顶天棚 铝格栅（包括吊配件）规格（mm） 125×125×4.5	100m²	9317.21	1450.18	7204.38	116.15	339.74	206.76
13-198	铝合金格栅天棚（直接吊在楼板下） 直条形铝合金格栅天棚 规格（mm） 1260×60×126	100m²	18136.63	1561.76	16029.97	0.00	338.75	206.15
13-199	铝合金格栅天棚（直接吊在楼板下） 铝合金空腹格栅天棚 多边形	100m²	9647.90	1673.56	7390.43	0.00	363.00	220.91

（3）木格栅天棚

编号	项目名称	单位	基价	人工费	材料费	施工机具使用费	管理费	利润
13-200	木格栅天棚 井格规格（mm） 100×100×55	100m²	7642.98	1465.23	5618.74	35.43	325.49	198.09
13-201	胶合板格栅天棚 井格规格（mm） 100×100×55	100m²	10287.38	3458.28	5509.36	83.88	768.29	467.57
13-202	胶合板格栅天棚 井格规格（mm） 150×150×80	100m²	9752.96	3123.95	5436.80	75.81	694.03	422.37
13-203	胶合板格栅天棚 井格规格（mm） 200×200×100	100m²	8691.78	2565.38	5148.06	61.74	569.82	346.78
13-204	胶合板格栅天棚 井格规格（mm） 250×250×120	100m²	8230.56	2231.49	5147.42	54.18	495.76	301.71

（4）吊 筒 吊 挂

编号	项目名称	单位	基价	人工费	材料费	施工机具使用费	管理费	利润
13-205	铝合金筒形天棚（直接吊在天棚下） 圆筒形 分组规格（mm） 600×600	100m²	15946.02	1895.87	13388.69	0.00	411.21	250.25
13-206	铝合金筒形天棚（直接吊在天棚下） 方筒形 分组规格（mm） 600×600	100m²	13899.52	1785.36	11491.25	0.00	387.24	235.67
13-207	铝合金筒形天棚（直接吊在天棚下） 方筒形 分组规格（mm） 900×900	100m²	27981.48	1673.56	25724.01	0.00	363.00	220.91
13-208	铝合金筒形天棚（直接吊在天棚下） 方筒形 分组规格（mm） 1200×1200	100m²	47750.89	1561.76	45644.23	0.00	338.75	206.15

（5）藤条造型悬挂

编号	项目名称	单位	基价	人工费	材料费	施工机具使用费	管理费	利润
13-209	藤条造型悬挂吊顶	100m²	34076.85	1969.83	31419.74	0.00	427.26	260.02

（6）织物软雕吊挂

编号	项目名称	单位	基价	人工费	材料费	施工机具使用费	管理费	利润
13-210	织物软雕吊顶	$100m^2$	12315.41	1673.13	10058.53	0.00	362.90	220.85
13-211	软膜吊顶 弧拱形	$100m^2$	21799.13	4462.11	15780.19	0.00	967.83	589.00
13-212	软膜吊顶 圆形	$100m^2$	18181.99	3123.52	13968.68	0.00	677.49	412.30
13-213	软膜吊顶 矩形	$100m^2$	15769.90	2230.63	12761.01	0.00	483.82	294.44

（7）装饰网架吊挂

编号	项目名称	单位	基价	人工费	材料费	施工机具使用费	管理费	利润
13-214	装饰钢网架天棚	$100m^2$	41948.11	1990.26	39263.45	0.00	431.69	262.71

三、天棚其他装饰

1. 灯 带 （槽）

编号	项目名称	单位	基价	人工费	材料费	施工机具使用费	管理费	利润
13-215	悬挑式灯槽 直形 胶合板面	$100m^2$	15338.84	8769.85	2804.83	522.17	2015.44	1226.55
13-216	悬挑式灯槽 直形 细木工板面	$100m^2$	21492.77	9886.13	7362.27	589.44	2272.15	1382.78
13-217	悬挑式灯槽 弧形 胶合板面	$100m^2$	19305.74	11448.32	2942.68	682.35	2631.14	1601.25
13-218	附加式灯槽	$100m^2$	35330.72	21179.65	5058.94	1262.18	4867.63	2962.32

2. 送风口、回风口安装

编号	项目名称	单位	基价	人工费	材料费	施工机具使用费	管理费	利润
13-219	铝合金 送风口	个	79.84	14.41	60.40	0.00	3.13	1.90
13-220	铝合金 回风口	个	79.84	14.41	60.40	0.00	3.13	1.90
13-221	硬木 送风口	个	67.74	14.41	48.30	0.00	3.13	1.90
13-222	硬木 回风口	个	67.74	14.41	48.30	0.00	3.13	1.90

3. 检修道、走道制作安装

编号	项目名称	单位	基价	人工费	材料费	施工机具使用费	管理费	利润
13-223	天棚固定检修道 有吊杆	10m	1218.53	548.25	478.99	0.00	118.92	72.37
13-224	天棚固定检修道 无吊杆	10m	525.76	140.83	335.79	0.00	30.55	18.59
13-225	活动走道板	10m	207.26	31.18	165.20	0.00	6.76	4.12

4. 天 棚 开 孔

编号	项目名称	单位	基价	人工费	材料费	施工机具使用费	管理费	利润
13-226	灯光孔、风口（每个面积在 m^2 以内）开孔 0.02	10 个	98.61	73.10	0.00	0.00	15.86	9.65
13-227	灯光孔、风口（每个面积在 m^2 以内）开孔 0.04	10 个	123.26	91.38	0.00	0.00	19.82	12.06
13-228	灯光孔、风口（每个面积在 m^2 以内）开孔 0.1	10 个	165.03	122.34	0.00	0.00	26.54	16.15
13-229	灯光孔、风口（每个面积在 m^2 以内）开孔 0.5	10 个	204.47	151.58	0.00	0.00	32.88	20.01
13-230	格栅灯带	10m	271.17	201.03	0.00	0.00	43.60	26.54

四、补 充 项 目

1. 天棚石膏抹灰

编号	项目名称	单位	基价	人工费	材料费	施工机具使用费	管理费	利润
13-231	天棚抹灰 粉刷石膏 厚度 10mm 预制板	$100m^2$	2352.83	1591.00	155.68	37.84	353.30	215.01
13-232	天棚抹灰 粉刷石膏 厚度 10mm 现浇板	$100m^2$	2036.00	1462.00	12.86	37.84	325.32	197.98
13-233	天棚抹灰 粉刷石膏 每增减 1mm	$100m^2$	151.26	107.50	1.29	3.68	24.11	14.68

第十四章

油漆、涂料、裱糊工程

一、木门油漆

1. 调 和 漆

编号	项目名称	单位	基价	人工费	材料费	施工机具使用费	管理费	利润
14-1	单层木门 刷底油 调和漆二遍	100m²	4372.82	2686.21	749.39	0.00	582.64	354.58
14-2	单层木门 润油粉、满刮腻子 调和漆二遍	100m²	6351.38	4097.69	824.00	0.00	888.79	540.90
14-3	单层木门 每增加一遍调和漆	100m²	1366.49	777.66	317.51	0.00	168.67	102.65

2. 醇 酸 磁 漆

编号	项目名称	单位	基价	人工费	材料费	施工机具使用费	管理费	利润
14-4	单层木门 刷底油、调和漆二遍 磁漆一遍	100m²	5641.77	3317.67	1166.57	0.00	719.60	437.93
14-5	单层木门 润油粉、满刮腻子、调和漆一遍 磁漆二遍	100m²	8014.98	5010.36	1256.50	0.00	1086.75	661.37
14-6	单层木门 每增加一遍磁漆	100m²	1737.81	1034.15	342.84	0.00	224.31	136.51

3. 硝 基 清 漆

编号	项目名称	单位	基价	人工费	材料费	施工机具使用费	管理费	利润
14-7	单层木门 润水粉、满刮腻子、硝基清漆五遍、磨退出亮	100m²	14909.24	9067.20	2678.49	0.00	1966.68	1196.87
14-8	单层木门 每增加刷理漆片一遍	100m²	1598.33	1086.83	132.31	0.00	235.73	143.46
14-9	单层木门 每增加硝基清漆一遍	100m²	2297.84	1339.88	490.48	0.00	290.62	176.86

4. 醇 酸 清 漆

编号	项目名称	单位	基价	人工费	材料费	施工机具使用费	管理费	利润
14-10	单层木门 刷底油、油色 清漆二遍	$100m^2$	4239.44	2756.09	521.75	0.00	597.80	363.80
14-11	单层木门 润油粉、满刮腻子、油色清漆二遍	$100m^2$	6248.59	4149.72	651.04	0.00	900.07	547.76
14-12	单层木门 每增加一遍清漆	$100m^2$	773.24	468.06	141.88	0.00	101.52	61.78

5. 聚 酯 清 漆

编号	项目名称	单位	基价	人工费	材料费	施工机具使用费	管理费	利润
14-13	单层木门 满刮腻子、底漆二遍、聚酯清漆二遍	$100m^2$	6242.89	3182.00	1950.69	0.00	690.18	420.02
14-14	单层木门 每增加一遍聚酯清漆	$100m^2$	1248.27	612.11	422.59	0.00	132.77	80.80

6. 聚 酯 色 漆

编号	项目名称	单位	基价	人工费	材料费	施工机具使用费	管理费	利润
14-15	单层木门 满刮腻子、底漆二遍、聚酯色漆二遍	$100m^2$	6445.31	3264.56	2041.75	0.00	708.08	430.92
14-16	单层木门 每增加一遍聚酯色漆	$100m^2$	1315.12	628.02	467.98	0.00	136.22	82.90

7. 其 他 油 漆

编号	项目名称	单位	基价	人工费	材料费	施工机具使用费	管理费	利润
14-17	单层木门过氯乙烯漆 五遍成活	$100m^2$	12603.41	5537.11	5134.40	0.00	1201.00	730.90
14-18	单层木门过氯乙烯漆 每增加一遍底漆	$100m^2$	2130.46	972.23	819.02	0.00	210.88	128.33
14-19	单层木门过氯乙烯漆 每增加一遍磁漆	$100m^2$	2150.04	970.08	841.50	0.00	210.41	128.05
14-20	单层木门过氯乙烯漆 每增加一遍清漆	$100m^2$	2559.72	970.08	1251.18	0.00	210.41	128.05
14-21	单层木门 底漆二遍、裂纹漆二遍	$100m^2$	12026.85	6214.79	3643.72	0.00	1347.99	820.35
14-22	单层木门 底油一遍、熟桐油一遍	$100m^2$	3094.66	2085.29	281.81	0.00	452.30	275.26
14-23	单层木门 熟桐油、底油、生漆二遍	$100m^2$	21680.56	15391.42	919.07	0.00	3338.40	2031.67
14-24	单层木门 油漆面抛光打蜡	$100m^2$	1328.71	938.91	62.21	0.00	203.65	123.94

二、木扶手及其他板条、线条油漆

1.调 和 漆

编号	项目名称	单位	基价	人工费	材料费	施工机具使用费	管理费	利润
14-25	木扶手不带托板 刷底油、调和漆二遍	100m	1003.32	690.58	71.79	0.00	149.79	91.16
14-26	木线条（宽度）≤50mm 刷底油、调和漆二遍	100m	469.93	322.93	34.33	0.00	70.04	42.63
14-27	木线条（宽度）≤100mm 刷底油、调和漆二遍	100m	801.59	552.55	56.25	0.00	119.85	72.94
14-28	木线条（宽度）≤150mm 刷底油、调和漆二遍	100m	1307.14	908.81	81.25	0.00	197.12	119.96
14-29	木扶手 不带托板 润油粉、满刮腻子、调和漆二遍	100m	1587.35	1118.22	78.98	0.00	242.54	147.61
14-30	木线条（宽度）≤50mm 润油粉、满刮腻子、调和漆二遍	100m	741.08	521.38	37.79	0.00	113.09	68.82
14-31	木线条（宽度）≤100mm 润油粉、满刮腻子、调和漆二遍	100m	1269.75	895.48	61.84	0.00	194.23	118.20
14-32	木线条（宽度）≤150mm 润油粉、满刮腻子、调和漆二遍	100m	1802.15	1269.79	89.33	0.00	275.42	167.61
14-33	木扶手 不带托板 每增加一遍调和漆	100m	312.95	209.41	30.48	0.00	45.42	27.64
14-34	木线条（宽度）≤50mm 每增加一遍调和漆	100m	146.85	98.04	14.61	0.00	21.26	12.94
14-35	木线条（宽度）≤100mm 每增加一遍调和漆	100m	249.16	167.06	23.81	0.00	36.24	22.05
14-36	木线条（宽度）≤150mm 每增加一遍调和漆	100m	403.88	273.91	34.40	0.00	59.41	36.16

2. 醇 酸 磁 漆

编号	项目名称	单位	基价	人工费	材料费	施工机具使用费	管理费	利润
14-37	木扶手 不带托板 刷底油、调和漆二遍、磁漆一遍	100m	1313.92	891.18	111.80	0.00	193.30	117.64
14-38	木线条（宽度）≤50mm 刷底油、调和漆二遍、磁漆一遍	100m	612.33	414.31	53.47	0.00	89.86	54.69
14-39	木线条（宽度）≤100mm 刷底油、调和漆二遍、磁漆一遍	100m	1046.27	710.79	87.49	0.00	154.17	93.82
14-40	木线条（宽度）≤150mm 刷底油、调和漆二遍、磁漆一遍	100m	1484.80	1007.06	126.38	0.00	218.43	132.93
14-41	木扶手 不带托板 润油粉、满刮腻子、调和漆一遍、磁漆二遍	100m	1989.60	1385.68	120.46	0.00	300.55	182.91
14-42	木线条（宽度）≤50mm 润油粉、满刮腻子、调和漆一遍、磁漆二遍	100m	934.49	646.08	63.00	0.00	140.13	85.28
14-43	木线条（宽度）≤100mm 润油粉、满刮腻子、调和漆一遍、磁漆二遍	100m	1587.80	1107.25	94.23	0.00	240.16	146.16
14-44	木线条（宽度）≤150mm 润油粉、满刮腻子、调和漆一遍、磁漆二遍	100m	2254.69	1570.58	136.13	0.00	340.66	207.32
14-45	木扶手 不带托板 每增加一遍磁漆	100m	408.44	278.43	32.87	0.00	60.39	36.75
14-46	木线条（宽度）≤50mm 每增加一遍磁漆	100m	190.05	129.22	15.74	0.00	28.03	17.06
14-47	木线条（宽度）≤100mm 每增加一遍磁漆	100m	326.20	222.74	25.75	0.00	48.31	29.40
14-48	木线条（宽度）≤150mm 每增加一遍磁漆	100m	460.91	314.12	37.20	0.00	68.13	41.46

3. 硝基清漆

编号	项目名称	单位	基价	人工费	材料费	施工机具使用费	管理费	利润
14-49	木扶手 不带托板 润水粉、满刮腻子、硝基清漆五遍、磨退出亮	100m	3867.40	2676.75	256.73	0.00	580.59	353.33
14-50	木线条（宽度）≤50mm 润水粉、满刮腻子、硝基清漆五遍、磨退出亮	100m	1810.11	1250.87	122.82	0.00	271.31	165.11
14-51	木线条（宽度）≤100mm 润水粉、满刮腻子、硝基清漆五遍、磨退出亮	100m	3090.57	2142.26	200.87	0.00	464.66	282.78
14-52	木线条（宽度）≤150mm 润水粉、满刮腻子、硝基清漆五遍、磨退出亮	100m	4382.27	3033.65	290.18	0.00	658.00	400.44
14-53	木扶手 不带托板 每增加刷理漆片一遍	100m	419.01	301.22	12.70	0.00	65.33	39.76
14-54	木线条（宽度）≤50mm 每增加刷理漆片一遍	100m	196.32	141.04	6.07	0.00	30.59	18.62
14-55	木线条（宽度）≤100mm 每增加刷理漆片一遍	100m	336.78	242.31	9.93	0.00	52.56	31.98
14-56	木线条（宽度）≤150mm 每增加刷理漆片一遍	100m	474.84	341.42	14.30	0.00	74.05	45.07
14-57	木扶手 不带托板 每增加硝基清漆一遍	100m	544.46	368.73	47.08	0.00	79.98	48.67
14-58	木线条（宽度）≤50mm 每增加硝基清漆一遍	100m	255.62	172.86	22.45	0.00	37.49	22.82
14-59	木线条（宽度）≤100mm 每增加硝基清漆一遍	100m	434.76	294.98	36.86	0.00	63.98	38.94
14-60	木线条（宽度）≤150mm 每增加硝基清漆一遍	100m	618.36	419.04	53.12	0.00	90.89	55.31

4. 醇 酸 清 漆

编号	项目名称	单位	基价	人工费	材料费	施工机具使用费	管理费	利润
14-61	木扶手 不带托板 刷底油、油色、清漆二遍	100m	988.45	695.74	49.96	0.00	150.91	91.84
14-62	木线条（宽度）≤50mm 刷底油、油色、清漆二遍	100m	463.86	326.16	23.91	0.00	70.74	43.05
14-63	木线条（宽度）≤100mm 刷底油、油色、清漆二遍	100m	792.06	558.14	39.19	0.00	121.06	73.67
14-64	木线条（宽度）≤150mm 刷底油、油色、清漆二遍	100m	1122.07	789.91	56.56	0.00	171.33	104.27
14-65	木扶手 不带托板 润油粉、满刮腻子、油色、清漆二遍	100m	1525.56	1084.68	62.43	0.00	235.27	143.18
14-66	木线条（宽度）≤50mm 润油粉、满刮腻子、油色、清漆二遍	100m	712.26	505.90	29.85	0.00	109.73	66.78
14-67	木线条（宽度）≤100mm 润油粉、满刮腻子、油色、清漆二遍	100m	1221.69	869.46	48.87	0.00	188.59	114.77
14-68	木线条（宽度）≤150mm 润油粉、满刮腻子、油色、清漆二遍	100m	1727.99	1228.73	70.56	0.00	266.51	162.19
14-69	木扶手 不带托板 每增加一遍清漆	100m	160.35	108.79	13.60	0.00	23.60	14.36
14-70	木线条（宽度）≤50mm 每增加一遍清漆	100m	74.09	50.10	6.51	0.00	10.87	6.61
14-71	木线条（宽度）≤100mm 每增加一遍清漆	100m	129.26	87.94	10.64	0.00	19.07	11.61
14-72	木线条（宽度）≤150mm 每增加一遍清漆	100m	181.62	123.20	15.44	0.00	26.72	16.26

5. 聚 酯 清 漆

编号	项目名称	单位	基价	人工费	材料费	施工机具使用费	管理费	利润
14-73	木扶手 不带托板 满刮腻子、底漆二遍、聚酯清漆二遍	100m	1076.15	659.19	186.97	0.00	142.98	87.01
14-74	木线条（宽度）≤50mm 满刮腻子、底漆二遍、聚酯清漆二遍	100m	501.56	305.52	89.44	0.00	66.27	40.33
14-75	木线条（宽度）≤100mm 满刮腻子、底漆二遍、聚酯清漆二遍	100m	856.86	526.75	146.33	0.00	114.25	69.53
14-76	木线条（宽度）≤150mm 满刮腻子、底漆二遍、聚酯清漆二遍	100m	1217.40	745.84	211.34	0.00	161.77	98.45
14-77	木扶手 不带托板 每增加一遍聚酯清漆	100m	233.64	143.19	40.49	0.00	31.06	18.90
14-78	木线条（宽度）≤50mm 每增加一遍聚酯清漆	100m	110.18	67.30	19.40	0.00	14.60	8.88
14-79	木线条（宽度）≤100mm 每增加一遍聚酯清漆	100m	185.10	113.74	31.68	0.00	24.67	15.01
14-80	木线条（宽度）≤150mm 每增加一遍聚酯清漆	100m	264.46	162.11	45.79	0.00	35.16	21.40

6. 聚 酯 色 漆

编号	项目名称	单位	基价	人工费	材料费	施工机具使用费	管理费	利润
14-81	木扶手 不带托板 满刮腻子、底漆二遍、聚酯色漆二遍	100m	1108.08	676.39	195.70	0.00	146.71	89.28
14-82	木线条(宽度)≤50mm 满刮腻子、底漆二遍、聚酯色漆二遍	100m	516.46	313.47	93.62	0.00	67.99	41.38
14-83	木线条(宽度) ≤100mm 满刮腻子、底漆二遍、聚酯色漆二遍	100m	881.96	540.30	153.15	0.00	117.19	71.32
14-84	木线条(宽度) ≤150mm 满刮腻子、底漆二遍、聚酯色漆二遍	100m	1253.38	765.19	221.21	0.00	165.97	101.01
14-85	木扶手 不带托板 每增加一遍聚酯色漆	100m	243.22	147.06	44.85	0.00	31.90	19.41
14-86	木线条(宽度) ≤50mm 每增加一遍聚酯色漆	100m	114.58	69.02	21.48	0.00	14.97	9.11
14-87	木线条(宽度) ≤100mm 每增加一遍聚酯色漆	100m	192.56	116.75	35.08	0.00	25.32	15.41
14-88	木线条(宽度) ≤150mm 每增加一遍聚酯色漆	100m	275.17	166.41	50.70	0.00	36.09	21.97

7. 其 他 油 漆

编号	项目名称	单位	基价	人工费	材料费	施工机具使用费	管理费	利润
14-89	木扶手(不带托板)过氯乙烯漆 五遍成活	100m	2518.99	1502.64	492.08	0.00	325.92	198.35
14-90	木扶手(不带托板)过氯乙烯漆 每增加一遍 底漆	100m	430.90	261.23	78.53	0.00	56.66	34.48
14-91	木扶手(不带托板)过氯乙烯漆 每增加一遍 磁漆	100m	433.03	261.23	80.66	0.00	56.66	34.48
14-92	木扶手(不带托板)过氯乙烯漆 每增加一遍 清漆	100m	472.30	261.23	119.93	0.00	56.66	34.48
14-93	木扶手(不带托板) 底油一遍、熟桐油一遍	100m	740.15	528.69	27.00	0.00	114.67	69.79
14-94	木扶手(不带托板) 熟桐油、底油、生漆二遍	100m	3765.95	2727.28	87.12	0.00	591.55	360.00
14-95	木扶手(不带托板) 油漆面抛光打蜡	100m	280.03	203.18	5.96	0.00	44.07	26.82
14-96	木线条 油漆面抛光打蜡	100m	161.34	116.10	4.73	0.00	25.18	15.33

三、其他木材面油漆

1. 调 和 漆

编号	项目名称	单位	基价	人工费	材料费	施工机具使用费	管理费	利润
14-97	其他木材面 刷底油 调和漆二遍	100m^2	2962.14	1915.87	377.83	0.00	415.55	252.89
14-98	其他木材面 润油粉、满刮腻子 调和漆二遍	100m^2	4388.04	2945.07	415.43	0.00	638.79	388.75
14-99	其他木材面 每增加一遍调和漆	100m^2	923.44	565.88	160.12	0.00	122.74	74.70

2. 醇 酸 磁 漆

编号	项目名称	单位	基价	人工费	材料费	施工机具使用费	管理费	利润
14-100	其他木材面 刷底油、调和漆二遍 磁漆一遍	100m^2	3839.48	2410.37	588.13	0.00	522.81	318.17
14-101	其他木材面 润油粉、满刮腻子、调和漆一遍 磁漆二遍	100m^2	5534.51	3633.29	633.57	0.00	788.06	479.59
14-102	其他木材面 每增加一遍磁漆	100m^2	1185.54	750.78	172.82	0.00	162.84	99.10

3. 硝 基 清 漆

编号	项目名称	单位	基价	人工费	材料费	施工机具使用费	管理费	利润
14-103	其他木材面 润水粉、满刮腻子、硝基清漆五遍、磨退出亮	100m^2	10785.32	6994.81	1350.03	0.00	1517.17	923.31
14-104	其他木材面 每增加刷理漆片一遍	100m^2	1138.00	794.21	66.69	0.00	172.26	104.84
14-105	其他木材面 每增加硝基清漆一遍	100m^2	1568.58	979.54	247.28	0.00	212.46	129.30

4. 醇 酸 清 漆

编号	项目名称	单位	基价	人工费	材料费	施工机具使用费	管理费	利润
14-106	其他木材面 刷底油、油色 清漆二遍	100m^2	2892.92	1949.62	263.08	0.00	422.87	257.35
14-107	其他木材面 润油粉、刮腻子、油色清漆二遍	100m^2	4198.46	2869.18	328.22	0.00	622.33	378.73
14-108	其他木材面 每增加一遍清漆	100m^2	483.07	305.09	71.54	0.00	66.17	40.27

5. 聚酯清漆

编号	项目名称	单位	基价	人工费	材料费	施工机具使用费	管理费	利润
14-109	其他木材面 满刮腻子、底漆二遍、聚酯清漆二遍	100m²	3378.73	1775.69	983.50	0.00	385.15	234.39
14-110	其他木材面 每增加一遍聚酯清漆	100m²	752.89	400.12	213.16	0.00	86.79	52.82

6. 聚酯色漆

编号	项目名称	单位	基价	人工费	材料费	施工机具使用费	管理费	利润
14-111	其他木材面 满刮腻子、底漆二遍、聚酯色漆二遍	100m²	3486.98	1821.91	1029.41	0.00	395.17	240.49
14-112	其他木材面 每增加一遍聚酯色漆	100m²	789.86	410.65	235.93	0.00	89.07	54.21

7. 其他油漆

编号	项目名称	单位	基价	人工费	材料费	施工机具使用费	管理费	利润
14-113	其他木材面过氯乙烯漆 五遍成活	100m²	8009.28	4018.57	2588.63	0.00	871.63	530.45
14-114	其他木材面过氯乙烯漆 每增加一遍 底漆	100m²	1362.98	704.34	412.90	0.00	152.77	92.97
14-115	其他木材面过氯乙烯漆 每增加一遍 磁漆	100m²	1374.32	704.34	424.24	0.00	152.77	92.97
14-116	其他木材面过氯乙烯漆 每增加一遍 清漆	100m²	1580.89	704.34	630.81	0.00	152.77	92.97
14-117	其他木材面 底漆二遍、裂纹漆二遍	100m²	8147.06	4672.17	1844.77	0.00	1013.39	616.73
14-118	其他木材面 底油一遍、熟桐油一遍	100m²	2225.23	1544.35	142.06	0.00	334.97	203.85
14-119	其他木材面 熟桐油、底油、生漆二遍	100m²	9444.17	6729.07	367.32	0.00	1459.54	888.24
14-120	其他木材面 油漆面抛光打蜡	100m²	618.64	435.38	31.36	0.00	94.43	57.47
14-121	木材面 满刮腻子每增加一遍	100m²	751.30	495.36	83.11	0.00	107.44	65.39
14-122	木材面 清漆操底油	100m²	739.82	424.20	167.62	0.00	92.01	55.99
14-123	双向木龙骨 防火涂料二遍	100m²	2914.47	1653.14	684.55	0.00	358.57	218.21
14-124	单向木龙骨 防火涂料二遍	100m²	1444.62	817.22	342.27	0.00	177.26	107.87
14-125	木基层板 防火涂料二遍	100m²	1915.04	750.14	903.17	0.00	162.71	99.02
14-126	双向木龙骨 防火涂料每增加一遍	100m²	1221.01	702.19	273.82	0.00	152.31	92.69
14-127	单向木龙骨 防火涂料每增加一遍	100m²	616.01	355.18	136.91	0.00	77.04	46.88
14-128	木基层板 防火涂料每增加一遍	100m²	789.05	317.13	361.27	0.00	68.79	41.86
14-129	双向木龙骨 防腐油一遍	100m²	554.85	363.57	64.43	0.00	78.86	47.99
14-130	单向木龙骨 防腐油一遍	100m²	279.36	181.68	34.29	0.00	39.41	23.98
14-131	木基层板 防腐油一遍	100m²	507.58	167.27	281.95	0.00	36.28	22.08

8. 木地板油漆

编号	项目名称	单位	基价	人工费	材料费	施工机具使用费	管理费	利润
14-132	木地板面 底油一遍 调和漆三遍	100m²	2023.89	1169.60	446.21	0.00	253.69	154.39
14-133	木地板面 底油一遍 油色、清漆三遍	100m²	2074.25	1336.66	271.23	0.00	289.92	176.44
14-134	木地板面 底油一遍 润油粉一遍、漆片四遍、擦蜡	100m²	2245.05	1453.62	284.26	0.00	315.29	191.88

四、金属面油漆

1. 金属面防腐涂料、漆

编号	项目名称	单位	基价	人工费	材料费	施工机具使用费	管理费	利润
14-135	金属面 冷固环氧树脂涂料 底漆二遍	100m²	2429.03	1021.25	1051.46	0.00	221.51	134.81
14-136	金属面 冷固环氧树脂涂料 底漆每增加一遍	100m²	1222.46	539.22	495.10	0.00	116.96	71.18
14-137	金属面 冷固环氧树脂涂料 面漆每一遍	100m²	907.23	367.65	411.31	0.00	79.74	48.53
14-138	金属面 环氧呋喃树脂涂料 底漆二遍	100m²	2615.30	1031.57	1223.81	0.00	223.75	136.17
14-139	金属面 环氧呋喃树脂涂料 底漆每增加一遍	100m²	1375.22	543.31	642.35	0.00	117.84	71.72
14-140	金属面 环氧呋喃树脂涂料 面漆每一遍	100m²	1048.37	369.80	549.55	0.00	80.21	48.81
14-141	金属面 氯磺化聚乙烯涂料 底漆每一遍	100m²	2424.14	1342.03	613.87	0.00	291.09	177.15
14-142	金属面 氯磺化聚乙烯涂料 中间漆每一遍	100m²	2038.13	1096.93	558.49	0.00	237.92	144.79
14-143	金属面 氯磺化聚乙烯涂料 面漆每一遍	100m²	1766.08	980.40	443.62	0.00	212.65	129.41
14-144	金属面 聚氨酯涂料 底漆 二遍	100m²	2120.21	1066.19	682.02	0.00	231.26	140.74
14-145	金属面 聚氨酯涂料 底漆 每增加一遍	100m²	1258.61	680.26	341.01	0.00	147.55	89.79
14-146	金属面 聚氨酯涂料 中间漆 每一遍	100m²	956.11	506.54	272.84	0.00	109.87	66.86
14-147	金属面 聚氨酯涂料 面漆 每一遍	100m²	995.42	506.54	312.15	0.00	109.87	66.86

续前

编号	项目名称	单位	基价	人工费	材料费	施工机具使用费	管理费	利润
14-148	金属面 酚醛树脂涂料 底漆 二遍	$100m^2$	2567.17	1282.69	836.94	0.00	278.22	169.32
14-149	金属面 酚醛树脂涂料 底漆 每增加一遍	$100m^2$	1327.85	690.37	396.61	0.00	149.74	91.13
14-150	金属面 酚醛树脂涂料 中间漆 每一遍	$100m^2$	1063.83	563.73	303.42	0.00	122.27	74.41
14-151	金属面 酚醛树脂涂料 面漆 每一遍	$100m^2$	923.18	457.52	306.03	0.00	99.24	60.39
14-152	金属面 磷化底漆 一遍	$100m^2$	1348.93	776.15	301.98	0.00	168.35	102.45
14-153	金属面 过氯乙烯涂料 底漆 两遍	$100m^2$	1887.71	700.90	572.12	274.41	211.54	128.74
14-154	金属面 过氯乙烯涂料 底漆 每增加一遍	$100m^2$	761.81	216.51	284.69	137.20	76.72	46.69
14-155	金属面 过氯乙烯涂料 中间漆 每一遍	$100m^2$	1250.46	302.29	549.53	217.34	112.71	68.59
14-156	金属面 过氯乙烯涂料 面漆 每一遍	$100m^2$	544.10	134.81	208.30	114.13	54.00	32.86
14-157	金属面 环氧富锌底漆 每一遍	$100m^2$	1068.82	390.23	542.44	0.00	84.64	51.51
14-158	金属面 环氧云铁中间漆 每一遍	$100m^2$	2044.47	508.69	1358.30	0.00	110.33	67.15
14-159	金属面 耐高温防腐漆 面漆 二遍	$100m^2$	5524.00	3081.17	1367.81	0.00	668.31	406.71
14-160	金属面 耐高温防腐漆 面漆 每增加一遍	$100m^2$	2194.74	1120.58	683.19	0.00	243.05	147.92
14-161	金属面 改性沥青漆 三遍	$100m^2$	2297.88	1518.55	249.51	0.00	329.37	200.45
14-162	金属面 改性沥青漆 每增加一遍	$100m^2$	732.74	485.26	78.18	0.00	105.25	64.05
14-163	金属面 氯化橡胶漆 底漆 一遍	$100m^2$	2607.41	1540.69	529.17	0.00	334.18	203.37
14-164	金属面 氯化橡胶漆 中间漆 一遍	$100m^2$	2188.28	1260.55	487.93	0.00	273.41	166.39
14-165	金属面 氯化橡胶漆 中间漆 每增一遍	$100m^2$	2125.42	1260.55	425.07	0.00	273.41	166.39
14-166	金属面 氯化橡胶漆 面漆 一遍	$100m^2$	1986.96	1120.58	475.41	0.00	243.05	147.92
14-167	金属面 互穿网络防腐漆 底漆 二遍	$100m^2$	4545.69	2801.02	767.40	0.00	607.54	369.73
14-168	金属面 互穿网络防腐漆 底漆 每增加一遍	$100m^2$	2033.98	1260.55	333.63	0.00	273.41	166.39
14-169	金属面 互穿网络防腐漆 面漆 二遍	$100m^2$	3809.81	2235.14	794.83	0.00	484.80	295.04
14-170	金属面 互穿网络防腐漆 面漆 每增加一遍	$100m^2$	1908.97	1120.58	397.42	0.00	243.05	147.92

2. 金属面其他油漆

编号	项目名称	单位	基价	人工费	材料费	施工机具使用费	管理费	利润
14-171	金属面 调和漆二遍	$100m^2$	1263.48	777.87	214.21	0.00	168.72	102.68
14-172	金属面 调和漆每增加一遍	$100m^2$	594.24	364.64	102.38	0.00	79.09	48.13
14-173	金属面 醇酸磁漆 二遍	$100m^2$	1465.56	878.28	280.85	0.00	190.50	115.93
14-174	金属面 醇酸磁漆 每增加一遍	$100m^2$	696.97	412.59	140.43	0.00	89.49	54.46
14-175	金属面 银粉漆二遍	$100m^2$	1270.75	777.87	221.48	0.00	168.72	102.68
14-176	金属面 红丹防锈漆一遍	$100m^2$	793.68	443.55	195.37	0.00	96.21	58.55
14-177	金属面 每增加一遍	$100m^2$	624.77	332.82	175.83	0.00	72.19	43.93
14-178	金属面 氟碳漆	$100m^2$	10525.40	5340.60	3321.46	0.00	1158.38	704.96

3. 金属面防火涂料

编号	项目名称	单位	基价	人工费	材料费	施工机具使用费	管理费	利润
14-179	金属面 超薄型防火涂料（耐火时间≥1h）涂层厚度（mm） 2.0	$100m^2$	3211.41	746.48	2073.45	97.14	182.98	111.36
14-180	金属面 超薄型防火涂料（耐火时间≥1h）涂层厚度（mm） 每增减 0.5	$100m^2$	655.77	90.52	517.29	12.14	22.27	13.55
14-181	金属面 薄型防火涂料（耐火时间≥1h）涂层厚度（mm） 5.0	$100m^2$	3635.20	854.41	2332.00	111.71	209.55	127.53
14-182	金属面 薄型防火涂料（耐火时间≥1h）涂层厚度（mm） 每增减 0.5	$100m^2$	389.27	102.34	233.20	13.36	25.10	15.27
14-183	金属面 厚型防火涂料（耐火时间≥2h）涂层厚度（mm） 25.0	$100m^2$	7400.83	1896.30	4130.45	528.18	525.87	320.03
14-184	金属面 厚型防火涂料（耐火时间≥2h）涂层厚度（mm） 每增减 5.0	$100m^2$	1418.64	324.65	826.77	114.13	95.17	57.92

五、抹灰面油漆

1. 调和漆、真石漆、氟碳漆

编号	项目名称	单位	基价	人工费	材料费	施工机具使用费	管理费	利润
14-185	调和漆 墙面 满刮腻子、底油一遍、调和漆二遍	$100m^2$	1870.87	941.92	600.32	0.00	204.30	124.33
14-186	调和漆 墙面 每增加一遍调和漆	$100m^2$	450.73	196.30	185.94	0.00	42.58	25.91
14-187	真石漆 墙面	$100m^2$	13112.21	6304.45	4608.13	0.00	1367.44	832.19
14-188	氟碳漆 墙面	$100m^2$	18664.80	7235.83	8904.39	0.00	1569.45	955.13
14-189	裂纹漆 墙面	$100m^2$	9585.62	5914.65	1607.35	0.00	1282.89	780.73

2. 过氯乙烯漆

编号	项目名称	单位	基价	人工费	材料费	施工机具使用费	管理费	利润
14-190	过氯乙烯漆 墙面 五遍成活	100m²	4219.19	1533.17	2151.10	0.00	332.54	202.38
14-191	过氯乙烯漆 墙面 每增加一遍底漆	100m²	681.77	251.34	342.73	0.00	54.52	33.18
14-192	过氯乙烯漆 墙面 每增加一遍磁漆	100m²	703.21	260.15	352.29	0.00	56.43	34.34
14-193	过氯乙烯漆 墙面 每增加一遍清漆	100m²	874.16	260.15	523.24	0.00	56.43	34.34

3. 乳　胶　漆

编号	项目名称	单位	基价	人工费	材料费	施工机具使用费	管理费	利润
14-194	乳胶漆 室外 墙面 二遍	100m²	3518.36	1980.80	846.45	0.00	429.64	261.47
14-195	乳胶漆 室外 每增加一遍	100m²	731.46	397.11	195.80	0.00	86.13	52.42
14-196	乳胶漆 室内 墙面 二遍	100m²	2971.96	1676.57	710.43	0.00	363.65	221.31
14-197	乳胶漆 室内 天棚面 二遍	100m²	3537.20	2095.61	710.43	0.00	454.54	276.62
14-198	乳胶漆 室内 每增加一遍	100m²	671.01	397.11	135.35	0.00	86.13	52.42
14-199	乳胶漆 室内拉毛面 二遍	100m²	2737.69	1336.87	934.38	0.00	289.97	176.47
14-200	乳胶漆 石膏饰物 二遍	100m²	8747.69	6127.50	482.31	0.00	1329.05	808.83
14-201	乳胶漆 混凝土花格窗、栏杆、花饰二遍	100m²	3116.46	1667.76	866.82	0.00	361.74	220.14
14-202	乳胶漆 线条（宽度）≤50mm	100m	712.43	485.26	57.87	0.00	105.25	64.05
14-203	乳胶漆 线条（宽度）≤100mm	100m	982.58	663.92	87.02	0.00	144.00	87.64
14-204	乳胶漆 线条（宽度）≤150mm	100m	1350.93	908.38	125.61	0.00	197.03	119.91

4. 耐　磨　漆

编号	项目名称	单位	基价	人工费	材料费	施工机具使用费	管理费	利润
14-205	KCM 耐磨漆 地面 三遍	100m²	3661.12	2388.22	439.65	0.00	518.00	315.25
14-206	KCM 耐磨漆 地面 每增减一遍	100m²	910.43	616.84	78.38	0.00	133.79	81.42
14-207	KCM 耐磨漆 踢脚线 三遍	100m	645.14	431.94	62.49	0.00	93.69	57.02
14-208	KCM 耐磨漆 踢脚线 每增减一遍	100m	244.59	173.29	10.84	0.00	37.59	22.87

六、喷刷涂料

1. 涂　　料

编号	项目名称	单位	基价	人工费	材料费	施工机具使用费	管理费	利润
14-209	内墙涂料 墙面 二遍	100m^2	2602.30	1506.72	569.88	0.00	326.81	198.89
14-210	内墙涂料 天棚面 二遍	100m^2	3110.11	1883.19	569.88	0.00	408.46	248.58
14-211	内墙涂料 每增加一遍	100m^2	718.72	419.25	153.19	0.00	90.94	55.34
14-212	仿瓷涂料 墙面 三遍	100m^2	6093.34	1940.38	3475.96	0.00	420.87	256.13
14-213	仿瓷涂料 天棚面 三遍	100m^2	6747.61	2425.42	3475.96	0.00	526.07	320.16
14-214	仿瓷涂料 每增加一遍	100m^2	1466.41	347.23	998.04	0.00	75.31	45.83
14-215	凹凸型涂料 墙面	100m^2	9972.98	1611.43	7799.32	0.00	349.52	212.71
14-216	多彩涂料 墙面	100m^2	3414.56	1407.18	1516.41	0.00	305.22	185.75
14-217	外墙丙烯酸酯涂料 墙面 二遍	100m^2	3819.06	1667.97	1569.14	0.00	361.78	220.17
14-218	外墙丙烯酸酯涂料 墙面 每增加一遍	100m^2	1195.47	392.59	665.91	0.00	85.15	51.82
14-219	外墙丙烯酸酯涂料 混凝土花格窗栏杆花饰 二遍	100m^2	5607.18	1700.87	3312.88	0.00	368.92	224.51

2. 胶砂、彩砂喷涂

编号	项目名称	单位	基价	人工费	材料费	施工机具使用费	管理费	利润
14-220	胶砂喷涂 墙面	100m^2	4126.22	2068.09	1253.21	61.80	461.97	281.15
14-221	彩砂喷涂 墙面	100m^2	8689.75	1838.25	6160.80	36.57	406.65	247.48

3. 一 塑 三 油

编号	项目名称	单位	基价	人工费	材料费	施工机具使用费	管理费	利润
14-222	一塑三油 墙面 大压花	100m^2	6740.69	2226.33	3452.91	211.05	528.67	321.73
14-223	一塑三油 墙面 中压花喷大点	100m^2	5513.41	2001.65	2557.46	189.73	475.31	289.26
14-224	一塑三油 墙面 喷中点、细点	100m^2	4760.21	1811.81	2083.33	172.68	430.44	261.95
14-225	一塑三油 墙面 平面	100m^2	2259.82	1041.68	854.70	0.00	225.94	137.50

4. 美术涂饰

编号	项目名称	单位	基价	人工费	材料费	施工机具使用费	管理费	利润
14-226	仿木纹涂饰 墙面	$100m^2$	5072.09	3201.57	753.49	0.00	694.42	422.61
14-227	仿石纹涂饰 墙面	$100m^2$	3626.85	2190.64	671.90	0.00	475.15	289.16

5. 腻子及其他

编号	项目名称	单位	基价	人工费	材料费	施工机具使用费	管理费	利润
14-228	刮腻子 室外 墙面 二遍	$100m^2$	1746.25	1119.08	236.72	0.00	242.73	147.72
14-229	刮腻子 室内 墙面 二遍	$100m^2$	1609.06	1017.38	236.72	0.00	220.67	134.29
14-230	刮腻子 室内 天棚面 二遍	$100m^2$	1952.16	1271.73	236.72	0.00	275.84	167.87
14-231	刮腻子 每增减一遍	$100m^2$	732.32	455.16	118.36	0.00	98.72	60.08
14-232	抗碱封底涂料 墙面	$100m^2$	990.07	451.50	381.04	0.00	97.93	59.60
14-233	抗碱封底涂料 天棚面	$100m^2$	1142.33	564.38	381.04	0.00	122.41	74.50
14-234	防霉涂料 墙面	$100m^2$	1485.38	677.25	571.83	0.00	146.90	89.40
14-235	防霉涂料 天棚面	$100m^2$	1717.38	849.25	571.83	0.00	184.20	112.10
14-236	喷刷阻燃剂 软包面	$100m^2$	1453.57	967.50	148.51	0.00	209.85	127.71
14-237	喷刷阻燃剂 地毯面	$100m^2$	1923.07	1290.00	182.99	0.00	279.80	170.28
14-238	天棚、墙、柱面板缝粘贴胶带	$100m^2$	1271.47	807.97	181.60	0.00	175.25	106.65

七、裱 糊

1. 壁 纸

编号	项目名称	单位	基价	人工费	材料费	施工机具使用费	管理费	利润
14-239	墙面 普通壁纸 对花	$100m^2$	5205.27	1579.39	3074.83	0.00	342.57	208.48
14-240	墙面 普通壁纸 不对花	$100m^2$	4463.24	1122.73	2948.79	0.00	243.52	148.20
14-241	墙面 金属壁纸	$100m^2$	9313.76	2574.20	5841.43	0.00	558.34	339.79
14-242	天棚面 普通壁纸 对花	$100m^2$	6288.48	2382.42	3074.83	0.00	516.75	314.48
14-243	天棚面 普通壁纸 不对花	$100m^2$	5287.46	1733.76	2948.79	0.00	376.05	228.86
14-244	天棚面 金属壁纸	$100m^2$	10652.75	3566.85	5841.43	0.00	773.65	470.82

2. 织 锦 缎

编号	项目名称	单位	基价	人工费	材料费	施工机具使用费	管理费	利润
14-245	墙面 贴织锦缎	$100m^2$	6038.18	2874.34	2160.99	0.00	623.44	379.41
14-246	天棚面 贴织锦缎	$100m^2$	8362.06	4597.13	2160.99	0.00	997.12	606.82

第十五章

其他工程

一、柜台、货架

编号	项目名称	单位	基价	人工费	材料费	施工机具使用费	管理费	利润
15-1	铝合金 柜台 1500 × 900 × 500	个	1194.84	168.56	967.47	0.00	36.56	22.25
15-2	铝合金 货架 1500 × 2000 × 500	个	1757.72	297.56	1356.34	0.00	64.54	39.28
15-3	木质柜台 四面玻璃不带框 1500 × 900 × 500	个	1629.76	516.00	920.94	9.48	113.98	69.36
15-4	木质柜台 半玻带框 1500 × 900 × 500	个	1453.08	519.44	736.71	11.64	115.19	70.10
15-5	木质柜台 普通角柜 1400 × 900 × 500	个	1665.21	710.36	692.88	10.47	156.35	95.15
15-6	酒吧台	m	1064.52	291.97	648.99	16.08	66.82	40.66
15-7	酒吧吊柜	m	1209.69	269.40	817.36	21.45	63.09	38.39
15-8	酒吧背柜	m	1917.14	495.15	1196.19	39.32	115.93	70.55
15-9	嵌入式木壁柜	m^2	1282.02	165.55	1047.13	8.58	37.77	22.99
15-10	附墙矮柜	m^2	1279.12	212.21	978.20	10.87	48.39	29.45
15-11	隔断木衣柜	m^2	1579.63	185.12	1310.64	14.30	43.25	26.32
15-12	附墙书柜	m	1532.40	224.25	1214.47	11.45	51.12	31.11
15-13	附墙衣柜	m	1146.78	213.71	843.85	10.87	48.71	29.64
15-14	附墙酒柜	m	1138.47	206.19	846.44	10.30	46.96	28.58
15-15	厨房矮柜 大理石台面	m^2	1207.25	334.11	756.41	0.12	72.49	44.12
15-16	厨房矮柜 复合板台面	m^2	976.56	296.49	576.47	0.12	64.33	39.15
15-17	吊厨	m^2	1030.06	364.21	535.54	2.40	79.52	48.39
15-18	壁橱	m^2	703.63	230.27	391.44	1.17	50.20	30.55
15-19	衣服货架	m^2	533.43	170.07	285.95	13.40	39.79	24.22
15-20	袜子货架	m^2	684.27	170.07	443.29	8.58	38.75	23.58
15-21	文胸货架	m^2	685.62	188.13	418.72	9.73	42.92	26.12
15-22	木质靠墙展衣架 1400 × 260	m	987.08	519.23	269.42	12.80	115.40	70.23
15-23	博古架 板厚 18mm	m^2	396.43	186.62	144.70	0.00	40.48	24.63
15-24	服务台	m^2	1186.27	209.20	901.98	1.56	45.71	27.82

二、压条、装饰线

1. 木 装 饰 线

编号	项目名称	单位	基价	人工费	材料费	施工机具使用费	管理费	利润
15-25	木装饰线 平面线 宽度 ≤25mm	100m	2099.24	432.58	1508.58	5.30	94.98	57.80
15-26	木装饰线 平面线 宽度 ≤50mm	100m	2319.15	510.84	1622.93	5.30	111.95	68.13
15-27	木装饰线 平面线 宽度 ≤100mm	100m	2653.35	594.48	1844.72	4.99	130.03	79.13
15-28	木装饰线 平面线 宽度 ≤150mm	100m	3103.15	680.26	2178.82	4.99	148.63	90.45
15-29	木装饰线 平面线 宽度 ≤200mm	100m	3520.14	745.41	2507.93	4.99	162.76	99.05
15-30	木装饰线 顶角线 宽度 ≤25mm	100m	1655.48	577.92	869.20	4.99	126.43	76.94
15-31	木装饰线 顶角线 宽度 ≤50mm	100m	2136.09	614.04	1301.08	4.99	134.27	81.71
15-32	木装饰线 顶角线 宽度 ≤80mm	100m	2389.91	714.66	1419.18	4.99	156.09	94.99
15-33	木装饰线 顶角线 宽度 ≤100mm	100m	2694.16	779.38	1636.12	4.99	170.13	103.54
15-34	木装饰线 角线 宽度 ≤25mm	100m	1698.84	529.76	977.10	5.30	116.05	70.63
15-35	木装饰线 角线 宽度 ≤50mm	100m	2517.86	578.14	1730.86	5.30	126.55	77.01
15-36	木装饰线 角线 宽度 ≤80mm	100m	3014.56	620.06	2171.01	5.30	135.64	82.55
15-37	木装饰线 角线 宽度 ≤100mm	100m	3376.22	650.16	2492.07	5.30	142.17	86.52

2. 金属装饰线

编号	项目名称	单位	基价	人工费	材料费	施工机具使用费	管理费	利润
15-38	铝合金装饰线 角线 宽度 ≤20mm	100m	2574.82	633.82	1719.86	0.00	137.48	83.66
15-39	铝合金装饰线 角线 宽度 ≤50mm	100m	3780.62	731.43	2793.99	0.00	158.65	96.55
15-40	铝合金装饰线 槽线 宽度 ≤20mm	100m	2492.37	488.05	1834.04	0.00	105.86	64.42
15-41	铝合金装饰线 槽线 宽度 ≤50mm	100m	2780.16	563.30	2020.32	0.00	122.18	74.36
15-42	不锈钢装饰线 角线 宽度 ≤20mm	100m	2529.24	633.82	1674.28	0.00	137.48	83.66
15-43	不锈钢装饰线 角线 宽度 ≤50mm	100m	3844.78	731.43	2800.88	42.46	167.86	102.15
15-44	不锈钢装饰线 角线 宽度 ≤75mm	100m	4573.28	828.83	3380.81	55.20	191.75	116.69
15-45	不锈钢装饰线 槽线 宽度 ≤20mm	100m	2340.33	488.05	1682.00	0.00	105.86	64.42
15-46	不锈钢装饰线 槽线 宽度 ≤50mm	100m	3606.90	563.30	2847.06	0.00	122.18	74.36

3. 石材装饰线

编号	项目名称	单位	基价	人工费	材料费	施工机具使用费	管理费	利润
15-47	石材装饰线 砂浆粘贴 宽度 ≤ 50mm	100m	6269.78	1462.43	4289.67	5.51	318.40	193.77
15-48	石材装饰线 砂浆粘贴 宽度 ≤ 100mm	100m	6626.33	1799.12	4185.04	10.72	392.55	238.90
15-49	石材装饰线 砂浆粘贴 宽度 ≤ 150mm	100m	7209.70	2196.23	4225.32	16.23	479.88	292.04
15-50	石材装饰线 砂浆粘贴 宽度 ≤ 200mm	100m	7349.87	2233.85	4304.56	23.77	489.68	298.01
15-51	石材装饰线 粘贴剂粘贴 宽度 ≤ 50mm	100m	6296.36	1593.58	4141.30	4.06	346.53	210.89
15-52	石材装饰线 粘贴剂粘贴 宽度 ≤ 100mm	100m	6850.13	1951.77	4206.43	8.12	425.10	258.71
15-53	石材装饰线 粘贴剂粘贴 宽度 ≤ 150mm	100m	7485.92	2374.89	4266.02	12.17	517.75	315.09
15-54	石材装饰线 干挂 宽度 ≤ 150mm	100m	11086.50	3993.63	5699.49	0.00	866.22	527.16
15-55	石材装饰线 干挂 宽度 ≤ 350mm	100m	12464.68	5026.92	5683.87	0.00	1090.34	663.55
15-56	石材装饰线 锚固灌浆挂贴 宽度 ≤ 100mm	100m	8642.76	2969.58	4612.69	18.09	648.03	394.37
15-57	石材装饰线 锚固灌浆挂贴 宽度 ≤ 150mm	100m	9093.99	3239.84	4688.22	26.35	708.44	431.14
15-58	石材装饰线 锚固灌浆挂贴 宽度 ≤ 200mm	100m	9571.81	3523.64	4771.81	34.81	771.83	469.72
15-59	石材装饰线 锚固灌浆挂贴 宽度 ≤ 350mm	100m	10507.61	4018.35	5007.49	59.13	884.41	538.23

4. 其他装饰线

编号	项目名称	单位	基价	人工费	材料费	施工机具使用费	管理费	利润
15-60	瓷砖装饰线条 砂浆粘贴 角线	100m	19446.25	1182.50	17851.18	0.00	256.48	156.09
15-61	瓷砖装饰线条 砂浆粘贴 平线 ≤ 80mm	100m	15222.23	1204.00	13598.15	0.00	261.15	158.93
15-62	瓷砖装饰线条 砂浆粘贴 平线 ≤ 100mm	100m	15168.12	1247.00	13486.05	0.00	270.47	164.60
15-63	石膏装饰线 石膏平面线（宽度 mm）≤ 50	100m	1041.28	578.35	261.15	0.00	125.44	76.34
15-64	石膏装饰线 石膏平面线（宽度 mm）≤ 100	100m	2348.26	638.55	1486.92	0.00	138.50	84.29
15-65	石膏装饰线 石膏平面线（宽度 mm）≤ 150	100m	3233.84	758.95	2210.09	0.00	164.62	100.18
15-66	石膏装饰线 石膏平面线（宽度 mm）≤ 200	100m	2017.03	827.75	900.48	0.00	179.54	109.26
15-67	石膏装饰线 石膏阴阳脚线（宽度 mm）≤ 50	100m	2096.92	733.15	1107.97	0.00	159.02	96.78
15-68	石膏装饰线 石膏阴阳脚线（宽度 mm）≤ 100	100m	3108.88	733.15	2119.93	0.00	159.02	96.78
15-69	石膏装饰线 石膏阴阳脚线（宽度 mm）≤ 150	100m	4257.11	834.20	3131.86	0.00	180.94	110.11
15-70	石膏装饰线 石膏阴阳脚线（宽度 mm）≤ 200	100m	5375.57	909.45	4148.81	0.00	197.26	120.05
15-71	石膏角花	10 个	2338.45	232.20	2025.24	0.00	50.36	30.65
15-72	石膏灯盘（直径 mm）≤ 500	10 个	1394.74	494.50	727.71	0.00	107.26	65.27
15-73	石膏灯盘（直径 mm）≤ 1000	10 个	2194.95	679.40	1278.51	0.00	147.36	89.68
15-74	石膏灯盘（直径 mm）≤ 1500	10 个	3418.93	789.05	2354.59	0.00	171.14	104.15
15-75	玻璃镜面装饰线条	100m	1233.62	628.66	385.62	0.00	136.36	82.98
15-76	聚氯乙烯装饰线条	100m	1186.61	382.70	670.38	0.00	83.01	50.52
15-77	欧式装饰线 外挂檐口板 宽 × 高（mm）≤ 550 × 550	100m	21963.85	4020.50	16459.29	60.28	885.12	538.66
15-78	欧式装饰线 外挂檐口板 宽 × 高（mm）> 550 × 550	100m	27647.19	6428.50	18823.30	113.05	1418.86	863.48
15-79	欧式装饰线 外挂腰线板 宽 × 高（mm）≤ 400 × 400	100m	15731.18	3074.50	11527.56	41.83	675.93	411.36
15-80	欧式装饰线 外挂腰线板 宽 × 高（mm）> 400 × 400	100m	18553.30	3977.50	13106.74	60.28	875.79	532.99
15-81	欧式装饰线 山花浮雕 宽 × 高（mm）≤ 1200 × 400	100 件	86714.84	1913.50	84082.96	37.63	423.20	257.55
15-82	欧式装饰线 山花浮雕 宽 × 高（mm）> 1200 × 400	100 件	138470.70	3139.00	134169.00	50.05	691.70	420.95
15-83	欧式装饰线 门窗头拱型雕刻 宽 × 高（mm）≤ 1500 × 540	100 件	35708.27	7568.00	25381.61	87.62	1660.50	1010.54
15-84	欧式装饰线 门窗头拱型雕刻 宽 × 高（mm）> 1500 × 540	100 件	44924.00	11545.50	29130.58	162.87	2539.55	1545.50

三、扶手、栏杆、栏板装饰

1. 栏杆（带扶手）制作安装

编号	项目名称	单位	基价	人工费	材料费	施工机具使用费	管理费	利润
15-85	不锈钢栏杆 不锈钢扶手	10m	3550.03	1009.64	1960.45	168.79	255.60	155.55
15-86	不锈钢栏杆 塑料扶手	10m	2562.75	828.61	1221.92	165.41	215.60	131.21
15-87	不锈钢栏杆 木扶手	10m	3573.72	1412.34	1445.50	165.41	342.21	208.26
15-88	金属花饰栏杆 木扶手	10m	4021.73	1070.49	2565.78	8.87	234.11	142.48
15-89	铁栏杆 木扶手	10m	2646.02	993.09	1304.85	1.18	215.66	131.24
15-90	铁栏杆 钢管扶手	10m	2170.58	772.71	1106.81	15.91	171.05	104.10

2. 成品栏杆、栏板、扶手安装

编号	项目名称	单位	基价	人工费	材料费	施工机具使用费	管理费	利润
15-91	栏板、栏杆（不带扶手）全玻璃栏板	10m	7382.16	727.56	6400.75	0.00	157.81	96.04
15-92	栏板、栏杆（不带扶手）半玻璃栏板	10m	3703.24	727.56	2689.12	24.25	163.07	99.24
15-93	栏板、栏杆（不带扶手）不锈钢栏杆	10m	2273.21	543.74	1507.05	24.25	123.20	74.97
15-94	栏板、栏杆（不带扶手） 金属花饰栏杆	10m	2619.58	599.85	1754.56	41.43	139.09	84.65
15-95	栏板、栏杆（不带扶手） 木栏杆	10m	3751.26	265.10	3393.67	0.00	57.50	34.99
15-96	护窗栏杆（不带扶手） 不锈钢栏杆	10m	1866.44	265.10	1500.24	6.38	58.88	35.84
15-97	护窗栏杆（不带扶手） 木栏杆	10m	3634.38	284.45	3250.68	0.00	61.70	37.55
15-98	扶手 不锈钢	10m	2108.72	876.56	910.84	11.48	192.62	117.22
15-99	扶手 钢管	10m	1428.27	652.10	533.56	11.19	143.87	87.55
15-100	扶手 塑料	10m	860.00	416.03	298.81	0.00	90.24	54.92
15-101	扶手 木质	10m	1185.22	499.23	511.81	0.00	108.28	65.90
15-102	扶手 石材	10m	994.34	470.21	360.07	0.00	101.99	62.07
15-103	整体弯头 木质	10个	1336.20	450.86	728.04	0.00	97.79	59.51
15-104	整体弯头 石材	10个	780.06	394.74	247.59	0.00	85.62	52.11
15-105	靠墙扶手 不锈钢	10m	3124.70	1315.80	1308.74	30.45	292.00	177.71
15-106	靠墙扶手 铝合金	10m	2260.59	625.01	1411.15	4.72	136.59	83.12
15-107	靠墙扶手 钢管	10m	1016.87	625.01	156.26	13.00	138.38	84.22
15-108	靠墙扶手 塑料	10m	1434.11	748.85	423.19	0.59	162.55	98.93
15-109	靠墙扶手 木质	10m	1387.96	706.28	434.46	0.59	153.32	93.31

四、暖　气　罩

编号	项目名称	单位	基价	人工费	材料费	施工机具使用费	管理费	利润
15-110	暖气罩 柚木板 挂板式	$10m^2$	3390.38	1038.02	1961.94	20.95	229.69	139.78
15-111	暖气罩 塑板面 挂板式	$10m^2$	3260.72	819.58	2145.52	7.17	179.32	109.13
15-112	暖气罩 胶合板 平墙式	$10m^2$	2139.99	1075.22	649.82	29.51	239.62	145.82
15-113	暖气罩 胶合板 明式	$10m^2$	2291.30	1133.48	707.36	40.77	254.69	155.00
15-114	暖气罩 铝合金 平墙式	$10m^2$	4914.75	978.90	3584.64	7.17	213.88	130.16
15-115	暖气罩 铝合金 明式	$10m^2$	7485.66	1253.24	5775.81	14.35	274.94	167.32
15-116	暖气罩 钢板 平墙式	$10m^2$	1291.79	480.31	632.61	8.37	105.99	64.51
15-117	暖气罩 钢板 明式	$10m^2$	2332.60	841.94	1161.43	26.30	188.32	114.61
15-118	暖气罩 成品	10 个	863.73	106.43	720.17	0.00	23.08	14.05

五、浴 厕 配 件

编号	项目名称	单位	基价	人工费	材料费	施工机具使用费	管理费	利润
15-119	石材洗漱台 $\leqslant 1m^2$	$10m^2$	10160.53	3682.74	5169.73	17.16	802.51	488.39
15-120	石材洗漱台 $> 1m^2$	$10m^2$	9166.62	3371.42	4606.95	8.87	733.18	446.20
15-121	石材台面面盆 开孔	个	56.95	40.85	1.85	0.00	8.86	5.39
15-122	盥洗室台镜 带框 $\leqslant 1.0m^2$	$10m^2$	3576.42	810.77	2482.77	0.00	175.86	107.02
15-123	盥洗室台镜 带框 $> 1.0m^2$	$10m^2$	2867.35	620.92	2029.79	0.00	134.68	81.96
15-124	盥洗室台镜 不带框 $\leqslant 1.0m^2$	$10m^2$	2218.24	436.88	1628.93	0.00	94.76	57.67
15-125	盥洗室台镜 不带框 $> 1.0m^2$	$10m^2$	2061.35	396.25	1526.84	0.00	85.95	52.31
15-126	盥洗室镜箱 木质	$10m^2$	5931.98	2906.37	2011.58	0.00	630.39	383.64
15-127	盥洗室镜箱 塑料	个	394.06	25.16	360.12	0.00	5.46	3.32
15-128	毛巾杆 不锈钢	副	74.32	8.39	63.00	0.00	1.82	1.11
15-129	毛巾杆 塑料	副	28.07	4.09	22.55	0.00	0.89	0.54
15-130	毛巾环	副	17.44	3.44	12.80	0.00	0.75	0.45
15-131	浴帘杆 不锈钢	副	355.39	4.09	349.87	0.00	0.89	0.54
15-132	浴缸拉手 不锈钢	副	69.65	5.59	62.11	0.00	1.21	0.74
15-133	肥皂盒 搁放式	只	21.57	3.66	16.64	0.00	0.79	0.48
15-134	肥皂盒 嵌入式	只	100.78	62.78	16.09	0.00	13.62	8.29
15-135	卫生纸盒	只	41.04	6.67	32.04	0.00	1.45	0.88
15-136	晒衣架 不锈钢	套	268.61	94.39	141.29	0.00	20.47	12.46
15-137	晾衣绳 不锈钢	套	71.21	31.39	28.87	0.00	6.81	4.14

六、雨篷、旗杆

1. 雨　篷

编号	项目名称	单位	基价	人工费	材料费	施工机具使用费	管理费	利润
15-138	雨篷 夹胶玻璃简支式（点支式）	$100m^2$	73340.41	17443.60	46842.04	2200.83	4260.88	2593.06
15-139	雨篷 夹层玻璃托架式	$100m^2$	66079.35	17100.67	42367.46	478.01	3812.82	2320.39
15-140	雨篷 铝合金扣板	$100m^2$	28501.91	10902.87	13680.91	84.60	2383.18	1450.35
15-141	雨篷吊顶 木龙骨 铝塑板	$100m^2$	24410.94	9649.85	11394.26	0.00	2093.05	1273.78
15-142	雨篷吊顶 木龙骨 不锈钢板	$100m^2$	32643.98	9783.36	19447.21	0.00	2122.01	1291.40

2. 旗　杆

编号	项目名称	单位	基价	人工费	材料费	施工机具使用费	管理费	利润
15-143	手动不锈钢旗杆 高度 9m	根	4086.20	1444.59	1597.25	400.58	400.22	243.56
15-144	手动不锈钢旗杆 高度 12m	根	5400.90	1926.40	2081.92	534.11	533.68	324.79
15-145	手动不锈钢旗杆 高度 15m	根	6715.35	2408.00	2566.62	667.64	667.11	405.98
15-146	手动不锈钢旗杆 高度 18m	根	8294.31	2889.60	3315.84	801.16	800.53	487.18
15-147	旗帜电动升降系统	套	1031.83	96.75	901.32	0.00	20.99	12.77
15-148	旗帜风动系统	套	18531.01	193.50	18270.00	0.00	41.97	25.54

七、招牌、灯箱

1. 基　层

编号	项目名称	单位	基价	人工费	材料费	施工机具使用费	管理费	利润
15-149	木骨架	$100m^2$	7994.39	2246.54	4964.04	0.00	487.27	296.54
15-150	型钢骨架	t	12517.79	5098.73	4377.88	935.75	1308.88	796.55
15-151	基层 安装在木骨架上 胶合板	$100m^2$	8124.93	2229.12	5118.07	0.00	483.50	294.24
15-152	基层 安装在钢骨架上 胶合板	$100m^2$	8230.82	1857.60	5725.11	0.00	402.91	245.20

2. 面　　层

编号	项目名称	单位	基价	人工费	材料费	施工机具使用费	管理费	利润
15-153	面层 镀锌薄钢板	$100m^2$	4497.45	1569.29	2380.63	0.00	340.38	207.15
15-154	面层 玻璃钢瓦	$100m^2$	3642.62	1292.58	1899.06	0.00	280.36	170.62
15-155	面层 铝扣板	$100m^2$	12060.81	3513.96	7320.83	0.00	762.18	463.84
15-156	面层 亚克力板	$100m^2$	10162.79	2292.98	7069.79	0.00	497.35	302.67
15-157	面层 透光彩灯箱布	$100m^2$	6692.40	472.14	6055.53	0.00	102.41	62.32
15-158	面层 不锈钢饰面板	$100m^2$	18077.85	2161.40	15162.34	0.00	468.81	285.30
15-159	面层 铝塑板	$100m^2$	10836.45	2716.74	7171.84	0.00	589.26	358.61
15-160	面层 磨砂玻璃	$100m^2$	16451.93	2873.48	12575.89	0.00	623.26	379.30
15-161	面层 防火板	$100m^2$	6988.99	2751.57	3277.39	0.00	596.82	363.21
15-162	面层 柚木饰面板	$100m^2$	6078.45	1300.32	4318.55	4.37	282.99	172.22

八、美　术　字

1. 木　质　字

编号	项目名称	单位	基价	人工费	材料费	施工机具使用费	管理费	利润
15-163	木质字 ≤0.2m^2 混凝土面	10个	791.45	498.37	119.20	0.00	108.10	65.78
15-164	木质字 ≤0.2m^2 块料面	10个	623.54	373.89	119.20	0.00	81.10	49.35
15-165	木质字 ≤0.2m^2 其他面	10个	538.24	311.54	118.01	0.00	67.57	41.12
15-166	木质字 ≤0.5m^2 混凝土面	10个	940.30	540.08	211.79	0.00	117.14	71.29
15-167	木质字 ≤0.5m^2 块料面	10个	996.28	581.58	211.79	0.00	126.14	76.77
15-168	木质字 ≤0.5m^2 其他面	10个	910.33	519.23	209.94	0.00	112.62	68.54
15-169	木质字 ≤1.0m^2 混凝土面	10个	1599.74	913.75	367.18	0.00	198.19	120.62
15-170	木质字 ≤1.0m^2 块料面	10个	1459.84	809.91	367.35	0.00	175.67	106.91
15-171	木质字 ≤1.0m^2 其他面	10个	1204.98	623.07	364.52	0.00	135.14	82.25

2. 金 属 字

编号	项目名称	单位	基价	人工费	材料费	施工机具使用费	管理费	利润
15-172	金属字 ≤0.2m² 混凝土面	10个	680.26	409.15	128.36	0.00	88.74	54.01
15-173	金属字 ≤0.2m² 块料面	10个	582.24	336.48	128.36	0.00	72.98	44.42
15-174	金属字 ≤0.2m² 其他面	10个	494.28	272.19	127.12	0.00	59.04	35.93
15-175	金属字 ≤0.5m² 混凝土面	10个	1089.17	635.54	231.89	0.00	137.85	83.89
15-176	金属字 ≤0.5m² 块料面	10个	938.08	523.53	231.89	0.00	113.55	69.11
15-177	金属字 ≤0.5m² 其他面	10个	865.95	471.50	229.94	0.00	102.27	62.24
15-178	金属字 ≤1.0m² 混凝土面	10个	1758.17	1174.98	173.24	0.00	254.85	155.10
15-179	金属字 ≤1.0m² 块料面	10个	1163.06	733.80	173.24	0.00	159.16	96.86
15-180	金属字 ≤1.0m² 其他面	10个	927.75	560.72	171.39	0.00	121.62	74.02
15-181	金属字 ≤2.0m² 混凝土面	10个	1900.63	904.51	680.53	0.00	196.19	119.40
15-182	金属字 ≤2.0m² 块料面	10个	1768.96	806.90	680.53	0.00	175.02	106.51
15-183	金属字 ≤2.0m² 其他面	10个	1526.04	616.84	693.99	0.00	133.79	81.42
15-184	金属字 ≤4.0m² 钢骨架上	10个	3479.64	2277.07	408.10	0.00	493.90	300.57

3. 石 材 字

编号	项目名称	单位	基价	人工费	材料费	施工机具使用费	管理费	利润
15-185	石材字 ≤0.2m² 混凝土面	10个	1482.87	608.88	661.55	0.00	132.07	80.37
15-186	石材字 ≤0.2m² 块料面	10个	1137.75	353.03	661.55	0.00	76.57	46.60
15-187	石材字 ≤0.2m² 其他面	10个	1021.93	270.04	657.67	0.00	58.57	35.65
15-188	石材字 ≤0.5m² 混凝土面	10个	2440.43	602.22	1628.10	0.00	130.62	79.49
15-189	石材字 ≤0.5m² 块料面	10个	2342.99	529.98	1628.10	0.00	114.95	69.96
15-190	石材字 ≤0.5m² 其他面	10个	2243.59	456.88	1627.30	0.00	99.10	60.31

4. 聚氯乙烯字

编号	项目名称	单位	基价	人工费	材料费	施工机具使用费	管理费	利润
15-191	聚氯乙烯字 ≤0.2m² 混凝土面	10个	883.98	608.88	62.66	0.00	132.07	80.37
15-192	聚氯乙烯字 ≤0.2m² 块料面	10个	538.86	353.03	62.66	0.00	76.57	46.60
15-193	聚氯乙烯字 ≤0.2m² 其他面	10个	426.40	270.04	62.14	0.00	58.57	35.65
15-194	聚氯乙烯字 ≤0.5m² 混凝土面	10个	926.95	602.22	114.62	0.00	130.62	79.49
15-195	聚氯乙烯字 ≤0.5m² 块料面	10个	829.51	529.98	114.62	0.00	114.95	69.96
15-196	聚氯乙烯字 ≤0.5m² 其他面	10个	729.92	456.88	113.63	0.00	99.10	60.31
15-197	聚氯乙烯字 ≤1.0m² 混凝土面	10个	1694.53	1113.27	192.84	0.00	241.47	146.95
15-198	聚氯乙烯字 ≤1.0m² 块料面	10个	1145.24	706.06	192.84	0.00	153.14	93.20
15-199	聚氯乙烯字 ≤1.0m² 其他面	10个	1003.21	602.22	190.88	0.00	130.62	79.49
15-200	聚氯乙烯字 ≤2.0m² 混凝土面	10个	1334.74	857.85	177.58	0.00	186.07	113.24
15-201	聚氯乙烯字 ≤2.0m² 块料面	10个	1225.11	776.58	177.58	0.00	168.44	102.51
15-202	聚氯乙烯字 ≤2.0m² 其他面	10个	1071.70	662.85	177.58	0.00	143.77	87.50
15-203	聚氯乙烯字 ≤4.0m² 钢骨架上	10个	3062.98	2209.34	82.80	0.00	479.21	291.63

5. 亚 克 力 字

编号	项目名称	单位	基价	人工费	材料费	施工机具使用费	管理费	利润
15-204	不发光亚克力字 ≤1.0m² 混凝土面	10 个	1258.87	822.59	149.28	0.00	178.42	108.58
15-205	不发光亚克力字 ≤1.0m² 块料面	10 个	1159.17	747.77	150.50	0.00	162.19	98.71
15-206	不发光亚克力字 ≤1.0m² 其他面	10 个	1013.44	641.13	148.62	0.00	139.06	84.63
15-207	不发光亚克力字 ≤2.0m² 混凝土面	10 个	1411.29	904.72	190.92	0.00	196.23	119.42
15-208	不发光亚克力字 ≤2.0m² 块料面	10 个	1300.51	822.59	190.92	0.00	178.42	108.58
15-209	不发光亚克力字 ≤2.0m² 其他面	10 个	1022.97	616.84	190.92	0.00	133.79	81.42
15-210	不发光亚克力字 ≤4.0m² 钢骨架上	10 个	3316.54	2337.27	163.80	0.00	506.95	308.52
15-211	发光亚克力字 ≤1.0m² 混凝土面	10 个	1416.41	904.72	196.04	0.00	196.23	119.42
15-212	发光亚克力字 ≤1.0m² 块料面	10 个	1305.63	822.59	196.04	0.00	178.42	108.58
15-213	发光亚克力字 ≤1.0m² 其他面	10 个	1145.32	705.20	194.07	0.00	152.96	93.09
15-214	发光亚克力字 ≤2.0m² 混凝土面	10 个	1624.35	995.02	282.17	0.00	215.82	131.34
15-215	发光亚克力字 ≤2.0m² 块料面	10 个	1502.54	904.72	282.17	0.00	196.23	119.42
15-216	发光亚克力字 ≤2.0m² 其他面	10 个	1196.87	678.11	282.17	0.00	147.08	89.51
15-217	发光亚克力字 ≤4.0m² 钢骨架上	10 个	3498.14	2337.27	345.40	0.00	506.95	308.52

九、石材、瓷砖加工

1. 石材磨边、切割

编号	项目名称	单位	基价	人工费	材料费	施工机具使用费	管理费	利润
15-218	磨边	100m	1055.78	781.74	1.29	0.00	169.56	103.19
15-219	切割	100m	1408.15	1042.97	1.29	0.00	226.22	137.67
15-220	倒角	100m	1757.91	1302.26	1.29	0.00	282.46	171.90
15-221	磨制、抛光 半圆边	100m	2915.13	2089.80	96.20	0.00	453.28	275.85
15-222	磨制、抛光 加厚半圆边	100m	7451.56	5431.33	125.23	0.00	1178.06	716.94

2. 石 材 开 槽

编号	项目名称	单位	基价	人工费	材料费	施工机具使用费	管理费	利润
15-223	开槽（断面面积）≤30mm²	100m	1158.43	774.00	114.38	0.00	167.88	102.17
15-224	开槽（断面面积）≤100mm²	100m	4229.69	2322.00	1.29	812.70	679.92	413.78
15-225	开槽（断面面积）≤200mm²	100m	4751.71	2709.00	1.29	812.70	763.86	464.86

3. 石材开孔

编号	项目名称	单位	基价	人工费	材料费	施工机具使用费	管理费	利润
15-226	开孔（周长）≤400mm	100个	762.04	540.30	33.23	0.00	117.19	71.32
15-227	开孔（周长）≤800mm	100个	680.86	456.45	65.16	0.00	99.00	60.25
15-228	开孔（周长）≤1000mm	100个	1902.84	1350.63	80.98	0.00	292.95	178.28

4. 瓷砖倒角、开孔

编号	项目名称	单位	基价	人工费	材料费	施工机具使用费	管理费	利润
15-229	切割	100m	844.36	625.01	1.29	0.00	135.56	82.50
15-230	倒角	100m	956.59	708.21	1.29	0.00	153.61	93.48
15-231	开孔（周长）≤400mm	100个	463.31	324.22	25.97	0.00	70.32	42.80
15-232	开孔（周长）≤800mm	100个	925.33	648.23	50.93	0.00	140.60	85.57
15-233	开孔（周长）≤1000mm	100个	1156.33	810.34	63.27	0.00	175.76	106.96

第十六章

拆 除 工 程

一、砌 体 拆 除

编号	项目名称	单位	基价	人工费	材料费	施工机具使用费	管理费	利润
16-1	实心砖 眠墙	$10m^3$	1602.19	1187.77	0.00	0.00	257.63	156.79
16-2	实心砖 空心斗墙	$10m^3$	939.82	696.73	0.00	0.00	151.12	91.97
16-3	实心砖 实心斗墙	$10m^3$	1280.20	949.07	0.00	0.00	205.85	125.28
16-4	多孔砖	$10m^3$	1271.21	942.40	0.00	0.00	204.41	124.40
16-5	多孔砖空心砌块墙	$10m^3$	959.67	711.45	0.00	0.00	154.31	93.91
16-6	加气混凝土砌块墙	$10m^3$	1014.03	751.75	0.00	0.00	163.05	99.23
16-7	轻质墙板墙	$10m^2$	110.81	82.15	0.00	0.00	17.82	10.84
16-8	石膏板隔断墙	$10m^2$	206.99	153.45	0.00	0.00	33.28	20.26

二、混凝土及钢筋混凝土构件拆除

1. 预制钢筋混凝土构件拆除

编号	项目名称	单位	基价	人工费	材料费	施工机具使用费	管理费	利润
16-9	楼板	$10m^3$	4928.00	3653.35	0.00	0.00	792.41	482.24
16-10	梁	$10m^3$	7692.03	5702.45	0.00	0.00	1236.86	752.72
16-11	小型构件	$10m^3$	5854.23	4340.00	0.00	0.00	941.35	572.88
16-12	楼梯	$10m^2$	1216.23	901.64	0.00	0.00	195.57	119.02

2. 现浇钢筋混凝土构件拆除

编号	项目名称	单位	基价	人工费	材料费	施工机具使用费	管理费	利润
16-13	单梁	$10m^3$	10039.59	7440.00	3.77	0.00	1613.74	982.08
16-14	墙	$10m^3$	10269.67	7610.50	3.86	0.00	1650.72	1004.59
16-15	柱	$10m^3$	10269.67	7610.50	3.86	0.00	1650.72	1004.59
16-16	楼板	$10m^3$	7530.52	5580.00	3.66	0.00	1210.30	736.56
16-17	小型构件	$10m^3$	8365.30	6200.00	2.12	0.00	1344.78	818.40
16-18	楼梯	$10m^2$	2001.92	1480.25	5.21	0.00	321.07	195.39
16-19	混凝土地面	$10m^3$	6691.98	4960.00	1.44	0.00	1075.82	654.72
16-20	无损切割	m^2	902.76	566.84	99.56	28.61	129.15	78.60
16-21	钻芯 钻孔深度 120mm 以内	10 孔	279.19	193.75	17.84	0.00	42.02	25.58
16-22	钻芯 钻孔深度 240mm 以内	10 孔	484.66	332.17	36.59	0.00	72.05	43.85
16-23	钻芯 钻孔深度 350mm 以内	10 孔	800.21	553.66	53.38	0.00	120.09	73.08
16-24	钻芯 钻孔深度 350mm 以外	10 孔	994.87	692.08	61.33	0.00	150.11	91.35

三、抹灰层铲除

编号	项目名称	单位	基价	人工费	材料费	施工机具使用费	管理费	利润
16-25	楼地面 水泥面层	$10m^2$	332.65	246.61	0.00	0.00	53.49	32.55
16-26	楼地面 现浇水磨石	$10m^2$	664.45	492.59	0.00	0.00	106.84	65.02
16-27	楼地面 水泥踢脚线	10m	74.01	54.87	0.00	0.00	11.90	7.24
16-28	墙柱面 石灰砂浆面	$10m^2$	184.41	136.71	0.00	0.00	29.65	18.05
16-29	墙柱面 水泥及混合砂浆面	$10m^2$	277.45	205.69	0.00	0.00	44.61	27.15
16-30	墙柱面 水刷石、干粘石面	$10m^2$	331.40	245.68	0.00	0.00	53.29	32.43
16-31	天棚面 石灰砂浆面	$10m^2$	277.45	205.69	0.00	0.00	44.61	27.15
16-32	天棚面 水泥及混合砂浆面	$10m^2$	387.85	287.53	0.00	0.00	62.37	37.95

四、块料面层铲除

编号	项目名称	单位	基价	人工费	材料费	施工机具使用费	管理费	利润
16-33	楼地面 地面砖	$10m^2$	163.08	120.90	0.00	0.00	26.22	15.96
16-34	楼地面 石材面	$10m^2$	192.35	142.60	0.00	0.00	30.93	18.82
16-35	楼地面 陶瓷锦砖面	$10m^2$	169.35	125.55	0.00	0.00	27.23	16.57
16-36	墙柱面 墙面砖及陶瓷面砖	$10m^2$	165.17	122.45	0.00	0.00	26.56	16.16
16-37	墙柱面 石材面	$10m^2$	196.53	145.70	0.00	0.00	31.60	19.23

五、龙骨及饰面拆除

编号	项目名称	单位	基价	人工费	材料费	施工机具使用费	管理费	利润
16-38	楼地面 带龙骨木地板	$10m^2$	101.61	75.33	0.00	0.00	16.34	9.94
16-39	楼地面 不带龙骨木地板	$10m^2$	69.63	51.62	0.00	0.00	11.20	6.81
16-40	楼地面 塑胶地面	$10m^2$	91.58	67.89	0.00	0.00	14.73	8.96
16-41	墙柱面 龙骨及护墙板	$10m^2$	150.54	111.60	0.00	0.00	24.21	14.73
16-42	墙柱面 隔断板	$10m^2$	94.09	69.75	0.00	0.00	15.13	9.21
16-43	墙柱面 墙面玻璃	$10m^2$	91.58	67.89	0.00	0.00	14.73	8.96
16-44	天棚 木龙骨 木质面	$10m^2$	81.54	60.45	0.00	0.00	13.11	7.98
16-45	天棚 木龙骨 石膏面	$10m^2$	97.85	72.54	0.00	0.00	15.73	9.58
16-46	天棚 金属龙骨 金属面	$10m^2$	119.17	88.35	0.00	0.00	19.16	11.66
16-47	天棚 金属龙骨 石膏面	$10m^2$	107.89	79.98	0.00	0.00	17.35	10.56

六、油漆涂料裱糊面铲除

编号	项目名称	单位	基价	人工费	材料费	施工机具使用费	管理费	利润
16-48	抹灰面油漆涂料	$10m^2$	76.11	56.42	0.00	0.00	12.24	7.45
16-49	木材面油漆	$10m^2$	92.83	68.82	0.00	0.00	14.93	9.08
16-50	撕墙纸	$10m^2$	48.72	36.12	0.00	0.00	7.83	4.77

七、栏杆扶手拆除

编号	项目名称	单位	基价	人工费	材料费	施工机具使用费	管理费	利润
16-51	木栏杆	10m	81.54	60.45	0.00	0.00	13.11	7.98
16-52	金属栏杆	10m	307.98	228.32	0.00	0.00	49.52	30.14
16-53	玻璃栏杆	10m	156.81	116.25	0.00	0.00	25.21	15.35
16-54	靠墙扶手	10m	178.13	132.06	0.00	0.00	28.64	17.43

八、门 窗 拆 除

编号	项目名称	单位	基价	人工费	材料费	施工机具使用费	管理费	利润
16-55	整樘门窗	10 樘	406.67	301.48	0.00	0.00	65.39	39.80
16-56	门窗框	10 樘	366.53	271.72	0.00	0.00	58.94	35.87
16-57	钢门窗	10 樘	609.89	452.14	0.00	0.00	98.07	59.68
16-58	门扇	10 扇	61.47	45.57	0.00	0.00	9.88	6.02
16-59	窗扇	10 扇	51.43	38.13	0.00	0.00	8.27	5.03

九、管 道 拆 除

编号	项目名称	单位	基价	人工费	材料费	施工机具使用费	管理费	利润
16-60	钢管拆除（mm） ϕ50 以内	10m	52.51	37.20	0.00	1.73	8.44	5.14
16-61	钢管拆除（mm） ϕ100 以内	10m	82.63	59.52	0.00	1.73	13.29	8.09
16-62	钢管拆除（mm） ϕ100 以外	10m	100.18	72.54	0.00	1.73	16.11	9.80
16-63	塑料管拆除（mm） ϕ50 以内	10m	26.35	19.53	0.00	0.00	4.24	2.58
16-64	塑料管拆除（mm） ϕ100 以内	10m	36.38	26.97	0.00	0.00	5.85	3.56
16-65	塑料管拆除（mm） ϕ100 以外	10m	42.65	31.62	0.00	0.00	6.86	4.17

十、卫生洁具拆除

编号	项目名称	单位	基价	人工费	材料费	施工机具使用费	管理费	利润
16-66	坐式大便器	10 套	552.19	409.36	0.00	0.00	88.79	54.04
16-67	蹲式大便器	10 套	828.37	614.11	0.00	0.00	133.20	81.06
16-68	大便器水箱	10 套	148.03	109.74	0.00	0.00	23.80	14.49
16-69	挂式小便器	10 套	277.45	205.69	0.00	0.00	44.61	27.15
16-70	立式小便器	10 套	92.83	68.82	0.00	0.00	14.93	9.08
16-71	浴盆	10 套	640.00	474.46	0.00	0.00	102.91	62.63
16-72	沐浴器	10 套	251.11	186.16	0.00	0.00	40.38	24.57
16-73	脸盆	10 套	213.26	158.10	0.00	0.00	34.29	20.87

十一、一般灯具拆除

编号	项目名称	单位	基价	人工费	材料费	施工机具使用费	管理费	利润
16-74	吸顶灯	10 套（只）	77.36	57.35	0.00	0.00	12.44	7.57
16-75	软线吊灯	10 套（只）	66.91	49.60	0.00	0.00	10.76	6.55
16-76	吊链灯	10 套（只）	66.91	49.60	0.00	0.00	10.76	6.55
16-77	壁灯	10 套（只）	73.18	54.25	0.00	0.00	11.77	7.16
16-78	吊杆灯	10 套（只）	66.91	49.60	0.00	0.00	10.76	6.55
16-79	嵌入式筒灯	10 套（只）	73.18	54.25	0.00	0.00	11.77	7.16
16-80	明开关	10 套（只）	66.91	49.60	0.00	0.00	10.76	6.55
16-81	暗开关	10 套（只）	73.18	54.25	0.00	0.00	11.77	7.16
16-82	明插座	10 套（只）	66.91	49.60	0.00	0.00	10.76	6.55
16-83	暗插座	10 套（只）	73.18	54.25	0.00	0.00	11.77	7.16

十二、其他构配件拆除

编号	项目名称	单位	基价	人工费	材料费	施工机具使用费	管理费	利润
16-84	暖气罩拆除 木质	$10m^2$	110.39	81.84	0.00	0.00	17.75	10.80
16-85	暖气罩拆除 金属	$10m^2$	165.59	122.76	0.00	0.00	26.63	16.20
16-86	嵌入式柜体拆除	$10m^2$	353.98	262.42	0.00	0.00	56.92	34.64
16-87	窗台板拆除 木质	10m	198.63	147.25	0.00	0.00	31.94	19.44
16-88	窗台板拆除 石材瓷板	10m	261.35	193.75	0.00	0.00	42.02	25.58
16-89	筒子板拆除	10m	165.59	122.76	0.00	0.00	26.63	16.20
16-90	窗帘盒拆除	10m	32.61	24.18	0.00	0.00	5.24	3.19
16-91	窗帘轨拆除	10m	20.07	14.88	0.00	0.00	3.23	1.96
16-92	干挂石材骨架拆除	t	1111.71	798.25	0.00	25.91	178.76	108.79
16-93	干挂预埋件拆除	10 块	424.23	314.50	0.00	0.00	68.22	41.51
16-94	防火隔离带	10m	261.35	193.75	0.00	0.00	42.02	25.58

十三、楼层运出垃圾、建筑垃圾外运

编号	项目名称	单位	基价	人工费	材料费	施工机具使用费	管理费	利润
16-95	楼层运出垃圾 垂直运距 18m 以内	$10m^3$	2248.24	1246.20	0.00	420.52	361.51	220.01
16-96	楼层运出垃圾 垂直运距每增加 1m	$10m^3$	31.33	0.00	0.00	23.22	5.04	3.07
16-97	建筑垃圾外运 运距 5km 以内	$10m^3$	1548.21	240.25	0.00	907.51	248.95	151.50
16-98	建筑垃圾外运 每增加 1km	$10m^3$	38.39	0.00	0.00	28.46	6.17	3.76

第十七章

措 施 项 目

一、脚 手 架

1. 综合脚手架

编号	项目名称	单位	基价	人工费	材料费	施工机具使用费	管理费	利润
17-1	单层建筑综合脚手架 建筑面积 $500m^2$ 以内	$100m^2$	4811.32	2724.60	993.75	105.53	613.86	373.58
17-2	单层建筑综合脚手架 建筑面积 $1600m^2$ 以内 檐高 4.5m 以内	$100m^2$	1891.34	1092.50	333.93	62.08	250.43	152.40
17-3	单层建筑综合脚手架 建筑面积 $1600m^2$ 以内 檐高 6m 以内	$100m^2$	2229.90	1117.20	630.81	68.28	257.13	156.48
17-4	单层建筑综合脚手架 建筑面积 $1600m^2$ 以内 每增高 1m	$100m^2$	518.40	266.00	142.84	12.42	60.39	36.75
17-5	单层建筑综合脚手架 建筑面积 $1600m^2$ 以外 檐高 10m 以内	$100m^2$	2080.10	1043.10	589.33	62.08	239.71	145.88
17-6	单层建筑综合脚手架 建筑面积 $1600m^2$ 以外 每增高 1m	$100m^2$	268.28	134.90	77.93	6.21	30.61	18.63
17-7	多层建筑综合脚手架 砖混结构(檐高 m 以内) 20	$100m^2$	2655.88	1489.60	562.82	62.08	336.56	204.82
17-8	多层建筑综合脚手架 砖混结构(檐高 m 以内) 30	$100m^2$	3611.66	1949.40	881.64	74.49	438.98	267.15
17-9	多层建筑综合脚手架 现浇框架结构(檐高 m 以内) 20	$100m^2$	6906.95	3710.70	1734.12	124.15	831.78	506.20
17-10	多层建筑综合脚手架 现浇框架结构(檐高 m 以内) 30	$100m^2$	8273.73	4356.70	2196.02	148.98	977.28	594.75
17-11	多层建筑综合脚手架 现浇框架结构(檐高 m 以内) 50	$100m^2$	11026.62	5996.40	2703.61	173.82	1338.32	814.47
17-12	多层建筑综合脚手架 现浇框架结构(檐高 m 以内) 70	$100m^2$	13533.39	7315.00	3389.86	204.85	1631.06	992.62
17-13	多层建筑综合脚手架 现浇框架结构(檐高 m 以内) 90	$100m^2$	14609.59	7904.00	3654.81	217.27	1761.50	1072.01
17-14	多层建筑综合脚手架 现浇框架结构(檐高 m 以内) 110	$100m^2$	15959.08	8645.00	3996.39	223.48	1923.57	1170.64
17-15	多层建筑综合脚手架 现浇框架结构(檐高 m 以内) 120	$100m^2$	16347.12	8848.30	4093.46	235.89	1970.36	1199.11
17-16	多层建筑综合脚手架 现浇框架结构(檐高 m 以内) 130	$100m^2$	17504.03	9488.60	4378.29	242.10	2110.59	1284.45
17-17	多层建筑综合脚手架 现浇框架结构(檐高 m 以内) 140	$100m^2$	17973.19	9743.20	4495.64	248.31	2167.16	1318.88

续前

编号	项目名称	单位	基价	人工费	材料费	施工机具使用费	管理费	利润
17-18	多层建筑综合脚手架 现浇框架结构（檐高 m 以内） 150	$100m^2$	18641.84	10102.30	4654.78	266.93	2249.09	1368.74
17-19	多层建筑综合脚手架 现浇框架结构（檐高 m 以内） 160	$100m^2$	19989.68	10843.30	4994.71	273.14	2411.16	1467.37
17-20	多层建筑综合脚手架 现浇框架结构（檐高 m 以内） 170	$100m^2$	20984.89	11381.00	5239.51	291.76	2531.82	1540.80
17-21	多层建筑综合脚手架 现浇框架结构（檐高 m 以内） 180	$100m^2$	22564.64	12249.30	5648.00	291.76	2720.16	1655.42
17-22	多层建筑综合脚手架 现浇框架结构（檐高 m 以内） 190	$100m^2$	23871.08	12965.60	5963.10	310.39	2879.56	1752.43
17-23	多层建筑综合脚手架 现浇框架结构（檐高 m 以内） 200	$100m^2$	25474.52	13833.90	6370.17	329.01	3071.94	1869.50
17-24	多层建筑综合脚手架 现浇剪力墙结构（檐高 m 以内） 30	$100m^2$	5222.70	2684.70	1475.70	93.12	602.51	366.67
17-25	多层建筑综合脚手架 现浇剪力墙结构（檐高 m 以内） 50	$100m^2$	7775.46	4178.10	2014.01	93.12	926.43	563.80
17-26	多层建筑综合脚手架 现浇剪力墙结构（檐高 m 以内） 70	$100m^2$	9777.63	5187.00	2571.55	155.19	1158.72	705.17
17-27	多层建筑综合脚手架 现浇剪力墙结构（檐高 m 以内） 90	$100m^2$	10913.49	5800.70	2862.83	167.61	1294.53	787.82
17-28	多层建筑综合脚手架 现浇剪力墙结构（檐高 m 以内） 110	$100m^2$	11920.60	6355.50	3113.20	173.82	1416.21	861.87
17-29	多层建筑综合脚手架 现浇剪力墙结构（檐高 m 以内） 120	$100m^2$	12198.76	6509.40	3175.40	180.02	1450.94	883.00
17-30	多层建筑综合脚手架 现浇剪力墙结构（檐高 m 以内） 130	$100m^2$	13074.84	6988.20	3397.26	186.23	1556.13	947.02
17-31	多层建筑综合脚手架 现浇剪力墙结构（檐高 m 以内） 140	$100m^2$	13432.46	7180.10	3487.64	192.44	1599.10	973.18
17-32	多层建筑综合脚手架 现浇剪力墙结构（檐高 m 以内） 150	$100m^2$	13935.68	7449.90	3610.18	204.85	1660.32	1010.43
17-33	多层建筑综合脚手架 现浇剪力墙结构（檐高 m 以内） 160	$100m^2$	14946.02	8004.70	3863.78	211.06	1782.00	1084.48
17-34	多层建筑综合脚手架 现浇剪力墙结构（檐高 m 以内） 170	$100m^2$	15681.24	8407.50	4038.91	223.48	1872.06	1139.29
17-35	多层建筑综合脚手架 现浇剪力墙结构（檐高 m 以内） 180	$100m^2$	16865.36	9059.20	4343.96	223.48	2013.41	1225.31
17-36	多层建筑综合脚手架 现浇剪力墙结构（檐高 m 以内） 190	$100m^2$	17851.62	9596.90	4588.17	235.89	2132.73	1297.93

续前

编号	项目名称	单位	基价	人工费	材料费	施工机具使用费	管理费	利润
17-37	多层建筑综合脚手架 现浇剪力墙结构（檐高 m 以内） 200	100m²	19054.01	10248.60	4894.73	248.31	2276.78	1385.59
17-38	地下室综合脚手架 一层	100m²	2617.78	1687.20	241.44	74.49	382.11	232.54
17-39	地下室综合脚手架 二层	100m²	3077.61	1763.20	582.00	86.91	401.29	244.21
17-40	地下室综合脚手架 三层	100m²	3625.93	2046.30	740.07	93.12	464.04	282.40
17-41	地下室综合脚手架 四层	100m²	4616.86	2555.50	1019.02	111.74	578.52	352.08

2. 单项脚手架

（1）外 脚 手 架

编号	项目名称	单位	基价	人工费	材料费	施工机具使用费	管理费	利润
17-42	外脚手架 檐高 15m 以内 单排	100m²	2000.51	1027.90	530.23	62.08	236.42	143.88
17-43	外脚手架 檐高 15m 以内 双排	100m²	2553.88	1297.70	694.56	80.70	298.97	181.95
17-44	外脚手架 檐高 20m 以内 双排	100m²	2868.93	1459.20	791.76	80.70	334.00	203.27
17-45	外脚手架 檐高 30m 以内 双排	100m²	3227.79	1620.70	932.78	80.70	369.03	224.58
17-46	外脚手架 檐高 50m 以内 双排	100m²	7026.17	3902.60	1653.09	80.70	863.98	525.80

（2）里 脚 手 架

编号	项目名称	单位	基价	人工费	材料费	施工机具使用费	管理费	利润
17-47	里脚手架	100m²	914.93	638.40	37.04	12.42	141.16	85.91

（3）悬空脚手架

编号	项目名称	单位	基价	人工费	材料费	施工机具使用费	管理费	利润
17-48	悬空脚手架	100m²	794.12	547.20	39.25	12.42	121.38	73.87

（4）挑 脚 手 架

编号	项目名称	单位	基价	人工费	材料费	施工机具使用费	管理费	利润
17-49	挑脚手架	100m	4993.48	3632.80	76.44	12.42	790.65	481.17

（5）满堂脚手架

编号	项目名称	单位	基价	人工费	材料费	施工机具使用费	管理费	利润
17-50	满堂脚手架 基本层（3.6～5.2m）	100m²	1954.09	1156.72	360.30	24.83	256.28	155.96
17-51	满堂脚手架 增加层 1.2m	100m²	383.71	263.72	19.60	6.21	58.55	35.63

（6）活动脚手架

编号	项目名称	单位	基价	人工费	材料费	施工机具使用费	管理费	利润
17-52	活动脚手架	100m²	1813.24	1189.40	125.11	62.08	271.45	165.20

（7）单 独 斜 道

编号	项目名称	单位	基价	人工费	材料费	施工机具使用费	管理费	利润
17-53	单独斜道 5m 以内	100m²	315.22	169.10	70.37	12.42	39.37	23.96
17-54	单独斜道 15m 以内	100m²	500.55	220.40	119.51	62.08	61.27	37.29

（8）整体提升架

编号	项目名称	单位	基价	人工费	材料费	施工机具使用费	管理费	利润
17-55	整体提升架	100m²	4560.31	2336.24	1233.11	130.36	535.01	325.59

（9）安 全 网

编号	项目名称	单位	基价	人工费	材料费	施工机具使用费	管理费	利润
17-56	立挂式	100m²	192.47	38.00	141.21	0.00	8.24	5.02
17-57	挑出式	100m²	820.91	321.10	354.29	24.83	75.03	45.66

（10）外装饰吊篮

编号	项目名称	单位	基价	人工费	材料费	施工机具使用费	管理费	利润
17-58	外装饰吊篮	100m²	762.94	301.34	0.00	264.26	122.68	74.66

（11）粉饰脚手架

编号	项目名称	单位	基价	人工费	材料费	施工机具使用费	管理费	利润
17-59	内墙面粉饰脚手架 3.6m 以上～6m	100m²	640.70	446.50	21.66	12.42	99.54	60.58
17-60	内墙面粉饰脚手架 10m 以内	100m²	677.63	471.20	25.27	12.42	104.90	63.84
17-61	内墙面粉饰脚手架 20m 以内	100m²	960.60	676.40	31.45	12.42	149.41	90.92

二、垂直运输

1. 20m（6 层）以内物料提升机施工

编号	项目名称	单位	基价	人工费	材料费	施工机具使用费	管理费	利润
17-62	施工升降机 砖混结构	$100m^2$	3107.97	0.00	0.00	2304.08	499.75	304.14
17-63	施工升降机 现浇框架结构	$100m^2$	3419.80	0.00	0.00	2535.25	549.90	334.65
17-64	施工升降机 装配式混凝土结构	$100m^2$	2502.01	0.00	0.00	1854.85	402.32	244.84

2. 20m（6 层）以内塔式起重机施工

编号	项目名称	单位	基价	人工费	材料费	施工机具使用费	管理费	利润
17-65	塔式起重机施工 砖混结构	$100m^2$	4382.73	436.81	0.00	2812.31	704.73	428.88
17-66	塔式起重机施工 现浇框架结构	$100m^2$	4768.05	473.10	0.00	3061.67	766.69	466.59
17-67	塔式起重机施工 现浇剪力墙结构	$100m^2$	3946.01	395.77	0.00	2529.58	634.51	386.15
17-68	塔式起重机施工 装配式混凝土结构	$100m^2$	3634.79	366.51	0.00	2328.12	584.47	355.69

3. 20m（6 层）以上塔式起重机施工

编号	项目名称	单位	基价	人工费	材料费	施工机具使用费	管理费	利润
17-69	现浇框架结构 建筑物檐高（m 以内） 40	$100m^2$	5282.58	1116.25	0.00	2799.96	849.43	516.94
17-70	现浇框架结构 建筑物檐高（m 以内） 70	$100m^2$	6307.32	1043.29	0.00	3632.61	1014.20	617.22
17-71	现浇框架结构 建筑物檐高（m 以内） 100	$100m^2$	6354.94	1006.81	0.00	3704.39	1021.86	621.88
17-72	现浇框架结构 建筑物檐高（m 以内） 140	$100m^2$	6782.68	980.02	0.00	4048.28	1090.64	663.74
17-73	现浇框架结构 建筑物檐高（m 以内） 170	$100m^2$	7402.49	967.67	0.00	4520.13	1190.30	724.39
17-74	现浇框架结构 建筑物檐高（m 以内） 200	$100m^2$	7617.08	958.74	0.00	4688.14	1224.81	745.39
17-75	现浇剪力墙结构 檐高（m 以内）40	$100m^2$	4419.35	933.85	0.00	2342.41	710.62	432.47
17-76	现浇剪力墙结构 檐高（m 以内）70	$100m^2$	5276.76	872.86	0.00	3039.04	848.49	516.37

续前

编号	项目名称	单位	基价	人工费	材料费	施工机具使用费	管理费	利润
17-77	现浇剪力墙结构 檐高（m以内）100	$100m^2$	5316.95	842.27	0.00	3099.43	854.95	520.30
17-78	现浇剪力墙结构 檐高（m以内）140	$100m^2$	5673.57	819.85	0.00	3386.22	912.30	555.20
17-79	现浇剪力墙结构 檐高（m以内）170	$100m^2$	6192.86	809.40	0.00	3781.64	995.80	606.02
17-80	现浇剪力墙结构 檐高（m以内）200	$100m^2$	6370.42	801.99	0.00	3920.69	1024.35	623.39
17-81	装配式混凝土结构 檐高（m以内）40	$100m^2$	4091.79	864.69	0.00	2168.74	657.95	400.41
17-82	装配式混凝土结构 檐高（m以内）70	$100m^2$	4886.63	808.26	0.00	2814.42	785.76	478.19
17-83	装配式混凝土结构 檐高（m以内）100	$100m^2$	4923.91	779.95	0.00	2870.37	791.75	481.84

三、建筑物超高增加费

编号	项目名称	单位	基价	人工费	材料费	施工机具使用费	管理费	利润
17-84	建筑物檐高（m以内） 40	$100m^2$	6268.93	4632.20	0.00	15.24	1008.03	613.46
17-85	建筑物檐高（m以内） 60	$100m^2$	10528.87	7719.70	0.00	85.82	1693.02	1030.33
17-86	建筑物檐高（m以内） 80	$100m^2$	14761.15	10807.20	0.00	135.90	2373.56	1444.49
17-87	建筑物檐高（m以内） 100	$100m^2$	19007.41	13894.70	0.00	196.34	3056.35	1860.02
17-88	建筑物檐高（m以内） 120	$100m^2$	23531.78	16982.20	0.00	462.96	3783.86	2302.76
17-89	建筑物檐高（m以内） 140	$100m^2$	27889.96	20069.70	0.00	606.38	4484.64	2729.24
17-90	建筑物檐高（m以内） 160	$100m^2$	32277.23	23157.20	0.00	771.36	5190.10	3158.57
17-91	建筑物檐高（m以内） 180	$100m^2$	37029.04	26244.70	0.00	1206.59	5954.18	3623.57
17-92	建筑物檐高（m以内） 200	$100m^2$	41553.45	29332.20	0.00	1473.23	6681.70	4066.32

四、大型机械设备进出场及安拆

1. 塔式起重机及施工电梯基础

编号	项目名称	单位	基价	人工费	材料费	施工机具使用费	管理费	利润
17-93	塔式起重机 固定式基础	台次	51082.15	9569.35	38059.60	84.85	2094.00	1274.35
17-94	施工电梯 固定式基础	座	8508.94	2703.70	4688.00	128.93	614.40	373.91
17-95	塔式起重机 轨道式基础（双轨）	m	573.90	285.00	180.59	6.58	63.24	38.49

2. 大型机械设备安拆

编号	项目名称	单位	基价	人工费	材料费	施工机具使用费	管理费	利润
17-96	自升式塔式起重机安拆费	台次	52864.00	22800.00	442.34	16062.53	8429.28	5129.85
17-97	柴油打桩机安拆费	台次	18826.41	7600.00	112.25	6273.65	3009.19	1831.32
17-98	静力压桩机安拆费 900kN 以内	台次	11939.70	4560.00	48.40	4255.56	1912.09	1163.65
17-99	静力压桩机安拆费 1200kN 以内	台次	16933.35	6840.00	54.64	5672.94	2714.06	1651.71
17-100	静力压桩机安拆费 1600kN 以内	台次	22048.47	9120.00	72.98	7171.41	3533.61	2150.47
17-101	静力压桩机安拆费 4000kN 以内	台次	25135.55	9500.00	89.19	9067.99	4027.40	2450.97
17-102	静力压桩机安拆费 10000kN 以内	台次	27697.44	9880.00	99.16	10579.84	4437.74	2700.70
17-103	施工电梯安拆费 75m 以内	台次	21576.03	10260.00	92.24	5666.90	3454.54	2102.35
17-104	施工电梯安拆费 100m 以内	台次	27018.55	13680.00	92.24	6281.68	4329.69	2634.94
17-105	施工电梯安拆费 200m 以内	台次	33563.96	17100.00	112.18	7699.30	5378.97	3273.51
17-106	施工电梯安拆费 300m 以内	台次	35335.42	17100.00	132.12	8997.78	5660.61	3444.91
17-107	三轴搅拌桩机安拆费	台次	20201.38	7600.00	215.00	7216.80	3213.76	1955.82

3. 大型机械设备进出场

编号	项目名称	单位	基价	人工费	材料费	施工机具使用费	管理费	利润
17-108	履带式挖掘机进出场费 $1m^3$ 以内	台次	8125.54	2280.00	217.41	3582.65	1271.61	773.87
17-109	履带式挖掘机进出场费 $1m^3$ 以外	台次	8778.23	2280.00	262.48	4033.11	1369.31	833.33
17-110	履带式推土机进出场费 90kW 以内	台次	6042.65	1140.00	233.71	3166.43	934.06	568.45
17-111	履带式推土机进出场费 90kW 以外	台次	7120.56	1140.00	233.71	3965.53	1107.39	673.93
17-112	履带式起重机进出场费 30t 以内	台次	9915.60	2280.00	238.98	4893.71	1555.98	946.93
17-113	履带式起重机进出场费 50t 以内	台次	11997.44	2280.00	238.98	6437.08	1890.73	1150.65
17-114	强夯机械进出场费	台次	15671.30	1140.00	238.98	10300.67	2481.48	1510.17
17-115	柴油打桩机进出场费 5t 以内	台次	18698.44	2280.00	77.38	11524.63	2994.22	1822.21
17-116	柴油打桩机进出场费 5t 以外	台次	21127.89	2280.00	77.38	13325.69	3384.87	2059.95
17-117	压路机进出场费	台次	5187.69	950.00	196.86	2749.93	802.51	488.39
17-118	锚杆钻孔机进出场费	台次	19518.27	2280.00	77.38	12132.40	3126.05	1902.44
17-119	沥青混凝土摊铺机进出场费	台次	8255.14	1520.00	238.98	4422.74	1288.98	784.44
17-120	静力压桩机进出场费 900kN 以内	台次	29133.10	4560.00	77.38	16980.31	4672.09	2843.32
17-121	静力压桩机进出场费 1200kN 以内	台次	32870.78	4560.00	77.38	19751.22	5273.10	3209.08
17-122	静力压桩机进出场费 1600kN 以内	台次	43343.61	6840.00	77.38	25235.19	6957.11	4233.93
17-123	静力压桩机进出场费 4000kN 以内	台次	48950.11	6840.00	77.38	29391.55	7858.62	4782.56
17-124	静力压桩机进出场费 10000kN 以内	台次	65692.36	6840.00	77.38	41803.32	10550.74	6420.92
17-125	履带式旋挖钻机进出场费	台次	12053.00	2280.00	238.98	6478.26	1899.67	1156.09
17-126	自升式塔式起重机进出场费	台次	49364.61	7600.00	160.46	28877.24	7911.91	4815.00
17-127	施工电梯进出场费 75m 以内	台次	18682.82	1900.00	76.00	11894.07	2991.93	1820.82
17-128	施工电梯进出场费 100m 以内	台次	22986.46	2660.00	98.32	14308.00	3680.36	2239.78
17-129	施工电梯进出场费 200m 以内	台次	31469.01	3800.00	139.57	19425.92	5037.70	3065.82
17-130	施工电梯进出场费 300m 以内	台次	36877.90	4180.00	182.27	23024.12	5900.57	3590.94
17-131	三轴搅拌桩机进出场费	台次	14188.40	1900.00	77.38	8561.13	2269.02	1380.87
17-132	履带式抓斗成槽机进出场费	台次	9821.17	2280.00	238.98	4823.71	1540.79	937.69

五、施工排水、降水

1. 成　井

编号	项目名称	单位	基价	人工费	材料费	施工机具使用费	管理费	利润
17-133	轻型井点	10根	4160.71	1425.00	842.42	1035.00	533.57	324.72
17-134	喷射井点	10根	21641.87	6498.00	4317.11	6345.62	2785.78	1695.36
17-135	真空深井降水（井管深：m） 19m	座	8191.83	1413.60	1932.85	3226.46	1006.43	612.49
17-136	真空深井降水（井管深：m） 每增减 1m	座	198.35	28.50	46.95	83.74	24.34	14.82
17-137	直流深井降水（井管深：m）（钻孔 *D*800） 20m	座	10803.18	1755.60	5478.92	2191.51	856.13	521.02
17-138	直流深井降水（井管深：m）（钻孔 *D*800） 每增减 1m	座	478.70	57.00	274.41	94.45	32.85	19.99
17-139	无砂混凝土管井点 直径 50cm 以内	m	719.84	218.50	301.02	91.99	67.35	40.98
17-140	无砂混凝土管井点 直径 60cm 以内	m	754.14	269.80	241.52	110.23	82.43	50.16
17-141	集水井（井深 4m 以内） 干砖砌排水井	座	5087.76	2680.90	1361.90	81.25	599.11	364.60
17-142	集水井（井深 4m 以内） 钢筋笼子排水井	座	4230.68	2025.40	1413.96	62.76	452.92	275.64

2. 排水、降水

编号	项目名称	单位	基价	人工费	材料费	施工机具使用费	管理费	利润
17-143	轻型井点	套·天	368.53	171.00	43.53	69.94	52.26	31.80
17-144	喷射井点	套·天	1304.23	570.00	136.13	295.96	187.83	114.31
17-145	真空深井降水（井管深：m） 19m	座·天	159.16	0.00	3.64	115.29	25.01	15.22
17-146	真空深井降水（井管深：m） 每增减 1m	座·天	0.36	0.00	0.36	0.00	0.00	0.00
17-147	直流深井降水（井管深：20m）（钻孔*D*800）	座·天	77.71	19.00	0.00	38.61	12.50	7.60
17-148	无砂混凝土管井点	座·天	113.45	57.00	0.00	27.11	18.24	11.10
17-149	集水井	座·天	156.03	57.00	0.00	58.67	25.09	15.27

六、补 充 项 目

1. 垂 直 运 输

编号	项目名称	单位	基价	人工费	材料费	施工机具使用费	管理费	利润
17-150	垂直运输 商住楼钢结构工程 檐高（m）≤ 20	$100m^2$	3690.74	779.76	0.00	1956.35	593.46	361.17
17-151	垂直运输 商住楼钢结构工程 檐高（m）≤ 30	$100m^2$	4100.33	866.40	0.00	2173.36	659.32	401.25
17-152	垂直运输 商住楼钢结构工程 檐高（m）≤ 50	$100m^2$	5431.80	898.32	0.00	3128.52	873.42	531.54
17-153	垂直运输 商住楼钢结构工程 檐高（m）≤ 90	$100m^2$	5744.61	909.15	0.00	3349.59	923.72	562.15
17-154	垂直运输 商住楼钢结构工程 檐高（m）≤ 120	$100m^2$	6124.82	912.00	0.00	3628.60	984.86	599.36
17-155	垂直运输 商住楼钢结构工程 檐高（m）≤ 140	$100m^2$	6291.19	916.56	0.00	3747.38	1011.61	615.64
17-156	垂直运输 商住楼钢结构工程 檐高（m）≤ 160	$100m^2$	6962.08	918.08	0.00	4243.22	1119.49	681.29
17-157	垂直运输 商住楼钢结构工程 檐高（m）≤ 180	$100m^2$	7108.76	919.60	0.00	4350.44	1143.07	695.65
17-158	垂直运输 商住楼钢结构工程 檐高（m）≤ 200	$100m^2$	7314.48	921.12	0.00	4501.43	1176.15	715.78

2. 装饰装修垂直运输

编号	项目名称	单位	基价	人工费	材料费	施工机具使用费	管理费	利润
17-159	装饰装修垂直运输（不分结构类型）建筑物檐高（m 以内） 40	$100m^2$	741.37	334.97	0.00	214.64	119.21	72.55
17-160	装饰装修垂直运输（不分结构类型）建筑物檐高（m 以内） 70	$100m^2$	995.73	260.87	0.00	477.31	160.11	97.44
17-161	装饰装修垂直运输（不分结构类型）建筑物檐高（m 以内） 100	$100m^2$	1014.71	251.94	0.00	500.31	163.16	99.30
17-162	装饰装修垂直运输（不分结构类型）建筑物檐高（m 以内） 140	$100m^2$	1088.34	245.10	0.00	561.74	175.00	106.50
17-163	装饰装修垂直运输（不分结构类型）建筑物檐高（m 以内） 170	$100m^2$	1089.86	241.87	0.00	566.09	175.25	106.65
17-164	装饰装修垂直运输（不分结构类型）建筑物檐高（m 以内） 200	$100m^2$	1090.56	239.78	0.00	568.70	175.36	106.72

3. 大型机械设备进出场及安拆

编号	项目名称	单位	基价	人工费	材料费	施工机具使用费	管理费	利润
17-165	施工升降机进出场费	台次	10401.81	1900.00	41.10	5780.86	1665.98	1013.87
17-166	施工升降机设备基础	座	7696.74	2210.84	4678.34	26.84	485.35	295.37

4. 脚　手　架

编号	项目名称	单位	基价	人工费	材料费	施工机具使用费	管理费	利润
17-167	型钢外挑脚手架	$100m^2$	3268.96	1064.00	1808.61	18.62	234.82	142.91
17-168	综合脚手架层高超过 3.6m 每增加 1m	$100m^2$	1261.75	751.64	226.09	16.14	166.53	101.35

5. 装饰装修超高增加费

编号	项目名称	单位	基价	人工费	材料费	施工机具使用费	管理费	利润
17-169	建筑物檐高（m 以内） 40	$100m^2$	940.13	694.83	0.00	2.13	151.17	92.00
17-170	建筑物檐高（m 以内） 60	$100m^2$	1577.62	1157.86	0.00	11.70	253.68	154.38
17-171	建筑物檐高（m 以内） 80	$100m^2$	2210.75	1621.08	0.00	17.85	355.48	216.34
17-172	建筑物檐高（m 以内） 100	$100m^2$	2845.14	2084.30	0.00	24.93	457.49	278.42
17-173	建筑物檐高（m 以内） 120	$100m^2$	3512.66	2547.33	0.00	56.76	564.83	343.74
17-174	建筑物檐高（m 以内） 140	$100m^2$	4158.12	3010.55	0.00	72.05	668.62	406.90
17-175	建筑物檐高（m 以内） 160	$100m^2$	4805.24	3473.58	0.00	88.76	772.67	470.23
17-176	建筑物檐高（m 以内） 180	$100m^2$	5492.69	3936.80	0.00	135.18	883.21	537.50
17-177	建筑物檐高（m 以内） 200	$100m^2$	6151.58	4399.83	0.00	160.61	989.16	601.98

第十八章

总体工程

一、室外道路

1. 路床碾压检验

编号	项目名称	单位	基价	人工费	材料费	施工机具使用费	管理费	利润
18-1	路床碾压检验	$100m^2$	334.19	55.80	0.00	191.95	53.74	32.70

2. 人行道整形碾压

编号	项目名称	单位	基价	人工费	材料费	施工机具使用费	管理费	利润
18-2	人行道整形碾压	$100m^2$	387.36	266.60	0.00	20.56	62.29	37.91

3. 级配砂石碾压

编号	项目名称	单位	基价	人工费	材料费	施工机具使用费	管理费	利润
18-3	垫层 天然级配砂石	m^3	430.41	119.70	251.10	13.23	28.83	17.55
18-4	垫层 人工级配砂石	m^3	530.22	143.26	319.13	13.23	33.94	20.66

4. 碎石摊铺碾压

编号	项目名称	单位	基价	人工费	材料费	施工机具使用费	管理费	利润
18-5	碎石垫层干铺	m^3	376.32	85.50	242.41	13.78	21.53	13.10

5. 砂砾石垫层

编号	项目名称	单位	基价	人工费	材料费	施工机具使用费	管理费	利润
18-6	砂砾石垫层	$1m^3$	584.77	124.07	343.08	55.11	38.86	23.65

6. 碎（卵）石滤层

编号	项目名称	单位	基价	人工费	材料费	施工机具使用费	管理费	利润
18-7	碎石滤层	m^3	437.90	114.19	283.87	0.00	24.77	15.07

7. 现浇混凝土面层

编号	项目名称	单位	基价	人工费	材料费	施工机具使用费	管理费	利润
18-8	混凝土浇筑 18cm 厚	100m^2	11273.81	1977.33	8606.59	0.00	428.88	261.01

8. 水泥混凝土路面

编号	项目名称	单位	基价	人工费	材料费	施工机具使用费	管理费	利润
18-9	混凝土浇筑 每增减 1cm	100m^2	585.95	77.71	481.12	0.00	16.86	10.26

9. 水泥稳定碎（砾）石

编号	项目名称	单位	基价	人工费	材料费	施工机具使用费	管理费	利润
18-10	水泥稳定碎（砾）石（预拌） 20cm	100m^2	6799.97	288.04	5519.05	661.56	205.97	125.35
18-11	水泥稳定碎（砾）石（预拌） 每减 1cm	100m^2	324.71	14.44	275.83	21.80	7.86	4.78

10. 沥青混凝土面层（粗粒式）

编号	项目名称	单位	基价	人工费	材料费	施工机具使用费	管理费	利润
18-12	沥青混凝土面层（粗粒式） 6cm	100m^2	7056.19	261.25	6262.83	326.90	127.57	77.64
18-13	沥青混凝土面层（粗粒式） 每增减 1cm	100m^2	1177.56	43.51	1043.81	55.64	21.51	13.09

11. 沥青混凝土面层（中粒式）

编号	项目名称	单位	基价	人工费	材料费	施工机具使用费	管理费	利润
18-14	沥青混凝土面层（中粒式） 4cm	100m^2	4861.79	173.85	4335.15	216.57	84.68	51.54
18-15	沥青混凝土面层（中粒式） 每增减 1cm	100m^2	1217.54	43.51	1083.79	55.64	21.51	13.09

12. 沥青混凝土面层（细粒式）

编号	项目名称	单位	基价	人工费	材料费	施工机具使用费	管理费	利润
18-16	沥青混凝土面层（细粒式） 3cm	100m^2	4044.80	213.18	3405.13	261.03	102.86	62.60
18-17	沥青混凝土面层（细粒式） 每增减 1cm	100m^2	1362.64	71.06	1135.04	97.67	36.60	22.27

13. 花岗岩铺装

编号	项目名称	单位	基价	人工费	材料费	施工机具使用费	管理费	利润
18-18	花岗岩铺装	$100m^2$	17646.65	3549.20	12807.91	37.97	778.06	473.51

14. 透水砖铺筑

编号	项目名称	单位	基价	人工费	材料费	施工机具使用费	管理费	利润
18-19	透水砖铺筑	$100m^2$	9777.68	1919.00	7104.43	62.80	429.85	261.60

15. 植草砖铺筑

编号	项目名称	单位	基价	人工费	材料费	施工机具使用费	管理费	利润
18-20	植草砖铺筑	$100m^2$	7725.84	2191.08	4685.58	62.80	488.87	297.51

16. 塑 胶 面 层

编号	项目名称	单位	基价	人工费	材料费	施工机具使用费	管理费	利润
18-21	塑胶面层 9mm	$100m^2$	23937.89	3522.60	18593.83	439.19	859.31	522.96
18-22	塑胶面层 每增减 1mm	$100m^2$	2201.34	389.69	1604.60	52.70	95.95	58.40

17. 防腐木地板

编号	项目名称	单位	基价	人工费	材料费	施工机具使用费	管理费	利润
18-23	防腐木地板（含龙骨）	$100m^2$	33093.19	5150.90	26145.14	0.00	1117.23	679.92

18. 安装混凝土立缘石

编号	项目名称	单位	基价	人工费	材料费	施工机具使用费	管理费	利润
18-24	安装混凝土立缘石	100m	8656.33	1837.30	6178.00	0.00	398.51	242.52

19. 安装石质缘石

编号	项目名称	单位	基价	人工费	材料费	施工机具使用费	管理费	利润
18-25	安装石质缘石，长度 50cm	100m	18382.45	2207.80	15404.35	0.00	478.87	291.43

20. 花岗岩树坑板

编号	项目名称	单位	基价	人工费	材料费	施工机具使用费	管理费	利润
18-26	花岗岩树坑板	100m	9561.29	553.09	8814.78	0.33	120.04	73.05

二、室 外 管 网

1. 成品塑料检查井安装

编号	项目名称	单位	基价	人工费	材料费	施工机具使用费	管理费	利润
18-27	塑料检查井 井筒直径 700mm 以内	10 套	3897.07	399.00	3358.86	0.00	86.54	52.67
18-28	塑料检查井 井筒直径 1000mm 以内	10 套	4199.49	623.20	3358.86	0.00	135.17	82.26

2. 整体混凝土化粪池安装

编号	项目名称	单位	基价	人工费	材料费	施工机具使用费	管理费	利润
18-29	整体混凝土化粪池 容积 $20m^3$ 以内	套	18236.26	380.00	16998.30	537.76	199.06	121.14
18-30	整体混凝土化粪池 容积每增加 $10m^3$ 以内	套	9076.06	190.00	8457.08	268.88	99.53	60.57

3. 成品预制混凝土隔油池安装

编号	项目名称	单位	基价	人工费	材料费	施工机具使用费	管理费	利润
18-31	成品预制混凝土隔油池 容积 $1.5m^3$	套	1280.68	114.00	764.21	268.88	83.05	50.54
18-32	成品预制混凝土隔油池 容积 $3m^3$	套	2097.93	152.00	1528.40	270.22	91.58	55.73

4. 管道闭水试验

编号	项目名称	单位	基价	人工费	材料费	施工机具使用费	管理费	利润
18-33	管道闭水试验 管径 600mm 以内	100m	1007.53	493.24	340.85	1.00	107.20	65.24

三、其　　他

1. 普通铁艺围栏

编号	项目名称	单位	基价	人工费	材料费	施工机具使用费	管理费	利润
18-34	普通铁艺围栏	$10m^2$	3416.06	589.00	2613.18	6.21	129.10	78.57

附　　录

材料价格明细表

序号	材料编码	材料名称	单位	不含税价
1	010100003	钢筋（综合）	t	3370.00
2	010100004	钢筋（综合）	kg	3.37
3	010100006	钢筋 ϕ10 以内	t	3370.00
4	010100007	钢筋 ϕ10 以内	kg	3.37
5	010100010	钢筋 ϕ10 以外	kg	3.37
6	010100013	钢筋 ϕ6	t	3370.00
7	010101001	热轧光圆钢筋 HPB300	kg	3.37
8	010101002	热轧光圆钢筋 HPB300 ϕ10 以内	kg	3.37
9	010101003	热轧光圆钢筋 HPB300 ϕ10 以外	kg	3.37
10	010101005	热轧光圆钢筋 HPB300 ϕ25 以外	kg	3.37
11	010101006	热轧光圆钢筋 HPB300 ϕ12～18	kg	3.37
12	010101007	热轧光圆钢筋 HPB300 ϕ20～25	kg	3.37
13	010101008	热轧光圆钢筋 HPB300 ϕ6	kg	3.37
14	010101015	热轧光圆钢筋 HPB300 ϕ25	kg	3.37
15	010101018	热轧圆盘条 ϕ6	kg	3.37
16	010103002	螺纹钢筋 ϕ25 以外	t	3250.00
17	010103004	热轧带肋钢筋 HRB400 ϕ10 以内	kg	3.25
18	010103005	热轧带肋钢筋 HRB400 ϕ12 以内	kg	3.25
19	010103006	热轧带肋钢筋 HRB400 ϕ16 以内	kg	3.25
20	010103008	热轧带肋钢筋 HRB400 ϕ20 以外	kg	3.25
21	010103009	热轧带肋钢筋 HRB400 ϕ25 以外	kg	3.25
22	010103012	热轧带肋钢筋 HRB500 ϕ10 以内	kg	3.52
23	010103013	热轧带肋钢筋 HRB500 ϕ25 以外	kg	3.52
24	010103014	热轧带肋钢筋 HRB400 ϕ12～18	kg	3.25
25	010103015	热轧带肋钢筋 HRB400 ϕ18～20	kg	3.25
26	010103016	热轧带肋钢筋 HRB400 ϕ20～25	kg	3.25
27	010103017	热轧带肋钢筋 HRB400 ϕ22～25	kg	3.25
28	010103018	热轧带肋钢筋 HRB500 ϕ12～18	kg	3.52
29	010103019	热轧带肋钢筋 HRB500 ϕ20～25	kg	3.52
30	010305001	不锈钢丝 ϕ1.2	kg	17.95
31	010309001	冷拔钢丝	t	4010.00
32	010309002	冷拔钢丝	kg	4.01
33	010500001	钢丝绳（综合）	kg	8.50

续前

序号	材料编码	材料名称	单位	不含税价
34	010501001	钢丝绳 ϕ14.1～15	kg	8.50
35	010501007	钢丝绳 ϕ8	m	3.42
36	010501009	钢丝绳 ϕ12	kg	8.50
37	010501010	钢丝绳 ϕ12.5	m	9.47
38	010501016	钢丝绳 ϕ26	m	16.55
39	010501018	钢丝绳 ϕ14 6×19	m	9.80
40	010515001	缆风绳 ϕ8	kg	7.85
41	010700003	钢绞线（钢丝束）（综合）	t	4314.00
42	010701001	缓粘结预应力钢绞线	t	4314.00
43	010703001	无粘结预应力钢绞线（钢丝束）	t	4314.00
44	010900001	圆钢（综合）	t	3370.00
45	010900002	圆钢（综合）	kg	3.37
46	010901007	圆钢 ϕ8～14	kg	3.37
47	010901009	圆钢 ϕ15～24	kg	3.37
48	010901012	圆钢 ϕ8	t	3370.00
49	011100002	方钢 25×25	t	3819.00
50	011300001	扁钢（综合）	t	3556.00
51	011300002	扁钢（综合）	kg	3.56
52	011301004	扁钢 60 以外	kg	3.56
53	011301005	扁钢 100×10	kg	3.56
54	011301011	扁钢 5	kg	3.56
55	011303001	镀锌扁钢（综合）	kg	4.64
56	011505001	六角空心钢（综合）	kg	3.65
57	011700003	工字钢（综合）	kg	3.65
58	011900002	槽钢（综合）	kg	3.48
59	011901003	槽钢 18#以外	kg	3.48
60	011901008	槽钢 6.3#	kg	3.48
61	011907001	不锈钢槽钢 10×20×1	m	4.78
62	011909001	镀锌槽钢 10#	kg	4.70
63	012100001	角钢（综合）	t	3616.00
64	012100002	角钢（综合）	kg	3.62
65	012101006	角钢 50	t	3616.00
66	012101012	角钢 30×4	kg	3.62
67	012101013	角钢 40×3	kg	3.62
68	012101014	角钢 40×5	t	3616.00
69	012101020	热轧角钢 Q235	kg	3.62
70	012105001	镀锌角钢（综合）	kg	4.55

续前

序号	材料编码	材料名称	单位	不含税价
71	012105005	镀锌角钢 5#	kg	4.55
72	012300001	型钢（综合）	kg	3.32
73	012300003	型钢（综合）	t	3324.67
74	012301001	T 型钢 25×25	kg	3.32
75	012315001	不锈钢型钢	kg	13.89
76	012315002	不锈钢型材	kg	13.89
77	012315008	镀铬山字槽	m	30.15
78	012315009	钢背楞 60×40×2.5	kg	5.18
79	012315011	钢滑模	kg	5.50
80	012900001	钢板（综合）	t	3808.00
81	012900002	钢板（综合）	kg	3.81
82	012900010	钢板 δ3～10	t	3808.00
83	012900030	热轧普通钢板 Q235	t	3808.00
84	012901021	热轧薄钢板 δ3.0	t	3808.00
85	012901022	热轧薄钢板 δ3.0	m^2	89.68
86	012901025	热轧薄钢板 δ4.0	t	3808.00
87	012903001	中厚钢板（综合）	t	3808.00
88	012903002	中厚钢板（综合）	kg	3.81
89	012903018	热轧中厚钢板 δ5.0	t	3808.00
90	012907004	镀锌薄钢板（综合）	m^2	34.26
91	012907008	镀锌薄钢板 δ1～1.5	kg	4.36
92	012907011	镀锌薄钢板 δ0.45	m^2	15.42
93	012907012	镀锌薄钢板 δ0.5	m^2	17.13
94	012907014	镀锌薄钢板 δ0.55	kg	4.36
95	012911001	花纹钢板（综合）	t	3284.00
96	012913011	不锈钢板 δ1	m^2	113.77
97	012913012	不锈钢板 δ1.2	m^2	136.53
98	012913018	不锈钢板托 4mm	个	20.80
99	012913021	不锈钢镜面板（8K 板） δ1	m^2	113.77
100	012913023	不锈钢燕尾板	个	5.54
101	012913024	不锈钢板方柱 δ1.2	m^2	136.53
102	012913025	不锈钢板圆柱 δ1.2	m^2	136.53
103	012927001	定位钢板	kg	3.76
104	012927008	穿孔钢板 δ1.5	kg	3.88
105	012927010	压型钢板 δ0.5	m^2	47.19
106	012927011	压型钢板楼板 0.9	m^2	84.94
107	012935002	止水钢板（成品） 3×450mm	m	40.36

续前

序号	材料编码	材料名称	单位	不含税价
108	013503005	紫铜板 450×2	m	492.32
109	013505001	青铜板 直条 5×50	m	155.40
110	013701001	铜条 4×6	m	2.70
111	013701002	铜条 12×2	m	4.50
112	013701003	铜条 T 型 5×10	m	12.30
113	013701004	铸铜条 6×110	m	116.09
114	014101001	铜丝	kg	69.50
115	014103001	紫铜丝 T2 ϕ1～4	kg	69.50
116	014301001	铝板（综合）	kg	22.00
117	014301006	纯铝板 δ3	m^2	163.80
118	014301007	铝板 600×600×0.8	m^2	43.68
119	014301008	铝板 1200×300×1	m^2	54.60
120	014301009	弯折成型铝板 3mm	m^2	253.89
121	014900002	铝合金型材（综合）	kg	29.36
122	014901001	角铝（综合）	m	5.75
123	014901002	角铝 25.4×1	m	5.75
124	014901004	铝合金角铝（综合）	m	5.75
125	014903001	槽铝 50	m	16.00
126	014903002	槽铝 75	m	18.00
127	014905001	工字铝（综合）	m	8.85
128	015101001	铝合金靠墙条板	m^2	253.89
129	015101002	铝合金框料 L25×2	m	19.00
130	015101003	铝合金型材转接件	kg	30.00
131	015101004	铝框骨架	kg	30.00
132	015103001	幕墙铝型材	kg	25.35
133	015103002	铝合金型材 110 系列	kg	25.35
134	015103003	铝合金型材 140 系列	kg	25.35
135	016111001	锡纸	m^2	3.78
136	016123001	钢丸	kg	6.64
137	016305002	金属材料（摊销）	kg	4.34
138	020101002	橡胶板 δ1～3	kg	8.70
139	020101006	橡胶板 δ2	m^2	20.89
140	020101007	橡胶板 δ3	m^2	31.31
141	020101016	花纹硬橡胶板 150×20	m^3	4237.17
142	020301001	橡胶条（综合）	m	6.19
143	020301002	橡胶条 （大）	m	5.01
144	020301003	橡胶条 （小）	m	3.91

续前

序号	材料编码	材料名称	单位	不含税价
145	020301004	橡胶条 ϕ20	个	6.30
146	020301006	空心胶条	m	1.80
147	020301008	P 型橡胶条	m	8.50
148	020711004	地毯胶垫	m^2	4.50
149	020711005	耐热胶垫 2×38	m	0.96
150	020713002	黑胶粒	kg	6.80
151	020713003	红胶粒	kg	7.80
152	020901001	塑料薄膜	m^2	1.96
153	020901002	塑料薄膜	kg	16.37
154	020901003	聚氯乙烯薄膜	m^2	3.03
155	020901004	聚氯乙烯薄膜	kg	14.30
156	020901005	聚乙烯薄膜	m^2	8.34
157	020909001	膜材料	m^2	200.00
158	020909002	膜结构附件	m^2	20.00
159	021100001	塑料板	m^2	62.33
160	021101006	软聚氯乙烯板 δ3	m^2	29.80
161	021101016	PVC 装饰板 δ1.25	m^2	15.43
162	021107002	塑料防水板	m^2	18.80
163	021107006	聚丙烯板 阻燃	m^2	100.00
164	021307002	聚氯乙烯边条	m	0.50
165	021309002	泡沫条 ϕ18	m	1.37
166	021309003	泡沫条 ϕ25	m	2.00
167	021501001	PE 棒	m	5.31
168	021700002	有机玻璃 δ6	m^2	19.07
169	021701001	有机玻璃片 方格型	m^2	22.29
170	021701002	有机玻璃灯格片	m^2	22.29
171	021701003	有机玻璃灯片	m^2	22.29
172	021909001	塑料镜箱 560mm×320mm×130mm	个	345.13
173	021913001	塑料胀塞	个	0.07
174	021917003	海绵 δ20	m^2	8.50
175	021925002	尼龙帽	个	1.02
176	022701003	棉纱头	kg	9.34
177	022703001	白布	m^2	2.58
178	022703004	无纺布	m^2	5.60
179	022709001	短切毡（综合）	m^2	9.80
180	022901001	麻绳（综合）	kg	6.85
181	022907001	麻丝	kg	11.50

续前

序号	材料编码	材料名称	单位	不含税价
182	023101001	土工布（综合）	m^2	2.54
183	023103001	膨润土防水毯	m^2	9.10
184	023301003	草袋	m^2	3.38
185	023303001	织锦缎	m^2	13.00
186	023303002	织物软雕	m^2	35.40
187	023501001	人造革	m^2	26.00
188	030101003	抽芯铆钉 $\phi 4\times 13$	100 个	8.59
189	030101006	铝抽芯铆钉	个	0.15
190	030101007	铝拉铆钉（综合）	100 个	12.39
191	030101009	铝拉铆钉 M5 × 40	100 个	12.00
192	030103001	螺钉	套	0.20
193	030103011	半圆头木螺钉 $L16$	个	0.06
194	030103013	圆头木螺钉	100 个	6.20
195	030103022	沉头木螺钉 $L25$	个	0.09
196	030103023	沉头木螺钉 $L30$	个	0.10
197	030103024	沉头木螺钉 $L32$	个	0.12
198	030103025	沉头木螺钉 $L35$	个	0.15
199	030103027	不锈钢螺钉 M6 × 30	10 个	3.50
200	030103028	镀锌螺钉	kg	8.67
201	030103029	镀锌螺钉	只	0.18
202	030103030	镀锌螺钉（综合）	10 个	1.77
203	030103033	镀锌沉头木螺钉 $L40$	个	0.07
204	030103040	自攻螺钉 ST6 × 20	100 个	5.49
205	030103042	镀锌自攻螺钉 ST4～6 × 10～16	10 个	0.48
206	030103043	镀锌自攻螺钉 ST4～6 × 20～35	个	0.05
207	030103044	镀锌自攻螺钉 ST4～6 × 20～35	10 个	0.53
208	030103045	镀锌自攻螺钉 ST3 × 10	个	0.04
209	030103046	镀锌自攻螺钉 ST4 × 30	个	0.12
210	030103047	镀锌自攻螺钉 ST5 × 16	个	0.12
211	030103048	镀锌自攻螺钉 ST5 × 20	个	0.14
212	030103049	木螺钉（综合）	100 个	5.20
213	030103059	木螺钉 $d4\times 25$	100 个	5.50
214	030103068	镀铬装饰螺钉	个	0.36
215	030105008	不锈钢六角螺栓 M6 × 30	10 套	5.29
216	030105009	不锈钢六角螺栓 M8 × 30	套	0.79
217	030105010	不锈钢六角螺栓 M8 × 30	10 套	7.81
218	030105011	不锈钢六角螺栓 M12 × 30	套	1.96

续前

序号	材料编码	材料名称	单位	不含税价
219	030105016	不锈钢六角螺栓带螺母 M6×25	套	0.72
220	030105017	不锈钢六角螺栓带螺母 M10×20	套	0.74
221	030105018	不锈钢六角螺栓带螺母 M12×45	套	1.84
222	030105019	不锈钢六角螺栓带螺母 M12×110	套	3.92
223	030105020	不锈钢六角螺栓带螺母 M14×120	套	5.73
224	030105021	不锈钢六角机螺栓 带一螺帽两垫圈 M6×25	套	0.72
225	030105024	不锈钢石材背栓	套	1.54
226	030105025	不锈钢 T 型螺栓 M16×70	套	11.23
227	030105027	粗制六角螺栓 M18×40～100	10 套	16.57
228	030105029	带帽螺栓	kg	8.08
229	030105031	带帽六角螺栓（综合）	kg	8.08
230	030105032	带帽六角螺栓 M12 以外	kg	8.08
231	030105045	地脚螺栓 M24×500	套	25.73
232	030105046	六角螺栓（综合）	kg	8.08
233	030105055	六角螺栓 M4×30	套	0.55
234	030105056	六角螺栓 M6×35	100 套	13.94
235	030105059	六角螺栓 M30×200	套	4.71
236	030105060	六角螺栓 M8	套	0.17
237	030105062	六角螺栓带螺母（综合）	kg	8.08
238	030105069	六角螺栓带螺母 M6～12×12～50	套	1.56
239	030105121	六角螺栓带螺母、垫圈 M8～10	套	0.72
240	030105124	六角螺栓带螺母、2 垫圈 M8×40	套	0.65
241	030105147	镀锌六角螺栓（综合）	套	2.88
242	030105148	镀锌六角螺栓（综合）	kg	8.08
243	030105192	镀锌双头螺栓 M12×350	套	4.84
244	030105201	花篮螺栓 M6×250	套	3.19
245	030105202	花篮螺栓 M12×200	套	3.67
246	030105215	化学锚栓 M12×160	套	1.86
247	030105216	单面固定螺栓 ML-850R	套	0.90
248	030105217	单面连接螺栓 R-8	套	0.89
249	030105220	对拉螺栓	kg	8.08
250	030105221	高强螺栓	套	3.86
251	030105223	固定螺栓	100 套	195.42
252	030105227	顶丝	个	9.57
253	030107001	膨胀螺栓（综合）	100 套	69.03
254	030107014	膨胀螺栓 M8	10 套	7.52
255	030107016	膨胀螺栓 M10	10 套	9.38

续前

序号	材料编码	材料名称	单位	不含税价
256	030107017	膨胀螺栓 M10	100 套	93.81
257	030107027	膨胀螺栓 M5×50	100 套	20.35
258	030107029	膨胀螺栓 M6×60	套	0.25
259	030107030	膨胀螺栓 M6×75	套	0.27
260	030107031	膨胀螺栓 M6×22	套	0.28
261	030107032	膨胀螺栓 M8×60	套	0.32
262	030107033	膨胀螺栓 M8×60	10 套	3.19
263	030107034	膨胀螺栓 M8×80	套	0.37
264	030107035	膨胀螺栓 M8×80	10 套	3.72
265	030107036	膨胀螺栓 M8×100	套	0.48
266	030107038	膨胀螺栓 M10×80	套	0.52
267	030107042	膨胀螺栓 M12×100	套	0.97
268	030107043	膨胀螺栓 M12×110	10 套	10.62
269	030107045	膨胀螺栓 镀锌连母 M8×80	100 套	38.05
270	030107052	金属膨胀螺栓（综合）	套	0.71
271	030107053	金属膨胀螺栓 M6	套	0.25
272	030107054	金属膨胀螺栓 M8	套	0.40
273	030107056	塑料膨胀螺栓	套	0.43
274	030109025	六角螺母（综合）	套	2.24
275	030109026	六角螺母（综合）	kg	8.08
276	030117003	销钉销片	套	0.63
277	030123001	镀锌钉钩	个	0.96
278	030125001	镀锌瓦钩	个	0.58
279	030125002	镀锌瓦钉带垫	个	0.10
280	030301006	球形门锁	把	25.66
281	030302001	电子锁	把	224.78
282	030303001	玻璃锁	把	51.33
283	030304001	不锈钢碰珠	个	2.65
284	030304002	门碰珠 40	个	1.33
285	030305001	木拉手	个	5.45
286	030305002	底板拉手	个	13.25
287	030305003	管子拉手	把	8.80
288	030305005	弓型拉手 75	个	0.10
289	030305006	拉手 30 以外	只	0.30
290	030305007	执手锁	把	26.55
291	030307001	风撑	只	9.73
292	030307002	滑撑	只	19.47

续前

序号	材料编码	材料名称	单位	不含税价
293	030309002	合页 65	个	2.07
294	030309004	铜合页 50	个	30.97
295	030309006	不锈钢合页	个	6.81
296	030309007	弹簧合页	副	15.80
297	030309008	折页 75mm	个	7.50
298	030311001	闭门器	套	94.69
299	030312001	地弹簧	套	101.77
300	030313003	抽屉轨 350	副	28.32
301	030313005	吊装滑动门轨	m	30.09
302	030313007	铝合金窗帘轨 单轨成套	m	47.79
303	030313008	铝合金窗帘轨 双轨成套	m	67.26
304	030314002	塑料窗帘盒 宽 140	m	8.85
305	030317001	插销 50mm	个	2.65
306	030317002	插销 100mm	副	3.54
307	030317003	插销 150mm	个	5.31
308	030317004	铜插销 65mm	个	16.80
309	030319001	门磁吸	只	13.27
310	030321002	铝合金门夹轮	个	6.90
311	030321003	铝合金三节玻璃轮	个	3.54
312	030325001	窗纱吊钩	个	6.53
313	030327001	电动装置	套	2000.00
314	030327002	伸缩门电动装置系统	套	1000.00
315	030329001	门猫眼	套	24.87
316	030333001	防盗门扣	副	13.27
317	030337001	顺位器	套	10.62
318	030339001	门轧头	只	3.10
319	030355001	不锈钢玻璃门传感装置	套	796.46
320	030355004	彩板钢门配件 固定连接铁件（地脚）	个	1.12
321	030355005	定滑轮	个	19.71
322	030355006	附框	m	48.94
323	030355008	铝合金门窗配件 滚轮	个	20.35
324	030355009	铝合金门窗配件 角码	个	1.24
325	030355010	铝合金门窗配件 路轨	m	22.98
326	030355011	铝合金门窗配件 无框玻璃上下轨	m	9.19
327	030355013	塑钢门窗配件 固定连接铁件（地脚）	个	1.12
328	030355014	推手板	把	7.08
329	030403001	玻璃吊挂件	套	84.96

续前

序号	材料编码	材料名称	单位	不含税价
330	030403002	格栅挂件	套	24.00
331	030403003	金属挂件	套	5.13
332	030403004	铝合金石材干挂挂件	套	4.42
333	030407001	不锈钢二爪件	套	23.18
334	030407002	幕墙用二爪挂件	套	24.13
335	030409001	不锈钢四爪件	套	55.86
336	030409002	幕墙用四爪挂件	套	58.64
337	030411001	幕墙用单爪挂件	套	28.10
338	030425001	不锈钢拉索 $L=500$，ϕ20 幕墙用	套	17.00
339	030425002	单元幕墙挂钩	套	5.49
340	030425003	单元幕墙专用安装镀锌件	kg	5.13
341	030425004	铝传动杆	只	14.69
342	030425005	弦掌栏	套	86.21
343	030501002	铰链 65 型	只	7.83
344	030503001	浴缸拉手	副	61.07
345	030505001	抽屉锁	把	13.50
346	030515001	铝合金下滑轨	m	16.08
347	030525003	柜台用钢制镀铬支柱 AA 支柱	m	2.53
348	030525004	墙板固定金属配件（不锈钢板）	kg	17.58
349	030525005	墙板固定金属配件（镀锌钢板）	kg	4.87
350	030713001	HDPE 排水管检查口 ϕ110	个	38.50
351	030713002	玻璃钢排水管检查口 ϕ110	个	9.59
352	030725001	不锈钢帘子杆（浴巾杆）	副	345.98
353	030901001	直螺纹连接套筒（综合）	只	4.16
354	030905005	冷挤压套筒	套	5.00
355	030907003	不锈钢锚具	套	2.40
356	030907004	单孔锚具	套	30.00
357	030907007	钢绞线群锚	套	150.73
358	030907013	锚头 ϕ26	套	10.62
359	030907014	群锚锚具 3 孔	套	10.62
360	030907017	张拉锚具及其他材料	kg	5.65
361	030907021	断桥锚固件 $\phi10\times375$	套	23.01
362	030907022	普通锚固件 $\phi10\times162$	套	17.70
363	031101001	砂轮片（综合）	片	9.87
364	031102001	砂纸	张	1.18
365	031102002	水砂纸	张	1.00
366	031102003	砂布	张	1.23

续前

序号	材料编码	材料名称	单位	不含税价
367	031105001	油石	块	5.50
368	031107003	金刚石磨盘	个	16.00
369	031107004	石材磨光片	片	16.00
370	031301001	不锈钢焊条（综合）	kg	27.92
371	031301005	低合金钢焊条 E43（综合）	kg	11.50
372	031301007	低碳钢焊条（综合）	kg	10.53
373	031301008	低碳钢焊条 J422（综合）	kg	9.03
374	031301012	电焊条 E43（综合）	kg	10.93
375	031301015	聚氯乙烯焊条（综合）	kg	27.44
376	031301024	铜焊条（综合）	kg	93.81
377	031303013	焊丝 ϕ3.2	kg	12.51
378	031303017	不锈钢焊丝（综合）	kg	29.91
379	031303018	不锈钢氩弧焊丝（综合）	kg	29.91
380	031305001	焊剂	kg	32.00
381	031305002	焊锡	kg	244.25
382	031501001	扒钉	kg	4.60
383	031501002	不锈钢钉	kg	17.36
384	031501003	水泥钉	kg	8.14
385	031501005	铁钉	kg	7.01
386	031501007	圆钉	kg	7.01
387	031501010	圆钉 ϕ70 以内	kg	7.01
388	031501011	圆钉 16 （5/8"）	kg	7.01
389	031501012	圆钉 25 （1"）	kg	7.01
390	031501013	圆钉 30～45	kg	7.01
391	031501014	圆钉 50～75	kg	7.01
392	031501015	圆钉 50	kg	7.01
393	031502002	镜钉	个	0.67
394	031502003	拉铳钉 LD-1	个	6.00
395	031502005	气排钉 *L*20 2000 个/盒	盒	13.27
396	031502006	气排钉 *L*30 2000 个/盒	盒	15.04
397	031502008	射钉	100 个	5.00
398	031502009	栓钉	套	1.50
399	031502011	蚊钉 20mm 6000 个/盒	盒	20.00
400	031505011	钢板网	m^2	19.85
401	031505014	钢丝网（综合）	m^2	16.47
402	031505016	钢丝网 14# 镀锌	m^2	120.00
403	031505022	铝板网 1mm	m^2	18.00

续前

序号	材料编码	材料名称	单位	不含税价
404	031507007	镀锌铁丝（综合）	kg	6.85
405	031507014	镀锌铁丝 ϕ1.6～1.2	kg	7.01
406	031507018	镀锌铁丝 ϕ2.8～4.0	kg	6.42
407	031507019	镀锌铁丝 ϕ0.6	kg	7.79
408	031507020	镀锌铁丝 ϕ0.7	kg	7.79
409	031507022	镀锌铁丝 ϕ1.2	kg	7.43
410	031507028	镀锌铁丝 ϕ2.8	kg	6.64
411	031507030	镀锌铁丝 ϕ3.5	kg	6.23
412	031507031	镀锌铁丝 ϕ4.0	kg	6.23
413	031509001	铁件（综合）	kg	4.82
414	031509002	铁件	kg	4.82
415	031509004	L 型铁件 $(12+12)\times6\times0.15$	个	4.50
416	031509005	垫铁	kg	4.97
417	031509015	镀锌铁件	kg	5.66
418	031509017	金属结构铁件	kg	5.00
419	031509019	其他铁件	kg	6.13
420	031509022	预埋铁件	kg	4.84
421	031513003	吊装夹具	套	42.00
422	031515001	地锁	把	22.00
423	031517001	铁艺围栏	m^2	252.42
424	031519016	合金钢钻头	个	6.00
425	031519018	合金钢钻头 ϕ6～13	个	4.00
426	031519019	合金钢钻头 ϕ16～20	个	8.00
427	031519020	合金钢钻头 ϕ22～26	个	12.00
428	031519021	合金钢钻头 ϕ28～34	个	21.00
429	031519022	合金钢钻头 ϕ10	个	4.00
430	031519023	合金钢钻头 ϕ14	个	6.00
431	031519025	合金钢钻头 ϕ100	个	120.00
432	031519026	合金钢钻头一字型	个	6.00
433	031525001	金刚石（综合）	块	19.42
434	031527002	刀片 D1000	片	995.58
435	031527007	合金钢切割片 ϕ300	片	106.19
436	031541006	切割锯片 ϕ1000	片	995.58
437	031541007	石料切割锯片	片	29.04
438	031599002	不锈钢卡口槽	m	21.40
439	031599013	金属连接件	kg	5.00
440	031599021	卡头	个	5.31

续前

序号	材料编码	材料名称	单位	不含税价
441	031599022	连接件 PD25	个	0.71
442	031599023	连接件 PD80	个	0.80
443	031599027	射钉弹	套	0.81
444	031599029	铜质压棍	m	81.76
445	031599036	中间固定架 WG-2	个	10.30
446	031599037	端部固定架 WG-3	个	5.98
447	031599039	镀锌铁板托件 400 × (100 + 180)	套	1.77
448	040100001	水泥（综合）	kg	0.45
449	040100005	水泥 42.5	t	452.00
450	040100006	水泥 42.5	kg	0.45
451	040113001	白色硅酸盐水泥 32.5	t	539.82
452	040113002	白色硅酸盐水泥 32.5	kg	0.54
453	040113004	白水泥	kg	0.54
454	040127001	麻刀快硬水泥	m^3	495.00
455	040300001	砂	m^3	223.00
456	040300002	砂粒	m^3	195.00
457	040300003	砂子	m^3	195.00
458	040300004	砂子	kg	0.15
459	040300005	净砂	m^3	223.00
460	040301001	中砂	m^3	210.00
461	040303001	中粗砂	m^3	210.00
462	040305002	粗砂	m^3	215.00
463	040306001	细砂	m^3	209.00
464	040315001	黄砂 净砂	t	140.00
465	040315002	黄砂 毛砂	t	105.83
466	040315003	黄砂 中砂	m^3	160.19
467	040317001	金刚砂	kg	2.90
468	040319003	石英砂（综合）	kg	2.80
469	040500001	石子	m^3	225.00
470	040501002	碎石（综合）	m^3	181.00
471	040501004	碎石 40 以内	m^3	181.00
472	040501011	碎石 20～40	m^3	181.00
473	040501015	碎石 50～80	m^3	253.00
474	040501018	碎石 15	m^3	182.00
475	040501021	碎石 40	m^3	181.00
476	040501025	石英碎石（卵石）	m^3	307.77
477	040503002	卵石	m^3	229.00

续前

序号	材料编码	材料名称	单位	不含税价
478	040505005	砾石 10mm	m^3	225.00
479	040505007	砾石 40mm	m^3	239.00
480	040513001	天然砂石	m^3	204.00
481	040701001	陶粒	m^3	254.57
482	040707001	炉（矿）渣（综合）	m^3	136.09
483	040707004	水泥炉渣 1：6	m^3	130.00
484	040709001	石碴	t	105.98
485	040713001	碎砖	m^3	52.92
486	040717001	石屑	m^3	110.54
487	040901004	黏土	m^3	24.27
488	040901006	膨润土	kg	0.78
489	040901011	红土子	kg	1.50
490	040905007	石膏粉	kg	0.55
491	040905012	熟石灰	kg	0.32
492	040907001	粉煤灰	t	97.35
493	040907002	粉煤灰	m^3	247.81
494	040909001	大白粉	kg	0.58
495	040915006	石英粉	kg	1.34
496	040927002	水胶粉	kg	26.55
497	040927003	羧甲基纤维素	kg	11.96
498	041103002	毛石（综合）	m^3	174.37
499	041105001	方整石	m^3	663.42
500	041105002	方整石板	m^2	101.35
501	041107004	料石	m^3	165.49
502	041107007	细料石	m^3	323.45
503	041113001	膨胀蛭石	m^3	107.69
504	041113002	水泥蛭石块	m^3	139.08
505	041113003	水泥蛭石 1：8	m^3	106.19
506	041301001	标准砖（综合）	千块	480.00
507	041301003	标准砖 240×115×53	千块	480.00
508	041317001	非黏土烧结页岩空心砖 240×240×115	千块	1647.79
509	041317002	页岩砖 240×115×53	千块	752.59
510	041325001	陶粒混凝土实心砖 190×90×53	千块	699.82
511	041325002	陶粒混凝土实心砖 240×115×53	千块	739.23
512	041327001	混凝土多孔砖 190×190×90	千块	916.81
513	041327002	混凝土多孔砖 240×115×90	千块	1273.10
514	041327003	混凝土实心砖 190×90×53	千块	559.82

续前

序号	材料编码	材料名称	单位	不含税价
515	041327004	混凝土实心砖 240 × 115 × 53	千块	480.00
516	041505001	加气混凝土砌块 600 × 240 × 180	m^3	264.00
517	041505003	蒸压加气混凝土砌块 600 × 120 × 240	m^3	264.00
518	041505004	蒸压加气混凝土砌块 600 × 190 × 240	m^3	264.00
519	041505005	蒸压加气混凝土砌块 600 × 240 × 240	m^3	264.00
520	041505007	蒸压加气混凝土高精砌块 600 × 120 × 240	m^3	264.00
521	041505008	蒸压加气混凝土高精砌块 600 × 190 × 240	m^3	264.00
522	041505009	蒸压加气混凝土高精砌块 600 × 240 × 240	m^3	264.00
523	041509001	陶粒混凝土小型砌块 390 × 120 × 190	m^3	260.00
524	041509002	陶粒混凝土小型砌块 390 × 190 × 190	m^3	200.00
525	041509003	陶粒混凝土小型砌块 390 × 240 × 190	m^3	260.00
526	041511001	非黏土烧结空心砌块 290 × 115 × 190	m^3	247.79
527	041511002	非黏土烧结空心砌块 290 × 190 × 190	m^3	247.79
528	041511003	非黏土烧结空心砌块 290 × 240 × 190	m^3	247.79
529	041702001	黏土平瓦 387 × 218	千块	1769.91
530	041703001	黏土脊瓦 455 × 195	块	1.59
531	041717001	水泥脊瓦 330	块	5.00
532	041717002	水泥平瓦 420 × 330	块	1.53
533	041721001	彩色混凝土脊瓦	块	7.50
534	041721002	彩色混凝土瓦 420 × 332	块	1.88
535	041727001	玻璃钢瓦 小波 1800 × 720	张	22.74
536	041729001	彩钢脊瓦	m	9.00
537	041731001	沥青瓦 1000 × 333	块	55.00
538	041733001	瓷质波形瓦脊瓦	块	3.50
539	041733002	瓷质波形瓦无釉 150 × 150 × 9	块	0.88
540	041735001	S 盾瓦 250 × 90 × 10	块	2.83
541	041735002	S 形脊瓦 285 × 180	块	4.42
542	041735003	S 形瓦无釉 310 × 310	块	3.98
543	041735005	镀锌波纹瓦	块	3.72
544	041735006	镀锌铁皮脊瓦 $26^{\#}$	m^2	45.84
545	042705002	空心板筒芯	m^3	840.71
546	042705003	空心板箱体	m^3	840.71
547	042725014	预制混凝土块	m^3	607.58
548	042725018	水泥支撑	个	0.50
549	043104001	GRC 轻质隔墙板 60mm	m^2	81.90
550	043104002	GRC 轻质隔墙板 90mm	m^2	91.00
551	043104003	GRC 轻质隔墙板 120mm	m^2	106.00

续前

序号	材料编码	材料名称	单位	不含税价
552	043104004	轻质条板隔墙 δ100	m^2	65.00
553	043104005	轻质条板隔墙 δ120	m^2	69.00
554	043104006	轻质条板隔墙 δ150	m^2	72.00
555	043104007	轻质条板隔墙 δ200	m^2	80.00
556	043107001	装配式混凝土叠合板	m^3	2912.62
557	043107003	装配式混凝土空调板	m^3	3112.62
558	043107004	装配式混凝土阳台板	m^3	3342.62
559	043111001	装配式混凝土楼梯	m^3	3142.62
560	043113001	预制钢筋混凝土板桩	m^3	2690.27
561	043113002	预制钢筋混凝土方桩	m^3	2300.88
562	043113004	预应力钢筋混凝土管桩	m	262.00
563	043121002	装配式混凝土凸窗	m^3	3342.62
564	043121013	预制混凝土隔油池（成品） $1.5m^3$	套	756.64
565	043121014	预制混凝土隔油池（成品） $3m^3$	套	1513.27
566	043124001	灌浆料	m^3	2200.00
567	043124002	灌浆料	kg	0.95
568	043124003	EPS 灌浆料	m^3	1840.00
569	043125001	规格材木骨架	m^3	1800.00
570	043127001	规格材组合梁	m^3	1911.00
571	043127002	胶合梁	m^3	5768.00
572	043129001	规格材格栅	m^3	1911.00
573	043131001	规格材组合柱	m^3	1911.00
574	043131002	胶合柱	m^3	5500.20
575	050100001	原木（综合）	m^3	1895.00
576	050100005	杉原木 屋架用	m^3	1895.00
577	050100007	支撑木材	m^3	1895.00
578	050107001	桩木	m^3	2020.00
579	050109001	枕木（综合）	m^3	2020.00
580	050205001	柚木皮	m^2	21.65
581	050301002	木材（成材）	m^3	2065.00
582	050301007	杉木板	m^3	2065.00
583	050303001	规格材	m^3	2065.00
584	050401001	木方	m^3	2065.00
585	050401003	板枋材	m^3	2065.00
586	050401006	板枋材 杉木	m^3	2065.00
587	050401008	板枋材 松木	m^3	2065.00
588	050401009	板枋材 松杂	m^3	2065.00

续前

序号	材料编码	材料名称	单位	不含税价
589	050401010	挂瓦条 25mm × 30mm	m^3	2065.00
590	050500001	胶合板（综合）	m^2	35.00
591	050500002	胶合板 $\delta 3$	m^2	9.05
592	050500003	胶合板 $\delta 5$	m^2	15.62
593	050500005	胶合板 $\delta 9$	m^2	19.46
594	050500006	胶合板 $\delta 12$	m^2	35.43
595	050500007	胶合板 $\delta 15$	m^2	44.91
596	050500008	胶合板 $\delta 18$	m^2	46.32
597	050500011	榉木板 $\delta 3$	m^2	15.16
598	050500012	吸音胶合板	m^2	90.00
599	050505001	胶合饰面板 泰柚	m^2	38.00
600	050505002	饰面胶合板	m^2	11.96
601	050509001	穿孔胶合板	m^2	65.00
602	050511001	防火胶板	m^2	11.70
603	050511002	防火胶板 $\delta 1.0$	m^2	24.79
604	050700001	纤维板	m^2	9.98
605	050700002	玻璃纤维板	m^2	66.00
606	050703001	中密度防火复合板 396 × 2400 × 15	m^2	80.00
607	050900001	细木工板 $\delta 15$	m^2	37.64
608	050900002	细木工板 $\delta 18$	m^2	41.14
609	051100004	防腐木 $\delta 40$	m^3	2470.00
610	051500001	刨花板 1830 × 915 × 4	m^2	10.35
611	051501001	定向刨花板 $\delta 12$	m^2	18.43
612	051501002	定向刨花板 $\delta 18$	m^2	32.36
613	051703001	木丝板	m^2	23.53
614	051703002	木丝板 $\delta 25$	m^2	21.70
615	052501001	垫木	m^3	2020.00
616	052501002	垫木 60 × 60 × 60	块	0.48
617	052501005	硬垫木	m^3	1992.00
618	052511001	木格栅（成品） 100 × 100 × 55	m^2	45.00
619	053505001	竹帘子	m^2	40.00
620	053507001	半圆竹片 $DN20$	m^2	6.41
621	053507003	竹片	m^2	11.89
622	053511001	苇席	m^2	7.50
623	060103001	平板玻璃 $\delta 3$	m^2	22.12
624	060103002	平板玻璃 $\delta 5$	m^2	34.00
625	060103003	平板玻璃 $\delta 8$	m^2	57.52

续前

序号	材料编码	材料名称	单位	不含税价
626	060103004	平板玻璃 δ10	m^2	66.37
627	060103005	平板玻璃 δ12	m^2	75.22
628	060103006	平板磨边玻璃 δ8	m^2	66.37
629	060500001	钢化玻璃 δ5	m^2	66.37
630	060500002	钢化玻璃 δ12	m^2	92.92
631	060500003	钢化玻璃 δ15	m^2	132.74
632	060901001	夹胶玻璃（采光天棚用） 8 + 0.76 + 8	m^2	176.99
633	061100001	中空玻璃	m^2	84.07
634	061101001	钢化中空玻璃（LOW-E） (5 + 6A + 5)	m^2	168.14
635	062107001	钢化镀膜玻璃 δ6	m^2	71.68
636	062507001	磨砂玻璃 δ5	m^2	71.68
637	062527001	镜面玻璃（综合）	m^2	80.53
638	062527002	镜面玻璃 δ3	m^2	66.37
639	062527003	镜面玻璃 δ5	m^2	60.00
640	062527004	镜面玻璃 δ6	m^2	88.50
641	062527005	镜面玻璃（成品）	m^2	80.53
642	062527006	镜面玻璃（成品） δ5	m^2	97.35
643	062527007	镜面玻璃 磨边 δ6	m^2	106.19
644	062527008	镜面玻璃 异形 δ5	m^2	141.59
645	064100001	镭射玻璃（成品）	m^2	260.00
646	064100002	镭射玻璃 600 × 600 × 8	m^2	240.00
647	064100003	镭射玻璃 800 × 800 × 8	m^2	240.00
648	064100004	镭射玻璃 造型	m^2	280.00
649	064103001	镭射夹层玻璃 (8 + 5) 600 × 600	m^2	575.22
650	064103002	镭射夹层玻璃 (8 + 5) 800 × 800	m^2	575.22
651	064317001	防弹玻璃 δ19	m^2	553.10
652	065101001	玻璃砖 190 × 190 × 95	块	180.00
653	065300001	玻璃马赛克	m^2	350.00
654	070000001	面砖 95 × 95	m^2	33.63
655	070000002	面砖 194 × 94	m^2	37.17
656	070000003	面砖 200 × 300	m^2	39.38
657	070000004	面砖 240 × 60	m^2	53.10
658	070000005	面砖 400 × 500	m^2	57.52
659	070000006	面砖 800 × 800	m^2	67.19
660	070000007	面砖 1000 × 1000	m^2	80.00
661	070000008	面砖 600 × 800（厚 ≥ 13mm）	m^2	75.00
662	070105001	瓷腰线砖 （带花）200 × 70	块	25.00

续前

序号	材料编码	材料名称	单位	不含税价
663	070105002	瓷腰线砖 （带花）200 × 90	块	25.00
664	070309002	陶辊	m	70.00
665	070500001	陶瓷地砖（综合）	m^2	67.19
666	070500003	地砖 300 × 300	m^2	58.67
667	070500004	地砖 600 × 600	m^2	61.11
668	070500005	地砖 800 × 800	m^2	67.19
669	070500006	地砖 1000 × 1000	m^2	80.00
670	070703001	陶瓷锦砖	m^2	154.00
671	071300001	实木地板	m^2	120.00
672	071300002	柚木企口板	m^2	75.00
673	071401001	复合木地板	m^2	120.00
674	072501001	铝合金活动地板	m^2	310.00
675	072513001	陶瓷活动地板	m^2	75.00
676	072900001	地毯	m^2	150.00
677	072909001	地毯木条	m	7.00
678	072909002	地毯烫带	m	50.00
679	073301001	防潮垫	m^2	95.00
680	080100002	石材（综合）	m^2	230.00
681	080100004	石材 600 × 900	m^2	230.00
682	080100005	石材 800 × 800	m^2	280.00
683	080100006	石材 1200 × 1200	m^2	330.00
684	080100007	石材 1300 × 1300	m^2	350.00
685	080703001	花岗岩 500 × 400 × 80mm	m^2	240.00
686	080703003	花岗岩板	m^2	110.00
687	080703004	花岗岩块石	m	85.00
688	080901001	凹凸麻石块	m^2	155.00
689	080901002	凹凸假麻石块	m^2	155.00
690	081704001	石材石柱墩（成品） 圆弧形	m	359.12
691	081710001	不锈钢石材干挂挂件	套	45.00
692	081713001	石材饰面板	m^2	360.00
693	081713002	天然石材饰面板（综合）	m^2	195.00
694	081713003	天然石材饰面板 600 × 600	m^2	110.00
695	081713004	天然石材饰面板 800 × 800	m^2	230.00
696	081713005	天然石材饰面板 1000 × 1000	m^2	260.00
697	081713006	天然石材饰面板（成品） 拼花	m^2	320.00
698	081713007	天然石材饰面板 碎拼	m^2	320.00
699	081715001	石材板（成品） 点缀	个	220.00

续前

序号	材料编码	材料名称	单位	不含税价
700	081715002	石材窗台板（成品）	m^2	407.77
701	081715003	石材抛光片	片	25.00
702	081717001	石材圆弧形（成品）	m^2	377.00
703	081719001	石材柱帽圆弧形（成品）	m	360.00
704	082101001	石材养护液	kg	15.00
705	082102001	石材保护液	kg	30.00
706	090101001	纸面石膏板	m^2	18.10
707	090117001	保温石膏板 600 × 600 × 40	m^2	50.00
708	090117002	保温石膏板 600 × 600 × 50	m^2	60.00
709	090119001	石膏吸音板	m^2	24.00
710	090301001	宝丽板	m^2	47.41
711	090301002	红榉木装饰皮	m^2	11.06
712	090301003	木质饰面板 δ3	m^2	110.62
713	090501001	不锈钢饰面板 δ1.0	m^2	137.98
714	090501002	镜面不锈钢板	m^2	203.55
715	090501003	镜面不锈钢板 δ0.8	m^2	241.72
716	090501004	镜面不锈钢板 δ1.0	m^2	246.14
717	090503001	铝单板（幕墙）	m^2	197.68
718	090503003	铝合金方板 δ1.0	m^2	278.83
719	090503004	铝合金方板 300 × 300	m^2	84.98
720	090503005	铝合金浮搁式方板	m^2	72.66
721	090503006	铝合金嵌入式方板	m^2	85.88
722	090503007	铝合金插缝板	m^2	50.83
723	090503008	铝合金吸音板	m^2	71.58
724	090503009	铝合金装饰板	m^2	236.84
725	090509001	金属烤漆板条 异型 2500 × 200 × 2	m^2	103.45
726	090511001	金属板	m^2	85.00
727	090511002	檐口堵头板 WD-1	块	12.09
728	090511003	屋脊堵头板 WD-2	块	12.71
729	090511004	屋脊挡雨板 WD-3	块	7.48
730	090511005	压型屋面板 W-550	m^2	58.41
731	090900001	塑料贴面板	m^2	17.09
732	090901001	塑料装饰扣板	m^2	26.07
733	090903001	软膜	m^2	120.00
734	090907001	聚酯采光板 δ1.2	m^2	51.14
735	090907002	阳光板	m^2	52.45
736	090909002	塑料透光片	m^2	78.67

续前

序号	材料编码	材料名称	单位	不含税价
737	090909003	天棚乳白胶片	m^2	96.00
738	091101001	铝塑板 δ3	m^2	61.88
739	091101002	铝塑板 δ4	m^2	79.57
740	091101003	铝塑板 δ5	m^2	106.05
741	091105001	彩钢板 δ0.5	m^2	20.00
742	091105002	彩钢板 δ0.8	m^2	36.90
743	091105003	压型彩钢板 δ0.5	m^2	36.90
744	091107001	屋脊板 δ2	m^2	22.17
745	091503001	埃特板	m^2	63.28
746	091700001	珍珠岩	m^3	196.46
747	091900001	硅酸钙板（综合）	m^2	23.20
748	091900002	硅酸钙板 δ8	m^2	19.22
749	091900003	硅酸钙板 δ10	m^2	23.20
750	091901001	穿孔硅钙板 8mm	m^2	19.58
751	092301001	陶土板	m^2	148.00
752	092302001	瓷板（综合）	m^2	168.00
753	092302002	瓷板 152 × 152	m^2	189.84
754	092302003	瓷板 200 × 300	m^2	189.84
755	092309001	镜面玲珑胶板 3	m^2	159.29
756	092311001	真空镀膜仿金装饰板	m^2	75.20
757	092505001	彩钢夹芯板 δ75	m^2	55.00
758	092505002	彩钢夹芯板 δ100	m^2	74.00
759	092507002	免拆模保温板	m^2	135.00
760	092509001	金属屋面板	m^2	115.06
761	092513001	预制轻钢龙骨内隔墙板 δ80	m^2	54.87
762	092513002	预制轻钢龙骨内隔墙板 δ100	m^2	59.29
763	092513003	预制轻钢龙骨内隔墙板 δ150	m^2	69.03
764	092515001	FC 板 300 × 600 × 8	m^2	33.68
765	092517001	轻质墙板 δ60	m^2	70.68
766	092517002	轻质墙板 δ85	m^2	79.87
767	092517003	轻质墙板 δ95	m^2	87.75
768	092519001	镀锌铁皮（综合）	m^2	41.25
769	092519002	镀锌铁皮 0.4mm	m^2	38.42
770	092519003	镀锌铁皮天沟	m	97.00
771	092519004	镀锌铁皮檐沟	m	97.00
772	092519005	彩钢内外扣槽	m	55.00
773	092519006	槽形彩钢条 2	m	5.00

续前

序号	材料编码	材料名称	单位	不含税价
774	092519007	瓦垄铁皮 26#	m^2	41.25
775	092701001	玻璃纤维布（综合）	m^2	2.60
776	092701002	玻璃纤维布 δ0.2	m^2	2.00
777	092701003	玻璃纤维布 δ0.4	m^2	2.90
778	092701004	玻璃纤维网格布	m^2	2.50
779	092701005	玻璃纤维嵌缝布	m^2	2.60
780	092701006	耐碱玻璃纤维网格布	m^2	2.90
781	092701007	耐碱玻纤布 200mm 宽	m	0.84
782	092701008	耐碱涂塑玻纤网格布	m^2	2.00
783	092705001	破布	kg	5.58
784	092705002	纱布	张	2.50
785	092705006	标准网格布	m^2	3.00
786	092705007	加强网格布	m^2	6.00
787	092705008	聚酯布 100g/m^2	m^2	1.71
788	092705009	丝绒面料	m^2	30.59
789	092901001	方通 50 × 50	kg	25.00
790	092901002	铝方通 间距 100	m^2	130.09
791	092901003	铝方通 间距 150	m^2	111.50
792	092901004	铝方通 间距 200	m^2	101.77
793	092901005	铝格栅	m^2	64.00
794	092901006	铝格栅 （含配件） 125 × 125 × 4.5	m^2	66.00
795	092901007	铝合金扣板	m^2	69.00
796	092901008	铝合金条板	m^2	88.00
797	092901009	多边形铝合金空腹格栅 （含配件）	m^2	68.00
798	092901010	直条型铝合金格栅 （含配件） 1260 × 60 × 126	m^2	148.67
799	092903001	不锈钢格栅	m^2	1150.00
800	092909001	铝合金挂片 间距 100	m^2	120.00
801	092909002	铝合金挂片 间距 150	m^2	100.00
802	092909003	铝合金挂片 间距 200	m^2	84.00
803	092909004	铝合金挂片 块型 200 间距	m^2	92.00
804	092913001	铝合金接插件	个	12.80
805	092921002	桁架格栅	m^3	84.00
806	092921003	沿口包角板 δ0.8	m^2	56.00
807	093100001	壁纸	m^2	20.80
808	093107001	金属壁纸	m^2	44.80
809	093111001	壁纸专用基膜	kg	14.40
810	093901001	塑钢隔断	m^2	151.00

续前

序号	材料编码	材料名称	单位	不含税价
811	093901002	塑钢半玻璃隔断	m^2	160.00
812	093901003	塑钢全玻璃隔断	m^2	170.00
813	093913001	浴厕隔断（成品） 包括五金配件	m^2	152.00
814	095101001	造型藤条吊顶	m^2	280.00
815	095103001	GRC 拱形雕刻门窗头装饰 1500 × 540 以内	件	220.00
816	095103002	GRC 拱形雕刻门窗头装饰 1500 × 540 以外	件	240.00
817	095103003	GRC 欧式外挂檐口线板 550 × 550 以内	m	132.00
818	095103004	GRC 欧式外挂檐口线板 550 × 550 以外	m	140.00
819	095103005	GRC 装饰柱（成品） ϕ400	根	150.00
820	095103006	GRC 装饰柱（成品） ϕ600	根	226.00
821	095103007	欧式 GRC 装饰线条 400 × 400 以内	m	96.00
822	095103008	欧式 GRC 装饰线条 400 × 400 以外	m	100.00
823	095105001	GRC 山花浮雕 1200 × 400 以内	件	800.00
824	095105002	GRC 山花浮雕 1200 × 400 以外	件	1280.00
825	095107001	GRC 饰面板（综合）	m^2	90.00
826	100100001	镀锌钢龙骨	kg	4.20
827	100101003	镀锌轻钢龙骨 75 × 40	m	3.10
828	100101004	镀锌轻钢龙骨 75 × 50	m	4.50
829	100103001	轻钢龙骨不上人型 （跌级）300 × 300	m^2	27.95
830	100103002	轻钢龙骨不上人型 （跌级）450 × 450	m^2	26.32
831	100103003	轻钢龙骨不上人型 （跌级）600 × 600	m^2	28.62
832	100103004	轻钢龙骨不上人型 （跌级）600 × 600 以上	m^2	21.57
833	100103005	轻钢龙骨不上人型 （平面）300 × 300	m^2	26.45
834	100103006	轻钢龙骨不上人型 （平面）450 × 450	m^2	26.82
835	100103007	轻钢龙骨不上人型 （平面）600 × 600	m^2	19.48
836	100103008	轻钢龙骨不上人型 （平面）600 × 600 以上	m^2	18.09
837	100103009	轻钢龙骨不上人型 （圆弧形）	m^2	21.70
838	100103010	轻钢龙骨上人型 （跌级）300 × 300	m^2	36.44
839	100103011	轻钢龙骨上人型 （跌级）450 × 450	m^2	28.80
840	100103012	轻钢龙骨上人型 （跌级）600 × 600	m^2	25.77
841	100103013	轻钢龙骨上人型 （跌级）600 × 600 以上	m^2	25.02
842	100103014	轻钢龙骨上人型 （平面）300 × 300	m^2	30.64
843	100103015	轻钢龙骨上人型 （平面）450 × 450	m^2	25.02
844	100103016	轻钢龙骨上人型 （平面）600 × 600	m^2	22.73
845	100103017	轻钢龙骨上人型 （平面）600 × 600 以上	m^2	20.47
846	100103018	轻钢龙骨上人型 （圆弧形）	m^2	25.42
847	100103019	轻钢龙骨吊挂式天棚龙骨 （弧拱型）	m^2	48.56

续前

序号	材料编码	材料名称	单位	不含税价
848	100103020	轻钢龙骨吊挂式天棚龙骨 （矩型）	m^2	45.35
849	100103021	轻钢龙骨吊挂式天棚龙骨 （圆型）	m^2	46.23
850	100103022	轻钢龙骨阶梯型天棚龙骨 （弧线型）	m^2	49.36
851	100103023	轻钢龙骨阶梯型天棚龙骨 （直线型）	m^2	45.23
852	100103024	轻钢龙骨锯齿型天棚龙骨 （弧线型）	m^2	47.23
853	100103025	轻钢龙骨锯齿型天棚龙骨 （直线型）	m^2	45.86
854	100103026	轻钢龙骨藻井天棚龙骨 （矩型）	m^2	46.23
855	100103027	轻钢龙骨藻井天棚龙骨 （曲面型）	m^2	49.06
856	100103028	轻钢龙骨藻井天棚龙骨 （筒型）	m^2	47.86
857	100103029	轻钢龙骨藻井天棚龙骨 （圆弧型）	m^2	50.23
858	100301001	铝合金 T 型龙骨 $h=35$	m	4.12
859	100303001	方筒型铝合金 （含配件） 600 × 600	m^2	107.35
860	100303002	方筒型铝合金 （含配件） 900 × 900	m^2	241.56
861	100303003	方筒型铝合金 （含配件） 1200 × 1200	m^2	429.40
862	100303004	铝合金方板天棚龙骨不上人型 （浮搁式）500 × 500	m^2	26.89
863	100303005	铝合金方板天棚龙骨不上人型 （浮搁式）600 × 600	m^2	34.62
864	100303006	铝合金方板天棚龙骨不上人型 （浮搁式）600 × 600 以上	m^2	44.51
865	100303007	铝合金方板天棚龙骨不上人型 （嵌入式）500 × 500	m^2	32.56
866	100303008	铝合金方板天棚龙骨不上人型 （嵌入式）600 × 600	m^2	36.26
867	100303009	铝合金方板天棚龙骨不上人型 （嵌入式）600 × 600 以上	m^2	40.42
868	100303010	铝合金方板天棚龙骨上人型 （浮搁式）500 × 500	m^2	34.06
869	100303011	铝合金方板天棚龙骨上人型 （浮搁式）600 × 600	m^2	39.52
870	100303012	铝合金方板天棚龙骨上人型 （浮搁式）600 × 600 以上	m^2	44.55
871	100303013	铝合金方板天棚龙骨上人型 （嵌入式）500 × 500	m^2	38.12
872	100303014	铝合金方板天棚龙骨上人型 （嵌入式）600 × 600	m^2	42.63
873	100303015	铝合金方板天棚龙骨上人型 （嵌入式）600 × 600 以上	m^2	46.23
874	100303016	铝合金龙骨不上人型 （跌级）300 × 300	m^2	24.73
875	100303017	铝合金龙骨不上人型 （跌级）450 × 450	m^2	28.84
876	100303018	铝合金龙骨不上人型 （跌级）600 × 600	m^2	37.09
877	100303019	铝合金龙骨不上人型 （跌级）600 × 600 以上	m^2	41.20
878	100303020	铝合金龙骨不上人型 （平面）300 × 300	m^2	27.19
879	100303021	铝合金龙骨不上人型 （平面）450 × 450	m^2	31.32
880	100303022	铝合金龙骨不上人型 （平面）600 × 600	m^2	32.96
881	100303023	铝合金龙骨不上人型 （平面）600 × 600 以上	m^2	37.09
882	100303024	铝合金龙骨上人型 （跌级）300 × 300	m^2	21.08
883	100303025	铝合金龙骨上人型 （跌级）450 × 450	m^2	23.07
884	100303026	铝合金龙骨上人型 （跌级）600 × 600	m^2	26.38

续前

序号	材料编码	材料名称	单位	不含税价
885	100303027	铝合金龙骨上人型 （跌级）600 × 600 以上	m^2	29.67
886	100303028	铝合金龙骨上人型 （平面）300 × 300	m^2	26.38
887	100303029	铝合金龙骨上人型 （平面）450 × 450	m^2	28.84
888	100303030	铝合金龙骨上人型 （平面）600 × 600	m^2	32.96
889	100303031	铝合金龙骨上人型 （平面）600 × 600 以上	m^2	24.73
890	100303032	铝合金轻型方板天棚龙骨（中龙骨直接吊挂骨架） 500× 500	m^2	31.53
891	100303033	铝合金轻型方板天棚龙骨（中龙骨直接吊挂骨架） 600× 600	m^2	33.42
892	100303034	铝合金轻型方板天棚龙骨（中龙骨直接吊挂骨架） 600× 600 以上	m^2	41.02
893	100303035	铝合金格片天棚龙骨 （间距 100mm）	m^2	38.02
894	100303036	铝合金条板天棚龙骨 （中型）	m^2	38.69
895	100303038	圆筒型铝合金 （含配件） 600 × 600	m^2	125.24
896	100500001	木龙骨	m^3	1580.00
897	100701001	复合式烤漆龙骨 （暗架式）	m^2	22.80
898	100701002	复合式烤漆龙骨 （明架式）	m^2	22.12
899	101111001	不锈钢固定连接件	个	4.03
900	101307001	轻钢龙骨吊挂件 U38	个	0.27
901	101511001	铝合金龙骨连接件	件	4.46
902	101701001	弹簧件	件	0.10
903	110101001	木板平开大门	m^2	650.00
904	110101002	木板推拉大门	m^2	750.00
905	110101003	木质防火门	m^2	360.00
906	110101004	单扇套装平开实木门	樘	1100.00
907	110101005	双扇套装平开实木门	樘	2600.00
908	110101006	双扇套装子母对开实木门	樘	2500.00
909	110105001	木门框（成品）	m	46.80
910	110115001	木质门窗套	m^2	500.00
911	110201001	钢木平开大门	m^2	435.00
912	110201002	钢木推拉大门	m^2	450.00
913	110203001	钢质防火门	m^2	412.00
914	110501001	彩钢板门	m^2	391.42
915	110511001	彩钢板窗	m^2	265.77
916	110701001	不锈钢伸缩门 （含轨道）	m	1055.88
917	110703001	防火窗 钢质	m^2	611.00
918	110901001	铝合金百叶窗	m^2	255.00
919	110901002	铝合金固定窗	m^2	397.00

续前

序号	材料编码	材料名称	单位	不含税价
920	110903001	铝合金飘凸窗平开	m^2	419.00
921	110903002	铝合金飘凸窗内平开下悬	m^2	531.50
922	110903003	铝合金飘凸窗推拉	m^2	431.50
923	110903005	铝合金平开窗	m^2	419.00
924	110903006	铝合金内平开下悬窗	m^2	544.84
925	110903007	铝合金推拉窗	m^2	426.00
926	110903008	铝合金平开门	m^2	578.17
927	110903009	铝合金推拉门	m^2	432.00
928	110903010	铝合金纱门扇	m^2	131.50
929	111101001	塑钢百叶窗	m^2	180.00
930	111101002	塑钢固定窗	m^2	256.00
931	111101003	塑钢内平开下悬窗 （含 5mm 玻璃）	m^2	274.90
932	111101004	塑钢内平开下悬飘窗	m^2	274.90
933	111101005	塑钢平开窗 （含 5mm 玻璃）	m^2	352.00
934	111101006	塑钢推拉窗 （含 5mm 玻璃）	m^2	314.00
935	111101007	塑钢平开飘窗	m^2	330.00
936	111101008	塑钢平开门	m^2	362.00
937	111101009	塑钢推拉门	m^2	468.00
938	111101010	塑钢纱门扇	m^2	163.50
939	111901001	全玻璃转门（含玻璃转轴全套）	樘	53000.00
940	112105001	铝合金平开纱窗扇	m^2	100.00
941	112105002	铝合金隐形纱窗扇	m^2	90.00
942	112105003	塑钢平开纱窗扇	m^2	80.00
943	112107001	铝合金推拉纱窗扇	m^2	100.00
944	112107002	塑钢推拉纱窗扇	m^2	70.00
945	112301001	保温门	m^2	393.89
946	112303001	变电室门	m^2	578.17
947	112305001	隔音门	m^2	2280.00
948	112325001	冷藏间冻结门	m^2	600.00
949	112325002	冷藏库门	m^2	600.00
950	112327001	不锈钢防盗格栅窗	m^2	200.00
951	112327002	圆钢防盗格栅窗	m^2	65.00
952	112327003	钢制防盗门	m^2	500.00
953	112329001	人防混凝土档窗板	m^2	688.98
954	112329002	人防混凝土防密门	m^2	1581.93
955	112329003	人防混凝土门式悬板活门	m^2	4863.70
956	112329004	人防混凝土密闭门	m^2	2722.24

续前

序号	材料编码	材料名称	单位	不含税价
957	112331001	防射线门	m^2	2139.02
958	112333004	钢质人防密闭门	m^2	2000.00
959	112500001	百叶帘、卷帘	m^2	109.00
960	112501001	镀锌钢板卷帘	m^2	177.34
961	112501002	防火卷帘	m^2	177.34
962	112503001	不锈钢卷帘	m^2	335.00
963	112505001	铝合金卷帘	m^2	345.00
964	112507001	彩钢卷帘	m^2	264.87
965	112601001	布窗帘	m^2	15.00
966	112603003	窗帘杆（成品）	m	57.00
967	113501001	装饰门扇（成品）	m^2	288.00
968	113501002	全玻无框 （点夹）门扇	m^2	320.00
969	113501003	全玻无框 （条夹）门扇	m^2	332.25
970	113501004	全玻有框门扇	m^2	440.00
971	120101001	木平面装饰线条 10×10	m	5.00
972	120101002	木平面装饰线条 20×5	m	8.00
973	120101003	木平面装饰线条 20×10	m	12.00
974	120101004	木平面装饰线条 25×10	m	13.50
975	120101005	木平面装饰线条 25×13	m	14.00
976	120101006	木平面装饰线条 30×10	m	13.00
977	120101007	木平面装饰线条 50×10	m	15.00
978	120101008	木平面装饰线条 100×20	m	17.00
979	120101009	木平面装饰线条 150×20	m	20.00
980	120101010	木平面装饰线条 200×20	m	23.00
981	120103001	木踢脚线 100	m^2	54.69
982	120103002	硬木踢脚线	m	5.47
983	120103003	硬木踢脚线 120×15	m^2	54.69
984	120105001	木半圆形装饰线条 10	m	12.00
985	120105002	木半圆形装饰线条 20	m	14.00
986	120105003	木半圆形装饰线条 40	m	16.00
987	120105004	木半圆形装饰线条 60	m	18.00
988	120105005	木弧线 50	m	17.00
989	120105006	木弧线 50×20	m	17.00
990	120107001	防滑木条	m^3	1550.63
991	120107002	木压条 15×40	m	10.00
992	120107003	榉木线条 22×5	m	7.00
993	120107004	榉木线条 25×5	m	7.00

续前

序号	材料编码	材料名称	单位	不含税价
994	120107005	木封边条 10×20	m	6.00
995	120109001	木顶角线条 25×25	m	8.00
996	120109002	木顶角线条 50×50	m	12.00
997	120109003	木顶角线条 70×28	m	13.00
998	120109004	木顶角线条 100×35	m	15.00
999	120109005	木阳角线条 25×25	m	9.00
1000	120109006	木阳角线条 50×50	m	16.00
1001	120109007	木阳角线条 80×80	m	20.00
1002	120109008	木阳角线条 100×100	m	23.00
1003	120109009	木阴角线条 12×12	m	6.00
1004	120109010	木阴角线条 50×50	m	16.00
1005	120109011	椴木阴角线条	m	20.00
1006	120111001	硬木板条	m^2	48.00
1007	120111002	板条 1000×30×8	100 根	1075.22
1008	120301001	金属踢脚线	m	18.00
1009	120303001	不锈钢压条 2	m	35.00
1010	120303002	不锈钢压条 20×20×1.2	m	20.00
1011	120303003	不锈钢压条 65×15×2	m	48.00
1012	120303004	铝合金压条（综合）	m	19.50
1013	120303005	铝合金压条 16×1.5	m	20.00
1014	120303006	铝合金收边条	m	12.00
1015	120303007	铝合金条 ϕ4	m	15.00
1016	120307001	铝合金槽线 20×12×1.0	m	16.00
1017	120307002	铝合金槽线 50×13×1.2	m	18.00
1018	120307003	不锈钢槽线 20×20×20×1.0	m	15.00
1019	120307004	不锈钢槽线 50×50×50×1.0	m	25.00
1020	120311001	不锈钢角线 20×20×1.0	m	15.00
1021	120311002	不锈钢角线 50×50×1.0	m	25.00
1022	120311003	不锈钢角线 75×75×1.0	m	30.00
1023	120313001	铝合金角线 20×20×1	m	15.00
1024	120313002	铝合金角线 20×20×1.5	m	15.00
1025	120313003	铝合金角线 50×50×1	m	25.00
1026	120501001	石材装饰线 50	m	38.00
1027	120501002	石材装饰线 100	m	38.00
1028	120501003	石材装饰线 150	m	38.00
1029	120501004	石材装饰线 200	m	38.00
1030	120501005	石材装饰线 350	m	38.00

续前

序号	材料编码	材料名称	单位	不含税价
1031	120503001	缸砖踢脚线	m	10.00
1032	120503002	陶瓷地砖踢脚线	m	12.00
1033	120503003	天然石材踢脚线	m	40.00
1034	120505001	白瓷砖角线 $L200$	块	32.00
1035	120701001	石膏平线 50	m	4.85
1036	120701002	石膏平线 100	m	9.65
1037	120701003	石膏平线 150	m	14.51
1038	120701004	石膏平线 200	m	19.29
1039	120703001	石膏角线 50	100m	483.73
1040	120703002	石膏角线 100	100m	967.48
1041	120703003	石膏角线 150	100m	1451.21
1042	120703004	石膏角线 200	100m	1934.96
1043	120703005	石膏顶角线 80 × 30	m	10.04
1044	120705001	石膏造型角 500 × 500	个	187.52
1045	120711001	快粘粉	kg	16.31
1046	120905001	聚氯乙烯阴、阳角线 50 × 50	m	6.00
1047	120906001	塑料压条	m	2.00
1048	120907001	塑料板踢脚线	m	5.53
1049	120915001	塑料板扫脚盖板	m	5.53
1050	120915002	塑料板压口盖板	m	5.10
1051	120915003	塑料板阴阳角卡口板	m	7.00
1052	121105001	苯板线条（成品）	m	12.74
1053	121701001	防静电踢脚线	m	14.00
1054	122105001	半玻璃栏板（成品）	m	250.13
1055	122105002	全玻璃栏板（成品）	m	609.45
1056	122107001	不锈钢栏杆（成品）	m	144.25
1057	122109002	金属花饰栏杆（成品）	m	154.87
1058	122109003	钢栏杆	kg	5.60
1059	122109005	铸铁楼梯栏杆铁花 3 片/m^2	m^2	210.53
1060	122111001	木栏杆（成品）	m	304.00
1061	122301001	不锈钢扶手 $\phi60$	m	88.00
1062	122301002	不锈钢钢靠墙扶手	m	126.40
1063	122303001	木扶手 宽 65	m	36.00
1064	122303002	木质靠墙扶手	m	36.00
1065	122303003	硬木扶手	m	44.00
1066	122303004	硬木弯头 120 × 60	个	72.00
1067	122305001	石材扶手	m	32.00

续前

序号	材料编码	材料名称	单位	不含税价
1068	122305002	大理石弯头	只	24.00
1069	122309001	塑料扶手	m	14.08
1070	122309002	塑料靠墙扶手	m	25.56
1071	122311001	钢管扶手	m	51.83
1072	122311002	铝合金靠墙扶手	m	138.00
1073	123503001	石膏装饰柱（成品） ϕ350	根	600.00
1074	123711001	旗杆球珠	个	65.86
1075	123901001	不发光亚克力字 1m^{2}以内	个	3.50
1076	123901002	不发光亚克力字 2m^{2}以内	个	7.01
1077	123901003	不发光亚克力字 4m^{2}以内	个	14.02
1078	123901004	发光亚克力字 1m^{2}以内	个	8.00
1079	123901005	发光亚克力字 2m^{2}以内	个	16.00
1080	123901006	发光亚克力字 4m^{2}以内	个	32.00
1081	123901007	聚氯乙烯字 0.2m^{2}以内	个	3.00
1082	123901008	聚氯乙烯字 0.5m^{2}以内	个	6.00
1083	123901009	聚氯乙烯字 1.0m^{2}以内	个	12.00
1084	123901010	聚氯乙烯字 1.5m^{2}以内	个	3.00
1085	123901011	聚氯乙烯字 4.0m^{2}以内	个	6.00
1086	123911001	木质字 0.2m^{2}以内	个	6.50
1087	123911002	木质字 0.5m^{2}以内	个	13.01
1088	123911003	木质字 1.0m^{2}以内	个	26.02
1089	123913001	石材字 0.2m^{2}以内	个	50.00
1090	123913002	石材字 0.5m^{2}以内	个	125.00
1091	123915001	钛金字 0.2m^{2}以内	个	8.00
1092	123915002	钛金字 0.5m^{2}以内	个	16.00
1093	123915003	钛金字 1.0m^{2}以内	个	8.00
1094	123915004	钛金字 1.5m^{2}以内	个	12.00
1095	123915005	钛金字 4.0m^{2}以内	个	24.00
1096	124123001	灯箱布	m^2	48.14
1097	130101003	环氧腻子	kg	17.11
1098	130101004	聚氨酯腻子	kg	11.87
1099	130101005	聚酯透明腻子	kg	16.15
1100	130101006	过氯乙烯腻子	kg	11.68
1101	130101009	腻子粉（成品）	kg	1.17
1102	130101010	氟碳漆用光面腻子粉	kg	15.00
1103	130101011	氟碳漆用抗裂腻子粉	kg	15.00
1104	130103003	多彩面涂料	kg	16.14

续前

序号	材料编码	材料名称	单位	不含税价
1105	130103006	过氯乙烯面层涂料	kg	19.55
1106	130103008	互穿网络面漆	kg	20.71
1107	130103010	环氧自流平面漆	kg	21.04
1108	130103011	聚氨酯面层涂料	kg	23.34
1109	130103014	面层高光面油	kg	16.88
1110	130103018	水性耐候面漆（半光型）	kg	22.19
1111	130103020	真石漆	kg	8.80
1112	130105001	KCM 清漆	kg	19.90
1113	130105002	苯乙烯清漆	kg	21.09
1114	130105003	醇酸清漆	kg	13.00
1115	130105004	氟碳罩面清漆	kg	47.00
1116	130105005	过氯乙烯清漆（综合）	kg	18.72
1117	130105006	聚氨酯清漆	kg	19.96
1118	130105007	聚酯清漆	kg	23.67
1119	130105010	硝基清漆	kg	25.88
1120	130109001	KCM 色漆	kg	19.00
1121	130109002	聚酯色漆	kg	29.58
1122	130111001	底漆	kg	21.24
1123	130111004	抗碱底涂料	kg	20.47
1124	130111006	水性封底漆 普通	kg	16.69
1125	130111008	多彩底涂料	kg	18.83
1126	130111009	互穿网络底漆	kg	16.96
1127	130111010	FVC 底漆（NJG）	kg	25.88
1128	130111013	丙烯酸聚氨酯底漆	kg	23.21
1129	130111014	过氯乙烯底漆（综合）	kg	18.72
1130	130111015	过氯乙烯底层涂料	kg	16.58
1131	130111019	环氧煤焦油树脂底料	m^3	22681.42
1132	130111022	氯化橡胶底漆	kg	15.94
1133	130111023	聚酯底漆	kg	18.35
1134	130111024	聚氨酯底漆	kg	19.61
1135	130111026	聚氨酯底层涂料	kg	27.36
1136	130111028	聚氨酯防潮底漆	kg	21.81
1137	130111031	苯丙乳胶底漆（综合）	kg	14.48
1138	130113001	硝基磁漆	kg	20.43
1139	130113003	醇酸磁漆 各色	kg	16.81
1140	130113006	过氯乙烯磁漆 G52-1	kg	19.99
1141	130113007	聚氨酯磁漆	kg	45.85

续前

序号	材料编码	材料名称	单位	不含税价
1142	130115001	调和漆	kg	13.00
1143	130115002	无光调和漆	kg	18.58
1144	130115003	醇酸无光调和漆	kg	20.25
1145	130115004	醇酸调和漆 白	kg	19.35
1146	130115005	醇酸调和漆 各色	kg	19.25
1147	130115006	酚醛调和漆	kg	12.81
1148	130115007	酚醛调和漆 各色	kg	12.00
1149	130117002	中层涂料	kg	14.54
1150	130117003	多彩中涂料	kg	14.54
1151	130117004	环氧中层漆	kg	19.04
1152	130117005	水性中间（层）涂料	kg	18.20
1153	130117006	丙烯酸聚氨酯中间漆	kg	22.93
1154	130117008	过氯乙烯中间层涂料	kg	22.93
1155	130121001	沥青漆	kg	15.04
1156	130121002	改性沥青漆	kg	4.82
1157	130121004	煤焦油沥青漆 L01-17	kg	13.78
1158	130133001	生漆	kg	17.77
1159	130301001	裂纹漆	kg	20.71
1160	130301002	砂胶料	kg	11.28
1161	130301003	苯丙乳胶漆 外墙用	kg	15.17
1162	130301004	苯乙烯墙面漆	kg	14.60
1163	130301005	苯乙烯屋面漆	kg	14.78
1164	130301007	高级丙烯酸外墙涂料 无光	kg	14.00
1165	130303003	内墙涂料	kg	8.40
1166	130303004	苯丙乳胶漆 内墙用	kg	10.47
1167	130303005	仿瓷涂料	kg	25.88
1168	130307001	苯乙烯地面漆	kg	17.77
1169	130501001	薄型防火涂料	kg	4.24
1170	130501003	超薄型防火涂料	kg	8.47
1171	130501005	防火涂料	kg	16.94
1172	130501007	厚型防火涂料	kg	2.80
1173	130502002	防水涂料 JS	kg	6.46
1174	130502006	聚氨酯甲料	kg	11.80
1175	130502007	聚氨酯乙料	kg	11.80
1176	130502008	聚氨酯甲乙料	kg	11.80
1177	130502009	聚合物胶乳	kg	4.38
1178	130502010	水泥基渗透结晶防水涂料	kg	9.76

续前

序号	材料编码	材料名称	单位	不含税价
1179	130502011	橡化沥青非固化防水涂料	kg	10.88
1180	130502012	高固型水性橡胶高分子防水涂料	kg	7.17
1181	130505001	防锈漆	kg	11.00
1182	130505004	醇酸防锈漆 红丹	kg	15.65
1183	130505007	酚醛防锈漆	kg	12.73
1184	130505008	酚醛防锈漆 红丹	kg	14.47
1185	130505010	红丹防锈漆	kg	11.00
1186	130505011	红丹环氧防锈漆	kg	18.85
1187	130507001	防腐油	kg	11.45
1188	130507003	FVC 面漆（NJG）	kg	29.58
1189	130507005	酚醛树脂涂料	kg	21.55
1190	130507007	酚醛树脂打底料	m^3	23451.33
1191	130507010	呋喃树脂打底料	m^3	10194.69
1192	130507014	环氧树脂打底料	m^3	29911.50
1193	130507015	环氧呋喃树脂底料	m^3	41415.93
1194	130507016	环氧呋喃树脂涂料	kg	18.05
1195	130507019	环氧酚醛树脂打底料	m^3	41415.93
1196	130507020	冷固环氧树脂涂料	kg	25.50
1197	130507026	环氧富锌底漆	kg	19.71
1198	130507027	环氧富锌底层涂料	kg	19.36
1199	130507029	环氧富锌底漆（封闭漆）	kg	21.55
1200	130507034	环氧渗透底漆	kg	25.85
1201	130507036	氯化橡胶面漆	kg	25.15
1202	130507037	氯化橡胶云铁中间层涂料	kg	25.85
1203	130507039	氯化橡胶中间漆	kg	22.27
1204	130507041	氯磺化聚乙烯面漆	kg	20.83
1205	130507043	氯磺化聚乙烯中间漆	kg	20.83
1206	130507045	氯磺化聚乙烯漆底漆	kg	21.55
1207	130507046	氯磺化聚乙烯涂料	kg	25.85
1208	130507048	耐高温防腐底漆	kg	22.19
1209	130507049	耐高温防腐面漆	kg	22.19
1210	130507050	漆酚树脂漆	kg	20.23
1211	130509001	防霉涂料	kg	18.43
1212	130530001	环氧涂层	kg	10.20
1213	130531001	磷化底漆	kg	19.04
1214	130901001	金属氟碳漆面漆	kg	25.65
1215	130903003	银粉	kg	6.90

续前

序号	材料编码	材料名称	单位	不含税价
1216	131103001	常温涂料	kg	11.27
1217	131103003	热熔标线涂料	kg	5.00
1218	131105001	丙烯酸彩砂涂料	kg	16.00
1219	132101001	耐酸瓷砖 230×113×65	块	4.62
1220	132101003	耐酸缸砖 300×200×45	块	8.19
1221	132101004	耐酸缸砖 300×200×65	块	9.24
1222	132101005	耐酸缸砖 300×200×80	块	11.55
1223	132101006	耐酸缸砖 300×200×100	块	12.60
1224	132103012	耐酸板 150×150×30	块	9.03
1225	132103026	耐酸陶板 150×150×30	块	23.67
1226	133101001	石油沥青（综合）	kg	4.47
1227	133101003	石油沥青 10#	kg	4.43
1228	133101005	石油沥青 30#	kg	4.44
1229	133103002	乳化沥青	kg	4.24
1230	133103003	再生胶沥青（溶剂型）	kg	4.25
1231	133301001	石油沥青油毡	m^2	1.30
1232	133303001	SBS 改性沥青防水卷材	m^2	27.43
1233	133303002	复合铜胎基 SBS 改性沥青卷材	m^2	60.48
1234	133303003	高聚物改性沥青自粘卷材	m^2	24.76
1235	133303004	铝箔改性沥青防水卷材	m^2	27.07
1236	133307001	聚合物复合改性沥青防水涂料	kg	19.08
1237	133309001	高分子自粘胶膜卷材	m^2	20.85
1238	133309002	预铺复合防水卷材	m^2	28.24
1239	133309003	聚乙烯丙纶双面复合防水卷材 SBC	m^2	20.02
1240	133309004	再生橡胶卷材	m^2	21.75
1241	133309005	水性橡胶高分子复合防水卷材胶料	kg	8.70
1242	133309006	水性橡胶高分子复合防水卷材胎基	m^2	24.93
1243	133311001	塑料地板卷材 δ1.5	m^2	60.71
1244	133311003	聚氯乙烯防水卷材	m^2	19.29
1245	133501004	油灰	kg	6.46
1246	133501006	建筑油膏	kg	10.16
1247	133501007	密封膏	kg	5.80
1248	133503001	SBS 弹性沥青防水胶	kg	9.12
1249	133503002	防水密封胶	支	6.46
1250	133503004	防水密封膏	kg	10.33
1251	133503005	硅酮密封胶	L	39.15
1252	133503006	硅酮耐候密封胶	L	24.37

续前

序号	材料编码	材料名称	单位	不含税价
1253	133503007	硅酮耐候密封胶	kg	19.99
1254	133503010	聚氯乙烯热熔密封胶	kg	23.50
1255	133503011	聚氨酯发泡密封胶 750mL/支	支	11.15
1256	133503012	密封胶	支	8.01
1257	133503014	密封胶	kg	10.81
1258	133503017	密封胶 XY02#	kg	12.58
1259	133503028	保护结合层用液料＋粉料	kg	11.80
1260	133504003	密封剂	kg	8.15
1261	133505001	防水剂	kg	4.42
1262	133507001	防水粉	kg	39.82
1263	133511003	CSPE 嵌缝油膏 330mL	支	11.06
1264	133517001	模板嵌缝料	kg	3.54
1265	133517003	改性沥青嵌缝油膏	kg	4.82
1266	133705002	氯丁橡胶片止水带	m	26.12
1267	133705004	塑料止水带	m	21.64
1268	133705005	橡胶止水带	m	25.56
1269	133705011	遇水膨胀止水条	m	9.63
1270	133901002	凹凸型排水板	m^2	13.58
1271	133901007	网状交织排水板	m^2	26.95
1272	133905002	金属防水板	m^2	67.34
1273	134105001	复层涂料骨浆 喷涂型	kg	43.12
1274	140103001	清油	kg	15.16
1275	140103003	熟桐油	kg	12.64
1276	140105001	亚麻子油	kg	11.51
1277	140111001	松节油	kg	29.20
1278	140301003	汽油 92#	kg	8.64
1279	140305002	柴油	kg	7.27
1280	140307001	煤油	kg	13.27
1281	140311001	环氧煤焦油	kg	12.00
1282	140507001	冷底子油	kg	6.87
1283	140509001	溶剂	kg	1.73
1284	140509006	油漆溶剂油	kg	4.40
1285	140721001	润滑冷却液	kg	13.01
1286	140911001	地蜡（砂蜡）	kg	7.06
1287	140913001	光蜡	kg	6.77
1288	140915001	砂蜡	kg	14.55
1289	140917001	石蜡	kg	5.11

续前

序号	材料编码	材料名称	单位	不含税价
1290	142101001	酚醛树脂	kg	13.59
1291	142105001	呋喃树脂	kg	15.27
1292	142107001	环氧树脂	kg	21.64
1293	142107003	环氧树脂 618#	kg	23.62
1294	142113001	聚酰胺 300#	kg	24.26
1295	142117001	不饱和聚酯树脂	kg	18.20
1296	142117002	双酚 A 型不饱和聚酯树脂	kg	16.29
1297	142119002	石油沥青玛琋脂	m^3	628.32
1298	142119003	石油沥青玛琋脂	kg	3.81
1299	142127002	松香水	kg	4.27
1300	142131001	漆片 各种规格	kg	12.17
1301	142311001	色粉	kg	7.73
1302	142907001	乙炔气	m^3	17.29
1303	142907002	乙炔气	kg	14.78
1304	142909001	氧气	m^3	5.06
1305	142911001	氩气	m^3	6.77
1306	142919001	二氧化碳气体	m^3	3.23
1307	143105001	硫酸 38%	kg	11.06
1308	143107001	草酸	kg	5.63
1309	143123001	硅酸钠（水玻璃）	kg	4.04
1310	143147001	氯化钙	kg	7.52
1311	143165001	石膏粉 特制	kg	0.61
1312	143177001	乙酸乙酯	kg	6.84
1313	143179001	乙二胺	kg	10.23
1314	143183002	液化石油气	kg	7.26
1315	143303001	酒精	kg	8.72
1316	143303002	酒精 工业用 99.5%	kg	8.72
1317	143307001	丁醇 95%	kg	9.38
1318	143313001	苯磺酰氯	kg	10.52
1319	143315001	丙酮	kg	8.68
1320	143321001	二甲苯	kg	7.79
1321	143327001	甲苯	kg	8.50
1322	143335001	三异氰酸酯	kg	12.28
1323	143345001	邻苯二甲酸二丁酯	kg	8.09
1324	143501001	促进剂 KA	kg	4.19
1325	143501002	促进剂	kg	4.19
1326	143501003	催化剂	kg	4.51

续前

序号	材料编码	材料名称	单位	不含税价
1327	143501004	预聚体（甲组份）	kg	16.27
1328	143507002	色浆（乙组份）	kg	17.70
1329	143511001	稀释剂	kg	8.00
1330	143511004	专用稀释剂	kg	10.70
1331	143511007	FVC 稀释剂（NJG）	kg	14.00
1332	143511008	NSJ-Ⅱ稀释剂	kg	20.00
1333	143511009	丙烯酸聚氨酯稀释剂	kg	15.93
1334	143511010	醇酸稀释剂	kg	12.57
1335	143511011	醇酸漆稀释剂	kg	8.05
1336	143511012	防火涂料稀释剂	kg	11.95
1337	143511013	酚醛树脂稀释剂	kg	14.12
1338	143511014	氟碳漆面漆稀释剂	kg	10.00
1339	143511015	高级聚酯漆稀释剂	kg	25.00
1340	143511016	过氯乙烯漆稀释剂 X3	kg	22.78
1341	143511017	过氯乙烯涂料稀释剂	kg	13.66
1342	143511019	互穿网络稀释剂	kg	11.50
1343	143511021	环氧-呋喃树脂稀释剂	kg	25.40
1344	143511023	环氧富锌底漆稀释剂	kg	25.40
1345	143511026	聚氨酯涂料稀释剂	kg	12.20
1346	143511027	氯化橡胶稀释剂	kg	13.00
1347	143511028	氯磺化聚乙烯稀释剂	kg	11.42
1348	143511029	耐高温防腐稀释剂	kg	13.27
1349	143511030	硝基漆稀释剂	kg	11.57
1350	143513001	固化剂	kg	32.44
1351	143513003	T31 固化剂	kg	26.19
1352	143513008	环氧-呋喃树脂涂料固化剂	kg	49.23
1353	143513011	底层硬化剂	kg	29.47
1354	143513012	聚酯固化剂	kg	10.91
1355	143513016	氟碳漆固化剂	kg	33.27
1356	143513018	丙烯酸聚氨脂固化剂	kg	12.30
1357	143525001	PU 发泡剂	L	9.73
1358	143525002	发泡剂	kg	8.85
1359	143527002	无机纤维罩面剂	kg	0.23
1360	143529001	高效阻燃剂	kg	2.60
1361	143531001	隔离剂	kg	4.87
1362	143537001	减磨剂	kg	6.81
1363	143541001	界面剂	kg	1.89

续前

序号	材料编码	材料名称	单位	不含税价
1364	143557001	脱模剂	kg	3.66
1365	143563001	引发剂	kg	7.85
1366	144100001	建筑胶	kg	2.88
1367	144100002	胶粘剂	kg	9.56
1368	144101003	壁纸专用粘贴剂	kg	11.95
1369	144101004	环氧树脂胶合剂	kg	10.82
1370	144101006	云石胶	kg	8.05
1371	144103002	氯丁橡胶粘接剂	kg	15.50
1372	144105001	粉状型建筑胶粘剂	kg	2.17
1373	144105002	聚醋酸乙烯乳液	kg	10.58
1374	144105003	聚丁胶粘合剂	kg	18.50
1375	144105004	立时得胶	kg	21.68
1376	144105007	水基环保胶粘剂	kg	9.73
1377	144111001	结构胶	L	20.47
1378	144111002	幕墙结构胶	L	50.67
1379	144111003	硅酮结构胶（双组份）	L	49.95
1380	144111004	硅酮结构胶 300mL	支	15.00
1381	144111005	砌块砌筑粘结剂	kg	4.58
1382	144115001	107 胶	kg	5.40
1383	144115002	107 胶纯水泥浆	m^3	836.28
1384	144115003	108 胶	kg	5.40
1385	144115004	108 建筑胶	kg	5.40
1386	144115005	地板胶水	kg	17.16
1387	144115006	云石胶 AB 胶	kg	57.70
1388	144115007	胶粘剂 DTA 砂浆	m^3	788.50
1389	144117001	氯丁胶沥青胶液	kg	3.48
1390	144123001	填缝剂	kg	1.48
1391	144135002	XY-401 胶	kg	1.50
1392	144135003	XY-508 胶	kg	12.44
1393	144135005	FL-15 胶粘剂	kg	15.13
1394	144135006	YJ-III 胶	kg	12.25
1395	144135008	干粉式苯板胶	kg	1.17
1396	144135009	干粉型粘接剂	kg	1.06
1397	144135010	骨胶	kg	11.99
1398	144135015	胶粘剂 SY-19	kg	9.56
1399	144135016	耐候胶	L	31.25
1400	144135017	耐候型硅胶	kg	40.00

续前

序号	材料编码	材料名称	单位	不含税价
1401	144135018	强力胶	kg	20.04
1402	144135020	塑料粘结剂	kg	2.39
1403	144135022	粘合剂	kg	13.42
1404	144135024	粘接剂	kg	12.39
1405	144135028	封固胶	kg	17.70
1406	144303003	胶带纸	卷	4.13
1407	144303004	胶带纸 宽 30mm 单面胶	m	0.10
1408	144303013	双面弹性胶带	m	0.72
1409	144303014	双面强力弹性胶带	m	0.72
1410	144303019	塑料粘胶带 20mm × 10m	卷	3.56
1411	144303020	塑料粘胶带 20mm × 50m	卷	17.79
1412	144303022	贴缝胶带 9m	卷	9.82
1413	144303024	专用粘胶带	m	1.30
1414	144304001	幕墙双面不干胶条 8 × 16	m	0.73
1415	144305001	不干胶纸	m^2	9.99
1416	144305002	双面胶带纸	m^2	3.98
1417	144305003	双面胶纸	m	0.60
1418	144307003	万能胶	kg	16.37
1419	144307005	万能胶 1kg/瓶	kg	16.37
1420	144309001	玻璃胶（综合）	支	5.66
1421	144309002	玻璃胶 300mL	支	5.69
1422	144309004	玻璃胶 335g/支	支	5.80
1423	144309005	大玻璃结构胶	L	47.00
1424	150113001	石棉垫	kg	13.00
1425	150113002	石棉粉	kg	13.00
1426	150113003	石棉绒	kg	13.00
1427	150301001	玻岩板	m^2	45.00
1428	150301002	岩棉板（综合）	m^3	364.60
1429	150301003	岩棉板 δ30	m^3	364.60
1430	150301004	岩棉板 δ50	m^3	364.60
1431	150301005	岩棉板 δ60	m^3	364.60
1432	150301006	岩棉板 δ80	m^3	364.60
1433	150301007	岩棉板 δ100	m^3	364.60
1434	150301008	岩棉板 δ120	m^3	364.60
1435	150301010	岩棉吸音板	m^2	39.00
1436	150501001	矿棉板	m^2	22.00
1437	150501002	矿棉吸音板	m^2	28.32

续前

序号	材料编码	材料名称	单位	不含税价
1438	150501003	沥青矿渣棉毡	m^3	280.00
1439	150501004	钢丝网夹心矿棉板 （FN-K）	m^2	24.78
1440	150701001	沥青玻璃棉	m^3	13.00
1441	150701002	超细玻璃棉板 δ50	m^2	9.88
1442	150702001	玻璃布（综合）	m^2	2.27
1443	150702003	玻璃布 δ0.2	m^2	1.88
1444	150702008	玻璃丝布 δ0.2～0.4	m^2	2.75
1445	150702009	玻璃丝布 δ0.2	m^2	2.27
1446	150702012	袋装玻璃棉 δ50	m^2	23.23
1447	150707001	表面毡	m^2	6.19
1448	150707003	沥青玻璃棉毡	m^3	293.00
1449	150707004	玻璃棉毡 δ20	m^2	6.19
1450	150707005	玻璃棉毡 δ75	m^2	23.23
1451	150901001	沥青珍珠岩板	m^3	550.09
1452	150901002	水泥珍珠岩板	m^3	550.00
1453	151301001	聚苯乙烯板	m^3	254.11
1454	151301002	聚苯乙烯板 δ40	m^2	13.45
1455	151301003	聚苯乙烯泡沫板（综合）	m^3	254.11
1456	151301007	硬泡沫塑料板	m^3	575.22
1457	151301010	热固性改性聚苯乙烯泡沫板	m^3	230.00
1458	151301012	聚苯乙烯塑料保温装饰一体化板	m^2	57.52
1459	151302001	单面钢丝聚苯乙烯板 δ50 15kg/m^3	m^2	35.46
1460	151303001	聚氨酯泡沫塑料	kg	34.17
1461	151305001	酚醛保温板 δ50	m^2	36.28
1462	151311002	泡沫塑料（综合）	m^2	15.00
1463	151313002	硬泡聚氨酯组合料	kg	18.00
1464	151501001	泡沫玻璃	m^3	672.57
1465	151501002	泡沫玻璃 δ50	m^3	672.57
1466	152301001	微孔硅酸钙	m^3	564.41
1467	152307003	无机纤维棉	kg	6.40
1468	152307007	无机纤维粒状棉	kg	7.40
1469	152311002	膨胀硅酸盐水泥板 δ50	m^2	24.00
1470	152317001	大模内置专用挤塑聚苯板	m^3	380.00
1471	152317002	大模内置专用膨胀聚苯板	m^3	298.20
1472	152317003	石墨聚苯板	m^3	513.27
1473	152319001	单片保温模网	m^2	21.00
1474	160301001	隔音板	m^2	84.07

续前

序号	材料编码	材料名称	单位	不含税价
1475	161105001	显影剂	L	17.70
1476	161107002	定影剂 1000cc	瓶	7.81
1477	161109003	X射线胶片 80×300	张	4.07
1478	170100004	钢管（综合）	kg	3.45
1479	170100006	钢管 $D15$	m	4.41
1480	170100009	钢管 $D63$	kg	3.45
1481	170100012	钢管 $D48 \times 3.5$	kg	3.45
1482	170100013	钢管 $D60 \times 3.5$	m	20.81
1483	170100016	焊接钢管（综合）	t	3447.79
1484	170100017	焊接钢管（综合）	kg	3.45
1485	170101008	焊接钢管 $DN40$	m	13.34
1486	170101011	焊接钢管 $DN50$	kg	3.45
1487	170201005	无缝钢管 $D32 \times 2.5$	m	7.45
1488	170300003	镀锌钢管（综合）	kg	3.96
1489	170301004	镀锌钢管 $DN20$	m	6.83
1490	170301007	镀锌钢管 $DN32$	m	13.12
1491	170301009	镀锌钢管 $DN40$	m	16.10
1492	170301017	镀锌钢管 $DN100$	m	45.48
1493	170700004	不锈钢管 $\phi50$	m	61.06
1494	170700005	不锈钢管 $\phi76$	m	97.70
1495	170700006	不锈钢管 $\phi108$	m	126.64
1496	170700007	不锈钢管 $\phi133$	m	177.79
1497	170723001	不锈钢装饰圆管 22.2×1.0	m	19.56
1498	170723002	不锈钢装饰圆管 25.4×1.5	m	17.21
1499	170723003	不锈钢装饰圆管 38.1×1.5	m	28.04
1500	170723004	不锈钢装饰圆管 45×1.5	m	33.39
1501	170723005	不锈钢装饰圆管 63.5×2	m	79.65
1502	170724001	不锈钢装饰矩形管 50×25×0.7	m	18.73
1503	170725001	不锈钢方管 35×38×1	m	22.31
1504	170901001	方钢管 25×25×2.5	m	16.98
1505	171101010	铸铁排水管 $DN100$	m	113.15
1506	171500001	铜管	m	129.39
1507	172101001	波纹管	kg	3.33
1508	172101003	钢质波纹管 $\phi60$	m	23.79
1509	172500003	塑料管（综合）	kg	11.28
1510	172500033	塑料注浆阀管	m	12.22
1511	172505001	硬PVC管 $\phi20$	m	2.07

续前

序号	材料编码	材料名称	单位	不含税价
1512	172505011	硬塑料管 ϕ20	m	2.65
1513	172505012	硬塑料管 ϕ32	m	4.27
1514	172506001	PVC-U 加筋管 *DN*400	m	161.06
1515	172513008	HDPE 排水管 *DN*110	m	28.88
1516	172707002	橡胶压力管	m	17.70
1517	172707005	橡胶管 *D*50mm	m	18.52
1518	172707007	橡胶管 *D*15	m	9.22
1519	172709016	聚氯乙烯软管 *D*20 × 2.5	m	3.37
1520	172713002	耐压胶管 ϕ50	m	15.93
1521	172713003	高压胶管 ϕ50	m	15.93
1522	173000002	玻璃钢短管 ϕ50	个	66.37
1523	173000004	玻璃钢排水管 110 × 1500	m	43.69
1524	173103001	泵管	m	8.22
1525	173105001	钢板井管	m	182.00
1526	173105003	轻型井点井管 *D*40	m	48.65
1527	173105004	喷射井点井管 *D*76	m	65.27
1528	173105005	无砂管 *D*500	m	223.00
1529	173105006	无砂管 *D*600	m	152.35
1530	173107001	轻型井点总管 *D*100	m	78.76
1531	173107002	喷射井点总管 *D*159	m	91.15
1532	173116001	塑料水落管 ϕ110 以内	m	12.39
1533	173116002	塑料水落管 ϕ110 以外	m	30.97
1534	173116003	镀锌铁皮水落管 $26^{\#}$	m	9.73
1535	173117005	塑料排水管 *DN*50	m	4.16
1536	173121001	孔道成形管	kg	6.02
1537	173125001	滤网管	根	70.80
1538	173131002	注浆管	kg	5.94
1539	173135001	锁口管	kg	5.36
1540	180103010	铸铁三通	个	42.00
1541	180107010	铸铁雨水弯头	个	33.00
1542	180315001	彩钢堵头	只	7.03
1543	180603001	玻璃钢弯头 ϕ50	个	61.95
1544	180901005	塑料排水三通 *DN*50	个	2.48
1545	180905006	塑料排水弯头 *DN*50	个	4.12
1546	180913001	塑料堵头	个	15.37
1547	180931001	塑料落水斗	个	15.00
1548	180931002	塑料落水口	个	15.00

续前

序号	材料编码	材料名称	单位	不含税价
1549	180931003	塑料弯头落水口	个	13.00
1550	180933001	伸缩节	只	8.85
1551	180933003	HDPE 排水管伸缩节 ϕ110	个	23.01
1552	180933004	玻璃钢排水管伸缩节 ϕ110	个	28.32
1553	181303013	镀锌弯头 90° DN100	个	29.20
1554	181611003	塑料排水外接 DN50	个	9.38
1555	182508001	管卡子（钢管用） 20	个	6.86
1556	182519031	接头管箍	个	15.32
1557	182525002	卡箍 （泵管用）	个	15.00
1558	182525007	卡箍膨胀螺栓 ϕ110	套	1.24
1559	182709001	柜台用钢制镀铬支架 250mm	只	4.31
1560	182709002	柜台用钢制镀铬支架 350mm	只	4.87
1561	183109003	金属堵头	只	3.74
1562	183125008	压制弯头 DN40	个	4.42
1563	200305001	不锈钢法兰底座 ϕ25	个	3.00
1564	200305002	不锈钢法兰底座 ϕ59	个	5.00
1565	200305003	不锈钢法兰底座 ϕ63	个	8.00
1566	201105001	铝及铝合金法兰	副	114.69
1567	203107003	钢垫板 δ2.5～5	kg	4.78
1568	203305001	垫胶	kg	16.46
1569	203307021	橡胶垫片 25	m	7.88
1570	203307022	橡胶垫片 宽 250	m	7.49
1571	212111001	塑料毛巾架	副	22.12
1572	212111002	不锈钢毛巾环	套	12.57
1573	212111003	不锈钢毛巾架	副	61.95
1574	212113001	不锈钢肥皂盒	个	16.37
1575	212113002	瓷皂盒 普釉 150 × 150 × 130	件	15.93
1576	212115001	不锈钢卫生纸盒	个	30.97
1577	212117001	不锈钢壳晾衣绳 长 2600mm	套	26.55
1578	212117002	不锈钢晾衣架（手拉） 长 2000mm 三杆	套	132.74
1579	212117003	不锈钢挑衣架	个	13.27
1580	224111001	铝合金回风口（成品）	个	57.52
1581	224113001	铝合金送风口（成品）	个	57.52
1582	224137001	硬木风口（成品）	个	46.00
1583	224515002	高压风管 ϕ25-6P-20m	m	12.65
1584	224713001	不锈钢风帽	个	33.50
1585	224715001	风钩 200mm	个	0.15

续前

序号	材料编码	材料名称	单位	不含税价
1586	224933001	暖气罩（成品） 600 × 1200	个	71.68
1587	250105002	石膏灯盘 ϕ500	个	60.73
1588	250105003	石膏灯盘 ϕ1000	个	89.38
1589	250105004	石膏灯盘 ϕ1500	个	152.21
1590	255901001	吊杆	kg	4.25
1591	280301003	铜芯塑料绝缘电线 BV-1.5mm^2	m	1.13
1592	280301004	铜芯塑料绝缘电线 BV-2.5mm^2	m	1.72
1593	280301009	铜芯塑料绝缘电线 BV-16mm^2	m	11.07
1594	290499002	插接件	个	3.35
1595	290499007	金属支架	kg	4.19
1596	290645048	塑料管卡子 ϕ110mm 以内	个	1.98
1597	290645049	塑料管卡子 ϕ110mm 以外	个	0.99
1598	290645057	塑料管卡子 110mm	个	1.52
1599	291705003	钢拉杆	kg	4.73
1600	291705007	铁钩	kg	3.15
1601	291713005	张拉机具	kg	6.17
1602	292105001	立支撑杆件 ϕ48 × 3.5	套	121.69
1603	292105002	斜支撑杆件 ϕ48 × 3.5	套	139.62
1604	292199001	固定件	套	1.65
1605	301327002	增感屏 80 × 300	副	13.84
1606	311105001	小青瓦 200 × 130	千块	591.56
1607	311713001	氧化铁红	kg	9.60
1608	311919001	美纹纸	m	0.55
1609	312301001	塑料檐沟	m	18.82
1610	312303001	玻璃钢檐沟	m	53.98
1611	312303002	玻璃钢檐沟带嘴	个	25.41
1612	330101001	钢网架（成品）	m^2	370.20
1613	330101002	焊接不锈钢空心球网架（成品）	t	20000.00
1614	330101003	焊接空心球网架（成品）	t	6500.00
1615	330101004	螺栓球节点网架（成品）	t	6500.00
1616	330103002	钢桁架（成品）	t	6500.00
1617	330103004	钢屋架（成品）	t	6500.00
1618	330105001	钢柱（成品）	t	6500.00
1619	330107003	钢管桩（成品）	t	6500.00
1620	330109004	钢板桩	kg	3.76
1621	330113001	钢墙架（成品）	t	5500.00
1622	330115002	钢梁（成品）	t	6500.00

续前

序号	材料编码	材料名称	单位	不含税价
1623	330115003	钢吊车梁（成品）	t	6500.00
1624	330117001	钢平台（成品）	t	5500.00
1625	330117003	钢支架、平台及连接件	kg	3.76
1626	330119001	钢楼梯（成品） 爬式	t	5500.00
1627	330119002	钢楼梯（成品） 踏步式	t	5500.00
1628	330121001	单向滑移支座	套	2018.00
1629	330121003	钢构件固定支座	套	2000.00
1630	330121007	双向滑移支座	套	2100.00
1631	330125001	槽式埋件	个	16.00
1632	330127002	钢支撑	t	4646.02
1633	330127004	钢支撑	kg	4.65
1634	330127005	钢模支撑	kg	4.65
1635	330127006	钢支撑及配件	kg	4.65
1636	330127007	支撑钢管及扣件	kg	4.65
1637	330129001	钢帽 ϕ400	个	23.68
1638	330129002	钢帽 ϕ600	个	26.00
1639	330129003	钢帽 ϕ900	个	30.20
1640	330199001	自承式楼承板	m^2	106.00
1641	330199008	钢围檩	kg	3.76
1642	330199009	零星钢构件	t	3805.31
1643	330501001	镀锌铁皮排水水斗	个	35.00
1644	330501002	铸铁水斗 *DN*100	个	46.55
1645	330901001	镀锌铁皮排水水口	个	30.00
1646	331100001	水箱	kg	4.98
1647	332101004	橡胶条伸缩缝	m	55.85
1648	334105002	不锈钢虹吸雨水斗	个	130.00
1649	334105003	玻璃钢雨水斗带罩 ϕ110	个	42.48
1650	340101002	钨棒	kg	389.38
1651	340101003	铈钨棒	g	2.15
1652	340101005	钍钨棒	g	0.45
1653	340201001	橡胶密封条	m	0.53
1654	340201002	橡皮密封条 20 × 4	m	0.88
1655	340201003	门窗密封橡胶条	m	1.06
1656	340203002	密封带 3 × 20	m	0.70
1657	340205001	密封圈	个	0.36
1658	340205002	彩钢密封圈	只	0.71
1659	340305002	乳化炸药	kg	8.62
1660	340309001	电雷管	个	3.65

续前

序号	材料编码	材料名称	单位	不含税价
1661	340505001	牛皮纸	m^2	8.51
1662	340507001	泡沫防潮纸	m^2	2.80
1663	340717001	安全网	m^2	2.52
1664	340909002	树棕	kg	15.75
1665	340915001	旗帜风动系统	套	18000.00
1666	340915004	旗帜电动升降系统	套	888.00
1667	340917001	拉片	kg	3.88
1668	340926001	不锈钢球 ϕ63	个	42.24
1669	340927001	插片	件	0.56
1670	341101001	水	m^3	5.63
1671	341103001	电	kW·h	0.71
1672	350101001	木模板	m^3	1921.10
1673	350111002	钢模板	kg	4.98
1674	350111003	定型钢模板	kg	6.63
1675	350111007	组合钢模板	kg	6.63
1676	350115002	钢挡土板	kg	3.76
1677	350117001	铝模板	kg	28.24
1678	350123001	定型柱复合模板 15mm	m^2	55.00
1679	350123002	复合模板	m^2	48.00
1680	350203002	扣件	个	6.30
1681	350203003	扣件	kg	7.88
1682	350203007	铁塔扣	个	1.00
1683	350205001	U 型卡	kg	7.00
1684	350205004	L 型、U 型钢固定卡	个	11.00
1685	350209001	钢模板连接件	kg	4.90
1686	350217001	拉箍连接器	个	6.10
1687	350219001	梁卡具 模板用	kg	8.17
1688	350219002	零星卡具	kg	10.23
1689	350303001	脚手架钢管	kg	4.55
1690	350303003	脚手架钢管底座	个	9.78
1691	350304001	挡脚板	m^3	1583.95
1692	350313001	塑钢爬梯	kg	3.76
1693	350317003	提升钢爬杆	kg	3.77
1694	350319001	木脚手板	m^3	1495.30
1695	350323001	木支撑	m^3	1746.08
1696	350325001	钢脚手板	kg	5.18
1697	350501001	密目网	m^2	1.37

续前

序号	材料编码	材料名称	单位	不含税价
1698	350999003	金属周转材料	kg	4.39
1699	350999004	提升装置及架体	套	12000.00
1700	351125001	钢钎 ϕ22～25	kg	7.42
1701	351133001	铸铝三爪	个	35.00
1702	360103004	铸铁井盖、井座 ϕ700 重型	套	630.00
1703	360117002	铸铁平箅	套	207.00
1704	360129004	混凝土化粪池（成品） 容积 10m^3 以内	套	8415.00
1705	360129005	混凝土化粪池（成品） 容积 20m^3 以内	套	16830.00
1706	360133003	塑料检查井（成品）	套	332.56
1707	360305001	土工格栅 双向	m^2	6.57
1708	360500001	广场砖（综合）	m^2	45.00
1709	360503002	缸砖	m^2	42.31
1710	360505001	植草砖	m^2	45.00
1711	360507001	透水砖	m^2	60.00
1712	360701001	石质缘石	m	147.00
1713	360713001	混凝土立缘石	m	57.00
1714	362103001	反光材料（玻璃珠）	kg	3.50
1715	362109001	广角镜	个	73.72
1716	362113001	反光膜	m^2	79.65
1717	370101001	轨道	kg	4.06
1718	370915003	铸铁垫板	kg	3.76
1719	370915004	承压板垫板	kg	4.34
1720	372321001	铜压板 5×40	m	30.17
1721	550913001	电闸箱	个	184.25
1722	800100001	水泥砂浆 1：1	m^3	519.47
1723	800100003	水泥砂浆 1：2	m^3	469.03
1724	800100004	水泥砂浆 1：2.5	m^3	464.60
1725	800100006	水泥砂浆 1：3	m^3	460.18
1726	800100008	水泥砂浆 1：4	m^3	451.33
1727	800100009	水泥砂浆 M7.5	m^3	477.88
1728	800100010	水泥砂浆 M15	m^3	482.30
1729	800105001	水泥豆石浆 1：1.25	m^3	451.33
1730	800111001	膨胀水泥砂浆	m^3	651.42
1731	800300002	石灰砂浆 1：3	m^3	396.46
1732	800605001	干混砌筑砂浆	m^3	477.88
1733	800605004	干混砌筑砂浆 DM M10	m^3	477.88
1734	800605005	干混砌筑砂浆 DM M20	m^3	486.73
1735	800607001	干混抹灰砂浆 DP M10	m^3	477.88

续前

序号	材料编码	材料名称	单位	不含税价
1736	800607004	干混界面砂浆 DIT M10	m^3	850.00
1737	800609001	干混地面砂浆 DS M15	m^3	482.30
1738	800609002	干混地面砂浆 DS M20	m^3	486.73
1739	800613004	预拌混合砂浆 M10	m^3	460.18
1740	800615001	预拌水泥砂浆（综合）	m^3	486.73
1741	800615002	预拌水泥砂浆 1：2	m^3	469.03
1742	800615004	预拌水泥砂浆 1：3	m^3	460.18
1743	800701001	耐酸沥青砂浆	m^3	1185.00
1744	800701002	水玻璃耐酸砂浆 1：0.15：1.1：1：2.6	m^3	450.00
1745	800801001	抹面胶浆	kg	1.40
1746	800801002	界面砂浆	m^2	2.35
1747	800801003	界面砂浆 DB	m^3	2346.00
1748	800803001	膨胀玻化微珠保温浆料	m^3	800.00
1749	800815001	胶粉聚苯颗粒保温浆料	m^3	600.00
1750	800901001	不饱和聚酯砂浆	m^3	720.00
1751	800903002	石油沥青砂浆 1：2：7	m^3	1367.32
1752	800903003	不发火沥青砂浆	m^3	1680.00
1753	800905001	环氧树脂砂浆	m^3	1440.00
1754	800907001	水泥基自流平砂浆	m^3	669.03
1755	800909001	聚合物抗裂砂浆	kg	0.55
1756	800909002	聚合物粘接砂浆	kg	0.48
1757	800909003	聚合物干粉砂浆 M10	t	750.00
1758	800911001	钢屑砂浆	m^3	1897.77
1759	800913001	菱苦土砂浆 1：4	m^3	420.00
1760	801101001	抹灰石膏	m^2	11.73
1761	801103004	素水泥浆	m^3	677.10
1762	801103007	聚合物水泥浆	m^3	900.00
1763	801105001	水泥石膏砂浆 1：0.2：2.5	m^3	595.88
1764	801105002	水泥石灰膏砂浆	m^3	464.60
1765	801301002	水泥白石子浆 1：1.5	m^3	606.19
1766	801301003	白水泥石子浆 1：1.5	m^3	615.04
1767	801301004	白水泥白石子浆 1：2	m^3	615.04
1768	801305001	白水泥彩色石子浆 1：2	m^3	615.04
1769	801500001	环氧煤焦油胶泥 0.5：0.5：0.04：2.2	m^3	1600.00
1770	801501001	水玻璃胶泥 1：0.15：1.2：1.1	m^3	1527.46
1771	801503001	二甲苯不饱和聚酯胶泥	m^3	26386.91
1772	801503002	环氧树脂胶泥打底料	m^3	46168.68

续前

序号	材料编码	材料名称	单位	不含税价
1773	801503003	呋喃树脂胶泥	m^3	10996.29
1774	801503004	环氧稀胶泥	m^3	28683.85
1775	801503005	酚醛树脂胶泥 1#	m^3	17000.00
1776	801503006	酚醛树脂胶泥 1：0.08：0.06：1.8	m^3	16349.12
1777	801503007	环氧酚醛胶泥 0.7：0.3：0.06：0.05：1.7	m^3	20321.60
1778	801503008	环氧树脂胶泥 1：0.08：0.1：1	m^3	28683.85
1779	801503009	环氧树脂胶泥 1：0.08：0.1：2	m^3	21091.41
1780	801503010	环氧树脂胶泥 1：0.1：0.08：2	m^3	21091.41
1781	801503011	建筑脂（无粘结预应力）	kg	10.00
1782	801505001	双酚 A 型不饱和聚酯胶泥	m^3	7181.62
1783	801505002	双酚 A 型不饱和聚酯胶泥底料	m^3	7181.62
1784	801507003	耐酸沥青胶泥 隔离层用 1：0.3：0.05	m^3	3009.23
1785	801507004	耐酸沥青胶泥 砌块材用 1：1：0.05	m^3	3009.23
1786	801517001	沥青稀胶泥 100：30	m^3	3837.60
1787	802101003	混凝土 C20	m^3	353.98
1788	802101007	混凝土 C30	m^3	371.68
1789	802101010	预拌混凝土 C15	m^3	345.13
1790	802101012	预拌混凝土 C20	m^3	353.98
1791	802101014	预拌混凝土 C25	m^3	362.83
1792	802101015	预拌混凝土 C30	m^3	371.68
1793	802101019	预拌细石混凝土 C20	m^3	389.38
1794	802105003	预拌水下混凝土 C30	m^3	429.20
1795	802307003	水泥珍珠岩 1：8	m^3	315.06
1796	802309001	蒸压砂加气混凝土 （AAC） 保温块	m^3	464.60
1797	802501001	粗粒式沥青混凝土	m^3	1011.00
1798	802503001	中粒式沥青混凝土	m^3	1050.00
1799	802505001	细粒式沥青混凝土	m^3	1100.00
1800	802709001	沥青耐酸混凝土	m^3	2000.00
1801	802709002	水玻璃耐酸混凝土	m^3	1500.00
1802	802711001	耐碱混凝土	m^3	1500.00
1803	802715001	重晶石混凝土	m^3	1505.24
1804	802717001	预拌抗折混凝土	m^3	459.40
1805	802800001	密实混凝土	m^3	1500.00
1806	803501005	天然级配砂砾	m^3	210.12
1807	803701001	膨胀剂	kg	2.34
1808	803703004	外加剂 SN-2	kg	3.00
1809	850103006	其他材料费（占材料费）	%	0.00
1810	860127001	喷射器	个	25.00